# 宝宝来了

0~1岁

王慧 著

泰山出版社·济南·

**图书在版编目（CIP）数据**
宝宝来了. 0～1岁 / 王慧著. -- 济南 : 泰山出版社, 2025. 4. -- ISBN 978-7-5519-0909-9
Ⅰ. TS976.3-49
中国国家版本馆CIP数据核字第20256DD471号

BAOBAO LAILE　0~1 SUI
宝宝来了　0～1岁

**策　　划**　胡　威
**责任编辑**　王艳艳　任春玉
**封面插图**　李　虹
**装帧设计**　路渊源

**出版发行**　泰山出版社
社　　址　济南市泺源大街2号　邮编　250014
电　　话　综　合　部（0531）82023579　82022566
出版业务部（0531）82025510　82020455
网　　址　www.tscbs.com
电子信箱　tscbs@sohu.com
**印　　刷**　山东通达印刷有限公司
**成品尺寸**　170 mm×240 mm　16开
**印　　张**　10.5
**字　　数**　194千字
**版　　次**　2025年5月第1版
**印　　次**　2025年5月第1次印刷
**标准书号**　ISBN 978-7-5519-0909-9
**定　　价**　52.00元

# 前　言

0~3 岁是人一生中发展最快的阶段，从蹒跚学步到跑跳自如，从牙牙学语到流利表达，从懵懂无知到精灵古怪，宝宝在动作、语言、认知等方面飞速发展。脑科学研究表明：婴儿的大脑发育迅速，每秒钟形成 100 多万个新的神经元连接。神经元之间的连接依赖于早期的生活经验，婴幼儿在早期得到的感知觉经验、外界刺激、人际互动都会影响到大脑神经突触之间的连接，而这些早期的神经突触连接成为日后大脑发育的基础，甚至会影响到孩子的身心健康、终生学习与适应能力。

0~3 岁也是人一生中最特殊的阶段。婴幼儿认识和了解世界的途径和成人不同，其主要途径是感知觉。婴幼儿对客观世界的认识是由感知觉开始的。在此基础上，婴幼儿才能构建起记忆、想象、思维的城堡，逐步深入去探索世界的奥秘。成人眼中平常的事物，对于孩子来说，不仅是五彩斑斓、妙趣无穷的，更是惊奇不已、影响一生的。初尝美食的味觉盛宴、雨后小径的泥土芬芳、清晨鸟鸣的悦耳动听、清风拂面的温柔触碰、夜幕降临的星空璀璨，这些早期丰富的体验不仅能让他们在视、听、嗅、味、触等感知觉方面飞速发展，还能影响他们大脑神经突触之间的连接，让他们可以更有智慧地去认知和探索世界。

这个阶段的宝贝还将经历独特的心理发展历程。8 个月的宝贝每天都黏着妈妈，是因为他们到了“母婴依恋”的关键期。在此期间，母亲和主要养护人充分陪伴，才能帮助孩子建立起安全感。2 岁多的宝贝频繁地说“不”，不是想和大人作对，而是他们进入了自我意识萌发期，想通过说“不”来表达自我，证明他们有和大人不一样的想法。他们还有一些不同寻常的行为，如有的宝贝喜欢撕纸或抠洞洞，有的宝贝喜欢将东西反复扔在地上，还有的宝贝要把所有的玩具都放到嘴巴里品尝一遍。他们独特的行为不是在故意和大人捣乱，而是在表达他们的主体性，揭示了这个年龄段旺盛的发展需求。

如何读懂这种需求，并给予宝贝最好的支持？这不仅需要了解婴幼儿的发展规律，还要有适宜的方法和他们进行互动。大人先要变成孩子，站到他们的视角去观察、理解他们，再变回父母，站在成人的角度去支持他们。父母经过了变回孩子再变回父母的历程，才能真正帮助宝宝成长，给予他们现阶段最需要的爱。

《宝宝来了》就是描述了这样一个历程。本书采取“书中书”的形式，在每一章的故事部分，以第一人称视角展现宝宝的天性，通过童话式的故事，描绘宝宝0~3岁的成长历程。每一章节都围绕一个宝宝可能遇到的情景展开，捕捉宝宝成长过程中最真实、最生动的瞬间，展现他们内心世界的困惑和思考，让父母变成宝宝，感受宝宝如何理解和感知世界，从而实现对宝宝的爱与尊重。本书在写作时尽可能涵盖众多普遍性和个性化的育儿现象与问题，相信每个父母都能从书中获得有针对性的启发。需要注意的是，文学化的描述不可避免带有想象，而且书中“文学化”的宝宝有时会有超越现实中同年龄段宝宝的想象与思维能力。因此在阅读时，父母们不要将书中宝宝的想象与思维能力刻意和自己的宝宝做对比。

在每个故事之后，都附有系统、详尽的育儿知识。作者依据本年龄段宝宝的生理和心理发展特点，梳理了众多家长关心的育儿难题与困惑，并提供具体可行的育儿建议，指导家长尊重宝宝的主体性，关注宝宝的情感与人格成长，给他们足够的空间去探索与成就自我。希望父母能够从更加理性的角度来审视育儿，成为更好的父母。

本书写作的3年，恰似一个婴儿成长的3年，等到书稿完成，仿佛看到一个婴儿从呱呱落地成长到将要上幼儿园的阶段，心中充满了喜悦。生命是最神奇的现象，而爱是浇灌生命最重要的营养，每个家庭都能在孩子成长的过程中发现爱，分享爱，传递爱。本书饱含着宝宝对周围事物的热爱，也渗透着浓浓的亲情。愿每一位读者，在成为宝宝又成为父母的历程中，体会到对家人、世界和万物的爱，同时也能被爱滋养，再把这份爱传递给最需要的小宝贝们。

在此，感谢泰山出版社社长与各位同仁在本书写作过程中提出的宝贵意见，也感谢写作过程中江虹老师、王海燕老师、李兵兵老师的支持！

王 慧

2025 年 1 月

# 目录

# 第一章　我来了

我醒了。

和平常一样，周围还是一样的温暖、安静，弥漫着平和与幸福。温暖的羊水包围着我，妈妈温柔的声音在我身边荡漾：“亲爱的，我们收拾下宝宝的东西，去医院准备迎接宝宝吧。”

“宝宝”这个称呼我很熟悉，这是妈妈对我的称呼，每次妈妈说“宝宝”的时候，仿佛她温柔的手在轻轻抚摸着我。这是我最开心的时候，每次都会挥舞着双拳和小腿来回应她。

“你感觉到不舒服了吗？”

“有些，感觉小家伙要发动了。”

“啊！我来听听和摸摸。”

那个叫“爸爸”的人在和妈妈说话，他浑厚的男中音离我越来越近，我的双拳和双腿挥舞得更加厉害了。每次我拳打脚踢的时候，他都会说：“小家伙越来越有劲了。”这句话总会让我更加开心和兴奋。我一边游动着身体，一边寻找更大的空间，说实话，我的“房间”越来越小了，而且一直在挤我。

最近，我感觉自己和以往有些不一样。我更加能感受到妈妈的心跳和抚摸，有一股力量不时从我身上抚摸过去，力度恰到好处，让人安心和愉悦，即使“房间”再拥挤，也丝毫没有不舒服的感觉。我也感觉自己的耳朵更加敏锐了，能捕捉到外界的各种声音，有时是小鸟啾啾啾的叫声，有时是风儿沙沙沙的声音，还能听见妈妈说：“秋天到了，金黄的落叶飘舞，落到地上厚厚的一层，阳光铺在落叶上，多美啊！”每当这个时候，我就很想从房间里面出去看一看。外面究竟是什么样子呢？是我梦中那么绚丽缤纷吗？我听到的这些声音都是从哪里来的呢？我好想赶紧出去看看。

今天尤其特殊，我感到“房间”挤压的力量很有节奏。

“好了，我们出发去医院吧。”

我听到了车子发动的声音。我不知道是不是要去妈妈提到的医院了，医院就是房子外面的世界吗？

“你感觉怎么样？”

“还好，就是觉得小家伙在里边动得有些厉害。”

“别紧张，你看，我们到了银杏林了。”

我知道银杏林，这里是我们每天散步的地方。每次来这里的时候，爸爸妈妈都会和我讲银杏林。前些日子，他们带我来这里，一边抚摸，一边告诉我：“银杏树高大挺拔，它的叶子像小扇子，落在地上，就像一片片黄金。”

“秋天的银杏树太美了，这种黄色和蓝蓝的天空相衬，就是一幅风景画啊！”

“是，要不是有点不舒服，我都想下车去捡银杏叶了。”

我想起第一次到银杏林里，爸爸把他的耳朵贴在我的房子外面，兴奋地说：“我听到他在动呢！”每天在这里，爸爸都和我说好多话，他对我的称呼也总在变化，一会儿是“小家伙儿”，一会儿是“大宝贝”。他还说：“无论你是男孩还是女孩，爸爸都爱你，爸爸都等不及想见你了呢，想抱抱你、亲亲你。”这个时候，妈妈总会笑他啰嗦。

不知不觉我睡着了。当我再次醒来时，动听的音乐声已缓缓飘荡在身边。这里是“医院”吗？我习惯性地等待妈妈和我聊天，每次有了音乐，妈妈都会和我聊天，有的时候她会说：“你听这音乐多轻柔，好像春天的风一样，温柔地吹过人的脸庞，把冬天所有的寒冷都吹走了。”有的时候她会说：“宝宝，这首曲子像高山流水，是不是很美？节奏时而明快，时而舒缓，时而湍急，让人感觉放松又自由。”但是今天可不是这样，我听见爸爸在专门对我说：“宝宝，我们现在在待产室，妈妈要休息会儿。你呢，也要积蓄力量，一会儿进了产房，你要帮助妈妈哦。加油！爸爸等着你呢。”

爸爸这么一说，我不知不觉蹬了蹬小腿。

一只温暖的手放在了我的房子外面。

“我给你检查一下，不要紧张，我看你各项指标都很好，一定能顺利生产的。”

“谢谢大夫，我也很有信心。”

这个叫“大夫”的人的声音渐渐消失了。这个时候，我听到了妈妈的心跳和低沉的呻吟。同时，我被一股越来越强的力量推挤着。

不一会儿，我听到了一些陌生的声音。

“别紧张，我和你一起进产房。”“产房”又是什么地方呢？我莫名地开始激动和紧张，但爸爸的声音让我慢慢平静下来。

妈妈呻吟的声音更大了。很久很久以后，我才明白，这是我出生的重要时刻，妈妈忍受着身体的疼痛，正在为我打开那一扇通往她的怀抱和五彩世界的生命之门。

渐渐地，我自己有了一种无形的力量，这种力量给了我莫大的勇气，使我坚强。我要出去，我要去看看我向往已久的新世界，看看每天和我说话的爸爸妈妈长什么样子。这种力量是上天赋予我的。若干年后，我才明白，这种来自上天赋予的力量将支持我走向这个陌生的世界，并最终健康地长大。

我听见陌生的声音温和而坚定地引导着妈妈：“呼气，吸气，用力，停止用力……”我跟随着妈妈用力的节奏奋力地向前冲。在此之前，我一直在这个温暖的小房间里，不知道自己的身体有这么大的潜能和力量。我在心里默默给自己加油，我在心里喊：“我要出去，我要出去！”突然，我一下子来到了一个凉爽的地方，身体完全解放了。我好像从房间里边出来了，我听见有人说："脐带剪了啊！"随着"咔嚓"一声，我的身体被一双大手托了起来，然后头朝下被拎了起来，有什么东西伸进我的鼻孔和嘴巴，吸出来一些脏东西。我感觉一股气流冲进了我的身体，又从我的鼻孔钻了出来。我像洗了个凉水澡，又像一条河流穿过了我的身体，周身爽彻。

我拼尽了全力，终于来到了这个世界。我发出了洪亮的哭声，我要用哭声告诉所有人这十个月来我的成长变化，就像变魔术一样的神奇；我要用哭声告诉所有人我受的挤压和惊吓，不过那点委屈像云一样轻，随着我的哭声飘走了。我挣扎着爬出来，就是要用我的哭声向全世界宣告：我来了！我胜利了！从此，我是这个世界重要的一分子，也是独一无二的存在！

我被放入一个装满了熟悉的、温暖的水的容器里，还有两只手在我头上、脸上、身上轻柔地擦洗着，然后给我裹上柔软的小被子。有人摁着我的小脚丫，在一张纸上留下了我人生的第一枚脚印。这都是在干什么啊？有点痒痒的，感觉很好玩，很新奇。他们是谁啊？我又是谁？我在哪？

我的房间没有了，似乎我的手脚也游动不起来了，那熟悉的心跳和气味呢？怎么也不见了？我好害怕啊！于是我大声哭起来。但很快，我被一个温暖的怀抱包围了。哦，这是我熟悉的味道，这是妈妈的怀抱吗？对的，听到了熟悉的心跳声，我的心慢慢安定下来。

“哭得这么大声啊，一定是个身强体壮的宝宝。”啊，这是妈妈温柔又熟悉的声音。我不由得睁开眼睛，眼前是一个有点模糊的脸。她的脸圆圆的，上面有闪亮的眼睛、小巧的鼻子和嘴巴。她看着我，嘴巴咧向两边，形成一个好看的弧度。

过了很久，我和妈妈一起被推到了一个房间。空气中都是消毒水的味道。午后的阳光穿过玻璃窗，一缕缕的像金线一样照在房间的地板上，洒在我的小被子上，一切都那么明媚、温暖。一个高大的男人来接我们，我一下子就听出了他浑厚的男中音，原来这就是“爸爸”。我终于见到他了！我使劲想挥动胳膊，但是没有了羊水，我的胳膊有点沉重。他看我的眼神很特别，眼睛中好像还闪着泪光。他的目光和光线一样柔和，落到我身上，让我感觉很舒适。我的眼前渐渐围起一圈人，他们似乎都跟妈妈一样开心和兴奋。一种幸福的感觉散发在空气中，包围在我身边。我知道，他们一定一直以来都在等待着我的到来，迎接我来到这个世界，他们都是爱我的人。

这么多人围着我，我被爱和温暖包围着。不知不觉，在他们温暖的注视下，我打了一个呵欠。“啊，你看宝宝打呵欠了。”“你看宝宝的嘴巴，和妈妈一个模子刻出来的啊！”“真的啊！嘴巴像妈妈，但是眼睛像爸爸。”他们好像看我哪里都很神奇。是的，折腾了这么久，我有点困啦。这时，我觉得嘴唇被一个温热、柔软的东西碰了碰，我本能地张开了嘴巴一口含住，还用力吸了几下，哇喔，有一点点甘甜，太好喝了，我要多来点。我就这样贪婪地开始了我人生的第一餐。“咚咚咚咚”，耳边是妈妈熟悉的心跳声。这咚咚声把我的思绪带向远山和白云……我依在妈妈的臂弯里，闻着她的味道，被她轻轻地抱着，此时此刻，全世界都安静了，我就是世界上最幸福的那个宝宝。我，就这样睡着了。我要好好休息一下，养足精神，再来了解探索这个新世界。

睡梦中，我似乎听到了呜呜的高铁声，我乘着它出发了，前方是一个开阔而明亮的未知世界，我的心充满了喜悦……

## 给爸爸妈妈的话

亲爱的准妈妈们，经过十月怀胎，宝宝就要和您见面了。一个未知的、充满了期待与憧憬的亲子生活的新画卷在您的家庭中徐徐展开，您和宝宝即将踏上互相陪伴、相亲相爱、其乐融融却又充满挑战的新旅途。您一定在设想宝宝长什么样啊？是像爸爸还是像妈妈？是男孩还是女孩？兴奋和期待的心情不断交织。除此以外，您可能还对生产有一些小小的担忧：生产会顺利吗？会不会很疼？我目前的准备还算充分吗？在我们的科学养育之旅中，相信您在逐步成长的同时，担忧也将逐渐减少。

## 一、产前准备

做好心理准备：分娩是人类繁衍的自然生理过程。准妈妈本人状态的好坏对是否能顺利分娩起着非常重要的作用。现代医学使任何一种分娩方式面临的危险最大程度降低，所以过分的担忧和恐惧是不必要的，可以把更多的精力放在临产前的准备中。准妈妈可以通过了解不同的分娩方式、分娩的不同产程，对分娩形成一个正确的预期，并根据自己与宝宝的实际状况，以及医生的建议选择符合自身的分娩方式。无论哪种分娩方式，准妈妈都要树立积极的心态，保持良好的精力和轻松愉快的心情。

学习分娩知识：对于即将生产的准妈妈，建议多学习一些分娩知识。例如，拉玛泽生产呼吸法，可以让准妈妈在分娩时将注意力集中在对自己的呼吸控制上，从而转移疼痛。准爸爸也要了解分娩知识，便于在陪产的时候给予准妈妈适当、及时的鼓励与支持。正确的分娩方法能够帮助准妈妈适度放松肌肉，充满信心，在分娩过程中了解自己所处的产程和身体变化，保持镇定，从而达到加快产程并让婴儿顺利出生的目的。

保持良好状态：分娩是一项体力活，需要有充足的体力。在临近生产前，准妈妈一定要保持良好的生活习惯，养精蓄锐，为自己的分娩蓄力。坚持早睡早起，有条件的话中午可小睡一会儿。长时间卧床休息并不利于生产，建议每天有一定时间的户外散步（最好有家人陪同）。到了孕晚期，准妈妈的肚子越来越大，会影响睡眠和日常生活，例如腰酸背痛会更加厉害，有的孕妇还会出现腿部的水肿加剧等情况。这时候，就需要准爸爸的耐心照顾和安慰，例如可以多为准妈妈按摩身体，以减轻不适感。适当的按摩可以刺激皮肤内的神经末梢，促进血液循环，缓解肌肉疲劳，改善睡眠等。

其他准备：临近生产，会发生亟须住院的情况，因此还需要准备住院用的待产包。宝宝物品，主要有宝宝专用的床单、小杯子、奶粉、奶瓶、勺子、纸尿裤、方巾、盆等。产妇物品，主要有护理垫、卫生纸、换洗内裤、挤奶器、毛巾、盆、换洗睡衣、产后收腹带等。此外，还需要了解从家里到医院的路程，以及陪产的家人提前做好时间安排等。

## 二、需要关注的临产信号

宫缩：准妈妈要判断宫缩是前期宫缩还是规律宫缩。如果宫缩一小时出现一次，或者半小时出现一次，宫缩持续时间短，几秒钟就转瞬即逝，这是前期宫缩。这时候，家人可以准备好去医院时会用到的物品，准妈妈可以在家中休息、等待，听音乐放松一下，或者吃点东西补充体力。

当出现规律宫缩，如每隔 10～15 分钟宫缩一次，宫缩程度一次比一次强，或持续时间一次比一次长，或出现较为强烈的腹痛，就是该起身去医院的时候了。

见红：随着胎儿的头部下移，包裹着胎儿的胎膜和子宫开始剥落，会有血样的分泌物流出，称为见红。见红往往发生在规律宫缩之前。这也代表着该启程去医院了。

破水：包裹胎儿的胎膜破裂的时候，就会有羊水流出来，称为破水。破水时间因人而异，但是一旦破水，必须马上住院，并且避免站立，最好躺下，去医院的途中也是尽量躺着。即使破水也不要慌张，此时离真正的分娩还有一段时间。

## 三、建立为人父母的信心

### （一）相信爱的力量，给予孩子最初的爱

生命之初，需要来自父母的爱，而对于婴儿来说，最初的爱就是能感受到的亲吻、抚摸、拥抱和温柔的声音等。基于此，父母在宝宝的生命之初，就需要给予宝宝及时的回应。实际上，很多准父母都能够给予自己的孩子最好的回应，这也是依恋关系形成的基础。在婴儿出生之前，准父母就会感受胎儿的心跳、胎动，想象婴儿出生时的模样，对未出生的婴儿产生了依恋情感；在婴儿出生后，父母与婴儿紧密互动，互相了解和彼此学习，都加深了彼此之间的依恋。

研究表明，儿童最初与父母的互动模式，决定了长大后他与其他人的交往模式。如果他们得到的是来自父母的及时温暖的回应，会逐渐发展出稳定的亲子依恋关系，并形成安全感十足的性格，因为他们对世界最初的体验也是温暖的、有回应的。如果父母总是不能给予儿童及时的回应，儿童感受到的世界是冰冷的，更容易形成退缩性人格。

### （二）相信自己可以胜任父母这一天职，并勇敢担当

第一次当父母，难免有些焦虑和担忧，但是几乎每个父母都有与生俱来的爱与责任感。您不要因为自己忙碌而把孩子完全交给长辈，也不要因为缺乏经验而不敢上手。心理学研究发现，婴儿对父母的抚摸、亲吻、拥抱尤其敏感，从而延伸出对身边其他人的信任感。除了妈妈以外，爸爸也很重要。在小生命到来之初，母亲经过怀胎、生产，身体已经很疲惫，这个过程中父亲的陪伴、鼓励能够给母亲的顺利生产、哺育带来莫大的支持。父母要共同摸索小宝宝的生活规律，并要相互支持和帮助。现实生活中有一些父亲由于忙于工作，导致照顾孩子的时间很少，甚至有的父亲认为养育孩子主要是母亲的责任，自己只

需要负责赚钱养家就可，这都不利于孩子的养育、良好家庭关系的建立。父亲缺位可能会影响夫妻关系、亲子关系，也会使儿童对父亲产生不信任感，影响儿童的性格和人格发展。

### （三）保持主动学习的良好心态

父母虽是天职，但是仍需要主动学习。父母要尊重儿童个体发展的特点，对传统的育儿经验要甄别，对现代的育儿理念也要多思考，看是否适用于自己的孩子。向祖辈和有经验的人学习、阅读育儿书籍和育儿资讯都是有效的学习方式，但是无论哪种学习渠道，父母都要学会判断某种育儿经验或方法是否适用于自己的孩子。怀着一颗爱心，不停观察和解读自己的孩子，不断了解自己孩子的需求和特点，不盲从，不自大，就能逐渐摸索出适合自己孩子的养育之路。

# 第二章　周围那么宽阔，那么多新奇的声音

（半个月）

我从睡梦中醒来。冬日的阳光温暖地铺洒在床上，能看到绿萝的叶子在阳光的照耀下闪着金色的光芒，陆离的金色光斑四处游动，我挥舞着小手去捕捉它们。这是一个美好的早晨。

我已经来到爸爸妈妈身边很久了，妈妈轻轻地抚摸着我的脸蛋说："再有半个月，宝宝就要满月了。"至于半个月和满月到底是多久，我也不懂。我原来的家不像现在的家这么大，这里太宽阔了，也很陌生。但是我也在逐渐适应，只要能看到妈妈模模糊糊的脸，或者闻到她的味道，我就很安心。

周围好像没有人，我突然觉得很害怕，急切地想找妈妈，但是我还不会说话，只能用我洪亮的哭声告诉他们："我醒了，人呢？都来我这里啊！""宝贝醒了啊。"妈妈听见我的哭声，很快来到我的身边，把我抱起来，放在她温暖的怀抱里安抚着，问："宝宝为什么哭了啊？是尿了还是饿了啊？"妈妈一

边说着，一边给我换上新尿布。这下舒服多了。在妈妈的怀抱里边，我感觉就像在她温暖的肚子里一样安全。

刚消停了一会儿，饥饿感又催使我大声哭喊起来。妈妈轻轻地把我靠近她的胸膛，我大口地吸吮着香甜的乳汁，心满意足地冲着妈妈笑了笑。“该给宝宝拍嗝了。”妈妈说着，一手托着我的小脑袋，一手抱着我，让我靠在她的肩膀上，从下往上给我轻轻拍着背部，一股气流从腹部升上来，到了喉咙，我打了一个嗝，笑得更开心了。还记得有一次我吃奶吃得太急了，不停地打嗝，妈妈急得团团转，奶奶走过来，用她的手指使劲弹了弹我的足底，我疼得哭了起来，竟然忘记了打嗝。我觉得奶奶比我还淘气呢，可妈妈竟然夸奶奶有经验。

当吃饱了妈妈甘甜的乳汁后，我就开心地等着妈妈和我说话或者和我玩。最吸引我的，莫过于周围那些新奇的声音了。床头有个铃铛发出叮铃叮铃的声音，是妈妈给我挂的。当我的眼睛盯着它的时候，我的手脚就不由自主地想上下舞动。妈妈还会轻轻地移动铃铛，有时候把铃铛移动到我的左边，我的头就跟着转到左边；有时候把铃铛移到右边，我的头又会跟着转到右边。我特别喜欢这个游戏，不仅是因为铃铛的声音好听，还因为每当玩这个游戏的时候，妈妈都会抱着我，我躺在她的臂弯里，靠在她的怀抱中，感觉很舒服和安心，似乎我又回到了以前在妈妈肚子里的那个房间。很快，寻找铃铛对我来说就不是难事了，我很容易就能知道铃铛在哪一侧，我的眼睛转动得越来越灵活了。更令人惊喜的是，妈妈还会把铃铛放在我的小手旁边。每当我的小拳头碰到凉凉的铃铛，我就好想去抓握一下，但我的手还不会张开。这时，妈妈就会轻轻掰开我的小手，让我握住铃铛。

握住铃铛，让我觉得我很了不起，这大概是我来到世界上抓握的第一个玩具了。凉凉的铃铛在我的手里逐渐有了温度，我握着它，仿佛掌握了这个声音，觉得自己特别伟大。

这些天我醒着的大部分时候都很开心，因为妈妈总是抱着我，还有爸爸、奶奶、爷爷总会围绕着我，逗我玩，和我说各种各样的话。每当开心的时候，我就努力挥舞起自己的小胳膊。

你要问我的烦恼事，主要是饿了和拉粑粑。那个时候，真的有些不舒服，很想钻回到妈妈肚子里的房间里去。好在我还有另外一件武器，就是哭。当我饿了的时候，我就会断断续续地哭，一边哭一边等待，这个时候妈妈会很快走过来，给我吃奶。妈妈还会说："宝贝又饿了啊，真是个爱吃的小娃娃！"一边吮吸着妈妈香甜的乳汁，一边听着妈妈用动听的声音和我说话，真的是一种享受！如果我想拉粑粑的时候，我的哭声会更加急促，催促着爸爸妈妈赶紧来给我换尿布。妈妈还会观察我拉的粑粑，和爸爸谈论我粑粑的颜色，比如她会说自己最近得多喝水了，或者不能让我着凉了，等等。我很奇怪，我的粑粑和妈妈要多喝水有什么关系，真是不明白大人的想法。

今天，我很想和妈妈多玩一会儿，她的脸上闪烁着快乐的光芒，看着她的脸，我的内心十分平静。我最感兴趣的游戏，就是听妈妈说话。妈妈让我平躺在床上，她温柔地注视着我，和我聊天，我则用我的眼神和动作回应她。她经常会说："我的宝宝呢？"当我的眼睛看向她的时候，她就露出惊讶的表情："啊，我的宝宝在这里呢！"今天她和我聊的是外面的天气："宝宝，现在已经是冬天了。尽管天气冷，但是今天外面的天空特别蓝，是个晴朗的好天气呢。等到你再长大一点，我就带你出去看看外面的世界。"我对"长大"这个词很敏感，在妈妈肚子里的时候，我就经常听到这个词，难道我现在还没有长大吗？我不自觉地挥舞着我的手臂。妈妈的嘴巴还会发出很多其他的声音，有弹舌声、咂嘴声等，这些声音都很奇怪，但是很好玩。有一次，我感觉有种声音很刺耳，就皱起了眉头，妈妈很惊喜地呼唤爸爸过来："你看，宝贝的表情好可爱啊！都皱眉头了呢！"

正说着，爸爸打了一个很大的喷嚏。这个喷嚏太恐怖了，把我吓哭了，我双拳紧握，晃动着脑袋表达着不满。奶奶看着我，一边笑一边批评爸爸："到别处打喷嚏去，宝宝抗议了。"奶奶把我从妈妈怀中接过去，一边轻轻地拍着我，一边高兴地说："宝宝长大了，会生气了。"

我也会用自己的语言和爸爸妈妈交流，除了"啊""喔"等声音外，我还会用自己的喉咙发出"咕哝咕哝"的声音。

“宝宝，你说什么呢？说这么多。”我用我的语言回应着妈妈的问题，妈妈的微笑那么甜美，言语那么温柔，我觉得她就是我的天使，是我的一切。我们交谈了很久，爸爸说：“宝宝又听不懂，你说那么多干什么？”妈妈告诉他，虽然我不会说话，似乎听不懂，但是我的小脑袋正在发育，她的一切言语都会促进我大脑的发育。妈妈说得对，因为她经常说的那些词语都会引起我的兴趣。听到“宝宝”“妈妈”“爱”“开心”“吃奶”“睡觉”这些词语，我的眼睛都会发亮，告诉她我能听得懂。连换尿布和喂奶的时候，妈妈都会和我聊天，我选了一个好妈妈，我在天上时就知道她会是一个好妈妈。

“舅舅来看你了，宝贝。”一个低沉的男中音响起。这个声音让我觉得很陌生，不像是爸爸的声音。“宝宝好，快看看舅舅给你买的礼物。”这个自称“舅舅”的人站在我身边，可是我并不认识他，我的眼睛还是盯着爸爸的方向。“你不认识舅舅吗？”他说，“舅舅给你带了一个玩具。这是一个红色的小马，和你的属相一样，祝福你早点长大，宝贝。”我盯着“红色的小马”看了许久。我的眼睛看周围还是模糊的，但是我能隐隐约约看到那个玩具鲜艳的颜色，这种鲜艳的颜色吸引了我，这就是我生命中最初认识的颜色了。

这个叫“舅舅”的人在我的床前待了一会儿，很快就离开了。不过我对他可不感兴趣，我最喜欢的还是听妈妈说话，这不，妈妈又来和我聊天了。

妈妈和我说了很久的话。不一会儿我又饿了，吃饱后，妈妈又把我平放到床上，轻轻地哼着歌谣。这时我闻到了一种香味。这种香味每天我都会闻到，我知道接下来要发生什么事情了，兴奋地挥舞着小手臂。“来做抚触了。”妈妈边说边在我的脸和四肢上涂抹着香喷喷的东西。妈妈五指张开，轻轻放在我的头上，双手拇指先从我的前额中心向两边轻轻推压，轻按至耳部，收回拇指；接着用同样的方法在我的眉头、耳窝、人中、下巴处轻轻按摩；然后又依次按摩了我的胸膛、四肢。还没等背部按摩结束，我就已经进入了甜甜的梦乡。

### 给爸爸妈妈的话

亲爱的爸爸妈妈们，不知不觉半个月过去了。从宝宝出生到第28天，是新生儿时期，也是宝宝发育的第一个重要阶段。处于新生儿早期的婴儿每天睡眠时间为18~20小时，处于新生儿晚期的婴儿每天睡眠时间为16~18小时。虽然宝宝大部分时间在睡觉，但是他们每天都在发生变化，不断成长。面对宝宝什么样的睡姿最安全，囟门何时闭合，出现溢乳、黄疸和脱皮的时候该怎么办这样的问题，新手父母总是不知所措。

新手父母还没有特别适应有宝宝的生活，作息也有些不规律。妈妈刚刚经过生产，身体还没有完全恢复，就要面临给宝宝喂奶、护理的新生活。而爸爸则经历了另一种成长，为人父后，您才开始知道养育孩子的辛苦。爸爸除了白天要帮助妈妈照顾新生命，晚上也要经常起床帮助护理。另外，在妈妈面对新生活手忙脚乱的时候，爸爸还要安慰和帮助妻子。而家里的爷爷奶奶或者姥姥姥爷也变得异常忙碌。这个新生命的到来，给家庭带来了巨大的喜悦，也带来了巨大的变化。

## 一、需要重视的母乳喂养

母乳是上天赐予新生儿的最好食物。新生儿出生后应该立即哺乳。研究证明，母乳中含有的乳清蛋白和酪蛋白比例适中，非常适合新生儿和早产儿的需要；母乳中的半胱氨酸、氨基牛磺酸等能促进新生儿大脑发育；母乳中所含的不饱和脂肪酸能增强新生儿抗病能力。此外母乳喂养还能促进母亲产后康复，增进母婴感情。

妈妈每天要饮食均衡，多饮水。在哺乳前先喝一杯果汁或水，要两边乳房轮流喂奶。要按需哺乳，婴儿吸吮乳房可以刺激乳汁分泌。如果婴儿咬破乳头，就要调整喂奶姿势，保证婴儿嘴巴能够整个包裹着乳头。

如果以上措施都做到了，但是妈妈的奶水仍然很少，或者因为其他原因不能实施母乳喂养，妈妈也不要过分自责或者焦虑，人工喂养仍然可以保证新生儿健康成长。要为宝宝选择合适的、易于消化的奶粉，不要频繁更换奶粉。人工喂养后，仍然要多抱宝宝，尝试让宝宝多吸吮乳头，让他们在母亲的怀抱中得到充分的安全感。当妈妈患有传染性疾病、代谢疾病、心脏疾病、乳头疾病时，不建议进行母乳喂养。

## 二、不可忽视的回应

2018年，世界卫生组织等机构发布了《儿童早期发展全球培育性照护——帮助幼儿生存与成长、改进健康与人力资本的框架》（以下简称《框架》）。《框架》中提到了关于婴幼儿养育照护的五方面内容：健康、营养、安全与保障、回应性照护和早期学习。其中，回应性照护的重点在于“回应”。

回应性照护是指婴儿从出生时起，就通过啼哭、微笑、动作等表达自己的意愿（如饥饿、疼痛、困乏、满足等），父母要及时对婴儿的需求予以回应。除了及时满足婴儿的需求外，回应还包括要与婴儿有语言、动作、表情的交流与互动。

### （一）父母对婴儿的及时回应

对婴儿的第一声啼哭，父母都很敏感。经过半个月的磨合，父母已经很熟悉婴儿哭声中的含义，比如是需要吃奶还是需要换尿布。在这一过程中，父母还要及时捕捉婴儿发出的其他信号，这些信号包括他们的表情与动作。当他们吃完奶之后平静地看着你，父母可以和婴儿交谈，并做游戏。父母可以呼唤婴儿的名字，轻轻把他们抱到怀里。不要以为婴儿不会说话，或者听不懂父母说话，就忽视对他们的回应。父母尽量不要换完尿布、喂完奶就去做别的事情，把宝宝扔在一边。例如，当宝宝哭了，可以把他们抱起来问：“宝宝，你是不是饿了？”根据自己的判断确定喂奶的时间，喂奶时也要看着宝宝，可以一边喂奶一边和宝宝交流，如：“宝宝，爸爸妈妈都特别爱你。你要好好吃饱哦。”不断向宝宝表达对他的喜爱，和宝宝分享自己的感受。

父母和婴儿的每一次对话、抚摸、拥抱都能促进婴儿安全感的建立。脑科学研究证明，每一次回应和互动，都促使婴儿大脑神经元相关区域的连接加强。这为婴幼儿今后的发展奠定了基础。

### （二）及时回应促进依恋关系的形成

依恋的发展是一个交互的过程。婴儿发出信号，成人根据婴儿发出的信号给予适宜和及时的回应；接下来，婴儿还会根据成人的回应进一步有所反应。这个反复循环的过程，就促进了双方之间情感连接的加强。

拿“躲猫猫”这个游戏为例。母亲面向一个 5 个月大的婴儿，双手蒙上自己的脸，再打开手掌发出笑声，这会让婴儿很兴奋，发出“咯咯”的笑声，表示自己很喜欢这个游戏。母亲再继续重复上面的动作。经过几个回合之后，婴儿对游戏逐渐失去了兴趣，身体感到疲惫，会打哈欠或者将目光移向别处。这时，母亲通过婴儿发出的信号，判断婴儿的状态，停止游戏。在这个游戏互动的过程中，母亲和婴儿之间互相观察：母亲理解婴儿的需要，并等待婴儿发出下一个请求；婴儿学会向母亲表达自己的需求，并期待得到母亲的回应。婴儿从母亲及时的回应中感到被理解，被需求，也感到了被爱，安全感逐渐形成。因此，敏锐的观察、积极的回应有助于婴儿和照护者之间形成安全稳固的依恋关系。

需要说明的是，作为照护者的母亲或者其他成人，无需一直紧绷神经，每时每刻都要及时回复婴儿的所有信号，而是能够灵活轻松地关注婴儿，即使错过了婴儿发出的一些信号，照护者也要坦然面对，及时同步婴儿的主要需求即可。

## 三、创设安全、卫生且促进婴儿发展的家庭环境

出生后，婴儿将要面临从刚出生到会翻身、坐起来等一系列成长，身体处于不断运动和发展中。父母要为婴儿创设安全、卫生且促进他们发展的家庭环境，以下为环境清单：

建议选择大、宽阔、软硬适中的婴儿床，且无障碍物。

屋内温度适中（建议冬季22℃左右，夏季28℃左右，春秋自然温度就可以，在换季的时候注意保暖）。

保证婴儿身体无太多衣物包裹的束缚，给婴儿身体更多自由，方便他们动小腿和小胳膊。

婴儿卧室灯光亮度适中，最好把他们放在向阳的屋子里，定期开窗通风，通风时要抱走婴儿。进入婴儿卧室，要穿袜子或拖鞋，避免穿室外鞋。

确保婴儿有自己专用的水杯、床单、毛巾及其他用品，并定期更换。对奶瓶、水杯、婴儿衣物、床单和枕巾等定期进行清洗消毒。

换尿布时，要采取常规预防措施以防止疾病的传播，如给手和尿布台消毒，换完后及时洗手或对周边环境进行消毒。

# 第三章　满月了（1个月）

最近，我发现自己清醒的时候越来越多了，还能朦胧地感受到白天和夜晚的差别：白天，温暖的阳光透过大大的玻璃窗投射在我的小床上，热乎乎的，又暖和又舒适；而到了夜晚，柔和的月光洒在我脸上，虽然不像白天那么暖和，却很温馨。

每天上午，我都要盯着阳光照进屋里的光斑看一会儿。对于周围的事物，我似乎看得更加清楚了。我还会伴随着音乐发呆。“发呆”是妈妈的说法，其实我就是喜欢听音乐。妈妈不知道，我是在欣赏音乐，对，你们没有看错，就是在欣赏。妈妈最近播放的音乐种类不同了，以前舒缓平静的音乐居多，而最近增加了一些节奏明快的音乐。随着音乐的节奏，我的胳膊情不自禁地挥舞，我的全身似乎都充满了力量。在音乐声中，我渐渐陶醉了。

“宝宝，你是知道今天要给你拍满月照了，所以特别高兴是不是？你看，姥姥姥爷也来了。”听妈妈这么跟我说，今天好像是一个特别的日子，而且家里的声音变多了。

我感觉有好几个人围在我的床边看我。“宝宝变好看了啊，皮肤又光亮又白嫩。”“可不，满月了就是不一样。”“我说宝宝像妈妈吧，你看越来越像。”“也不是，样子像妈妈，那个神情可是像爸爸啊。”“宝宝可是咱们家里最好看的小孩，吸收了所有人的优点。”我感觉周围洋溢的赞美声和爱意要把我淹没了，这些不同的面孔不停地在我面前晃动。说实话，我还不能和他们有太多交流，除了吃饱、喝足、睡好、穿暖、偶尔盯着妈妈看、去寻找妈妈的声音以外，我对其他的都不感兴趣。也难怪，谁让我还只是个一个月大的小宝宝呢，我还没有适应这个大大的房间和这么多人呢。只要睁开眼睛看到妈妈，吃奶的时候闻到妈妈的乳香，就是我最大的快乐。

我和妈妈之间有一种神奇的联系，比如妈妈从厨房回到卧室，虽然声音很轻微，但是我能辨别出她的脚步声。这时，如果我正在哭闹，就会不由自主地停下来。同样，只要我一哭，妈妈都会不知道从哪儿突然冒出来，及时来到我身边。对我来说，妈妈就是我的一切。

这么多张充满爱的脸在我面前晃动，但我还是最喜欢妈妈的脸。我到处寻找妈妈，看到妈妈过来，我的眼睛发亮，忍不住手舞足蹈，想扑进她的怀抱里。

“你看，宝贝盯着你的嘴巴，好像能听懂你说话呢。”这应该是姥姥的声音。他们又有几天不见我了，还不知道我的新本领——我能模仿妈妈讲话时的口型变化呢。妈妈在家总和我聊

天，她在给我换尿布时，喂奶时，洗澡、洗脸时，都会和我聊个不停，我会盯着她的嘴巴看很久。从她嘴巴里边发出的声音是那么动听，和歌声一样。当妈妈说话的时候，如果我正在吃奶，我就会放慢速度或者停下来，认真地听妈妈说话，一旦换成别人说话，我就不再理会了。其实我也有表达的愿望，妈妈和我聊天的时候，我的小嘴就会做出说话的动作，微微上翘着嘴唇，向前伸，成O形，表示我听懂了。

除了会和妈妈聊天，我还能记住我看到的每一样东西。我喜欢看新事物，床头的玩具挂久了我就不爱看了，妈妈仿佛能看懂我的心思，总是在我看腻了的时候，给我换上新玩具。但是我最喜欢看的还是妈妈的脸，有一次她脸上多了一个奇怪的东西，我感觉很陌生也很害怕，妈妈轻声安慰着我："宝宝，是不是觉得妈妈不一样了？妈妈感冒了，戴了一个口罩。"

被围观了许久，我感到饿了。我发出了"我饿了"的哭声，这个哭声和"我尿了""我困了"的哭声是不一样的。妈妈真是厉害，马上就明白了我的意思，赶紧给我喂奶。喝完奶之后，我便睡着了。我迷迷糊糊地感觉到妈妈在给我换衣服，好像这次换衣服的时间很长。我醒过来时，看到妈妈正在精心装扮我。大家一会儿把我打扮成一只小蜜蜂，放在几朵鲜花旁边，一会儿又把我包裹起来，装扮成一条白白胖胖的小虫子，放在一片碧绿的"菜叶子"上……大家围着我不停地赞美："好漂亮的宝贝。""宝贝好棒。"

拍照的阿姨说，我太小了，不能用闪光灯，妈妈着急地问：“房间里的光线这么暗，能拍好吗？”拍照的阿姨让妈妈不要着急，她说先把窗帘都打开，再利用自然的侧光、逆光补充光线——只要将反光板立在自然光源的对侧，调整一下角度，让反射光照射在我的脸上和身上就可以啦。这些话我听不懂，也让我感到烦躁，但在妈妈身边，我平静了许多。

拍照的时候，我发现，镜头的光亮很神奇，和阳光的光斑是不一样的。镜头的光是星星点点的，而阳光的光斑是一大片一大片的。我很好奇，一直盯着那些光看，摄影师们直夸我：“宝贝太棒了，好有镜头感。”不一会儿，满月照就拍完了。

为了庆祝我的满月，爸爸还买来了一束花。这束花应该是送给妈妈的吧，妈妈最近确实太辛苦了。随着我吃奶次数的增加，妈妈有时候给我喂着喂着就累得睡着了。妈妈抱着那束花说：“哇，都好久没有收到花了啊。”她深深地嗅着花的香味，也把花凑到我鼻子下面：“宝宝闻闻香不香？”鲜花好香啊，和妈妈的奶香不一样。我好像在晨风中闻过这个味道，真令人身心舒畅。

满月宴席要开始了。今天的大客厅很热闹，我在大家的怀抱里“漂流”着，听到了无数夸奖，看到了众多笑脸。但是最幸福的就是无论在哪里，我都能听到妈妈的声音。

## 给爸爸妈妈的话

不知不觉间，宝宝已经满月了。爸爸妈妈会发现，和出生的时候相比，婴儿满月后变得更加漂亮了：他们的皮肤逐渐变得白嫩和光亮，眼睛也更加明亮，头形变得圆润。1个月大的宝宝开始明显长个儿了，他们的体重和出生时相比，会增加1000克左右，身高也会增长3~5厘米。他们的视觉、听觉都迅速发展，眼睛能看到的距离越来越远，喜欢听周围人说话的声音，尤其是妈妈的声音。绝大多数情况下，他们会用哭来表达自己的情感。当父母对于他们的需求进行及时回应的时候，他们会处于安静的状态，甚至会出现短暂的微笑。

## 一、宝宝成长的第一个月，哪些是重要的?

### （一）重视第一个月的社交互动

在出生后的第一个月内，婴儿通过笑、啼哭、触摸等方式和成人互动。新生儿的笑经常出现在睡梦中。随着新生儿逐渐长大，接近满月的婴儿，会在吃饱后舒适地睡去，露出满足的笑容。当婴儿身体出现不舒服的情况，则会出现皱眉、哭闹、呻吟等现象。成人要根据婴儿的状态和信号调整自己的行为，通过喂奶、拥抱等行为安抚婴儿。婴儿也会相应地调整自己的行为做出回应。此外，婴儿还通过眼神交流和成人互动。如果父母能够经常和婴儿说话，用夸张的面部表情、微笑、有趣的声音等与婴儿交流，婴儿与成人的眼神交流时间会更长。这些早期面对面的交流活动，有助于建立生命初期婴儿与成人间最亲密的感情联系，为婴儿之后的社会性发展奠定基础。

### （二）正视第一个月宝宝成长的新状况

1. 溢乳

婴儿时常会出现吃饱后溢乳的现象，这是由于他们的消化道神经调节功能还不完善，胃的容量也小，胃入口处的贲门括约肌松弛，而出口处的幽门肌肉比较紧，乳汁通过松弛的贲门进入胃部，却不容易通过幽门进入肠道，就会出现乳汁返流现象。新手父母可以通过以下方法减少溢乳现象：

（1）喂奶结束后，轻轻给宝宝拍嗝，再轻轻放下宝宝。

（2）喂奶之后，避免换尿不湿、换衣服等大的动作。

（3）奶水充足的妈妈，可以用手夹住乳头，避免乳汁流得太急、太冲。

（4）对于人工喂养的宝宝，要让奶汁充满奶嘴，以免吸入空气。

2. 黄疸

有 50% 的新生儿出生 72 小时后，会出现暂时性的黄疸，如果黄疸在 7～10 天后自行消退，则是正常的现象。这是由于新生儿血液中的胆红素会在出生后释放，引起皮肤发黄。对于暂时性黄疸，可以不用特殊治疗，但是要时常监测，每天在自然光线下观察孩子的皮肤颜色。如果黄疸持续时间较长，甚至伴有贫血、体温不正常、吃奶不好、呕吐、大小便颜色异常等现象，或者黄疸已经减轻、消退后又重新加重、出现，则多属于病理性黄疸，需要及时就医。

3. 脱皮

新生儿出生两周以后，会出现脱皮现象。这是新生儿皮肤的旧的上皮细胞脱落，新的上皮细胞产生，出生时候的胎脂随着上皮细胞的脱落而脱落的正常现象。新生儿全身脱皮大概需要 1 个月的时间，其间，父母可以给婴儿洗温水澡。母亲在母乳喂养期间要食用富含维生素的食物，避免食用刺激性食物。

4. 挣劲和抖动

婴儿在快睡醒时，会攥紧拳头，满脸通红。这是婴儿活动筋骨的一种特有方式。有的婴儿还会出现肢体抖动的现象，尤其是听到外来的响声时会突然抖动。这是由于他们的神经系统尚未发育完善，对外界刺激缺乏定向力而出现的泛化反应。

### （三）关注宝宝感官发展

这一时期，新生儿的感官在快速发展中，他们能蒙眬地看到物体的影子，嗅觉逐渐灵敏，触觉非常敏感。父母可以在宝宝状态良好的情况下，将家中宝宝用的香皂、爽身粉、润肤露等，都拿给他闻一闻，并告诉他是什么物品的味道；还可以让宝宝的手握住大人的手指，大人用手指勾拉宝宝的手掌，以训练宝宝手掌的抓握能力，促进他们触觉能力的发展；还可以用不同的织物抚摸宝宝的皮肤：宝宝洗完澡以后，可以分别用干毛巾、丝绸布、纯棉布等不同的织物抚摸他的全身，使宝宝皮肤感受到不同的刺激。

此外，还可以通过抚摸头和四肢来激发宝宝的感触器官。可在宝宝睡醒或洗澡时，用手掌轻轻抚摸宝宝的皮肤，主要是头部、四肢、腹部、背部、足背、手背等部位，可以很好地训练宝宝的感触能力。

## 二、第一个月，父母可以做些什么？

### （一）创造良好的睡眠环境

新生儿每天要睡18~20个小时，也就是说，他们一天中的大部分时间都在睡觉。睡眠需要一个温馨舒适的环境。比如，居室的温度要适宜，冬天要注意保暖，夏天也不要太热。新生儿的睡眠也需要安静、昏暗的环境。噪声和过强的光线都会干扰宝宝的睡眠，影响宝宝的生长发育。因此，在宝宝睡觉时，要尽量保持室内安静，拉上窗帘。

此外，还需要及时调节室内的湿度。由于新生儿身体调节功能差，容易受到外界环境的影响，湿度过低或过高，都会影响宝宝的睡眠和生长发育。有的宝宝喜欢含着奶头睡觉，这会影响宝宝的牙齿发育，也会影响宝宝的呼吸和睡眠质量。因此，在宝宝睡觉时，要尽量避免让宝宝含着奶头睡觉。

### （二）耐心呵护新生儿的身体

新生儿的皮肤非常细嫩，在给他们洗澡的时候，要轻柔地将水洒在皮肤表面，用纱布轻轻擦拭，避免用力揉搓，要使用市场上专用的婴儿护肤品。此外，水温要适宜。对于成人适宜的水温，对于婴儿来说就比较烫了，因此试水温的时候，要低于成人适宜的水温。

要给新生儿准备专用的水盆，用来清洗他们的小屁屁，尤其是在大小便、更换尿不湿之后，要及时给他们清洗，避免出现皮疹。新生儿的脐带一般在出生后7~10天脱落，有的可延长至2周左右，极少数宝宝会在出生后1个月或1个半月才脱落。在宝宝的脐带还未自然脱落之前，应该保持脐带周围的皮肤干燥，尤其是在洗澡时要做好局部的护理，不要让肚脐沾水受到感染。如果给宝宝洗澡时不慎将脐带根部弄湿，妈妈可以用干净的棉球局部擦拭，再适量地涂抹一些生理盐水，用纱布包好。在新生儿脐带没有脱落之前，家长每天都要用双氧水、碘伏、75%的酒精等消毒，避免脐带感染。

### （三）亲子互动小游戏

1. 趴卧与抬头：爸爸妈妈可以在宝宝精力最好的时候，将宝宝头朝下俯卧，同时将宝宝的头侧放在一边，在宝宝的头朝向的一侧，对着宝宝说话，训练宝宝趴卧和抬头。时间不宜过久，根据宝宝个体情况，建议每天练习不超过5次，每次不要超过10秒钟。

2. 听觉追踪：爸爸妈妈可以准备1个铃铛（铃铛的声音不宜过于清脆，以免惊吓到宝宝），在宝宝的耳边轻轻摇晃发出声音，从而刺激宝宝的听觉。等到宝宝逐渐熟悉了这种声音后，还可以扩大声音出现的范围，例如在宝宝的四周摇晃，让宝宝寻找声源。还可以自制听觉瓶，将谷物、花生、豆子等摇晃时会发出不同声音的物品放入玻璃瓶、塑料瓶中，在宝宝精力充沛的时候，将这些听觉瓶依次在宝宝身边摇晃，训练宝宝对于不同声音的感知。当然，这个时候，他们还不能辨别出不同听觉瓶所发出的不同的声音，但是他们会逐渐熟悉不同的声音，这对他们以后辨别不同物体发出的声音是有好处的。

3. 抚触按摩

针对婴儿进行的抚触按摩是每一个新手父母都很容易学会的一项技能。抚触按摩的手法并不要求非常精确，只要在轻松愉快的氛围下，在婴儿状态较好的时候进行，就可以起到帮助婴儿消除紧张、发展婴儿触觉的作用。

（1）头部：以婴儿眉心为中点，向两侧太阳穴方向轻柔按摩，轻柔抚触婴儿上下眼眶，用拇指在孩子的上唇和下唇分别画出一个笑容，帮助宝宝放松面部肌肉。

（2）身体两侧：将双手放在婴儿两侧肋缘处，右手逐渐向上滑，一直到达婴儿右肩，再逐渐回到原处；左手以同样方式进行。

（3）腹部：两手交叉重叠，轻轻放在婴儿腹部，按照顺时针方向按摩婴儿脐部。但应该注意，对于满月前后的婴儿，在他们脐痂没有脱落前，不要按摩该区域。

（4）背部：双手平放在婴儿背部，从颈部向下开始轻轻抚触和按摩，然后用指尖轻轻按摩脊柱两边的肌肉，再用指尖从颈部向底部迂回运动。

（5）上肢与手指：轻轻地将婴儿双手放在身体两侧，用一只手捏住其胳膊，从上臂到手腕部轻轻挤捏；成人用自己的手指轻轻地按摩婴儿的手指根部，自上而下按摩。用相同手法按摩另外一只胳膊和手。

（6）下肢与脚趾：将双手放在婴儿的大腿根部，自上而下按摩婴儿的大腿、膝部、小腿，之后再从婴儿大腿至脚踝部轻轻挤捏，然后按摩脚踝及足部；在确保脚踝不受伤的前提下，用拇指从婴儿的脚后跟按摩至脚趾。

对婴儿进行抚触按摩的时候，首先，要注意给婴儿穿着舒适宽松的服装。其次，要在温馨的氛围下进行。如爸爸妈妈和婴儿刚睡醒或者洗澡后，双方的精神状态都不错，此时可以进行抚触按摩。还可以播放轻音乐，边听音乐边进行按摩抚触。再次，按摩时间要适中。每次时间可以先从5分钟开始，再逐渐延长到15~20分钟，每日1~2次。最后，按摩抚触要适当用力。过程中要多关注婴儿的反应，过于用力或者过于轻柔都容易引起婴儿的反感。

# 第四章　新奇的世界

## （2个月）

早晨醒来，吃完了香甜的母乳后，我躺在妈妈温暖的怀抱中，她的臂弯是那么柔软和温暖。我看着妈妈洋溢着爱意的眼睛，发现自己看得更清楚了，都能看到她眼睛中的亮光了。我最感兴趣的还是妈妈的微笑，像水晶一样纯净，像阳光一样温暖，像微风一样轻柔，能带走所有烦恼。

妈妈深情地注视着我，我忍不住也笑起来。妈妈把爸爸叫过来，他们两个人轮流抱着我。最近，爸爸妈妈总爱捧着我的小脸看，他们一直说，我的眼睛像妈妈，嘴巴像爸爸，甚至把我的脚指头都看了个遍。他们今天又轮流亲我的小脸蛋，不过爸爸的胡茬蹭在我的脸上，好痒啊。我忍不住笑出声来，高兴得手舞足蹈。

爸爸上班去了，妈妈把我放下说："宝贝，妈妈去下卫生间。"趁妈妈不在的这一会儿，我发明了新的游戏，玩自己的小手和小脚。我先是用小嘴巴尝了尝手的味道，它不甜，但是很软糯，吃完还会有湿湿滑滑的感觉。吃了一会儿，我发现自己的两只小手还能放到一起，左手能放到右手上面，右手也能放到左手上面，这也太神奇了。我盯着我的小手看了好久，试着把小手握在一起，虽然不太成功，但是很好玩。在这个过程中，我的嘴巴也禁不住上下咬合。我把小手放在身体旁边的时候，能抓住自己的衣服，我尝试向上使劲，拉扯一下衣服，发现衣服里边包裹的身体有点重，根本拎不起来，还是算了吧。

我还发现，我的小脚也能来回移动，一只小脚能搭在另一只小脚上，两只还能来回交换。两只脚搭在一起的时候，我略微向左或向右使劲，结果都差点翻过去。正在这时，妈妈回来了，她惊喜地说："宝宝想翻身了。"但她发现我的力量不够，不能独自翻身，就用两只手扶着我的身体，帮助我完成了翻身的动作。这真是太奇妙了，我马上发出了嗯嗯的声音，想再尝试一遍。妈妈还给我录了帮助我翻身的视频，向姥姥炫耀。

这算什么啊，当妈妈将我俯卧之后，我使出全身的力气，小脸憋得通红，竟然能略微抬起我的头呢。抬头的感觉和妈妈竖抱着我的感觉相似，可以环视周围的一切，我太喜欢这个新奇的世界了。

躺着的时候看到的很多东西都很大，比如旁边的枕头、床头的柜子、妈妈拿过来的奶瓶、红色的小马。但是当妈妈把我抱起来以后，我发现这些东西都不再那么大了，在它们面前，我成了巨人。我喜欢当巨人，所以盯着它们看了好久。妈妈也比我躺着看的时候更加好看。现在我能看到她的全貌，虽然还不是特别清晰，但是比起一个月前，我已经能看到她光滑红润的脸颊，甚至能看见她眼睛里面跳跃的光点。我还能看到爸爸的长腿和奶奶的围裙。我发现一只小鸟落在我家窗台的外面。从前，我只能听到它的声音，现在我能看到它的样子了。我如饥似渴地望着周围的一切，眼睛根本不舍得挪开。这个新奇的世界，不仅躺着看和竖着看有区别，而且昨天看和今天看也有区别，一天比一天清晰。如果妈妈又重新把我放下的话，我会发出抗议。但是妈妈说，我的脖子还不是那么有力量，不能累着。

世界不一样了，我也不一样了。尤其是我的一些新行为，有时候甚至会给爸爸妈妈带来困惑。比如大便的时候，我会屏住呼吸，双拳紧握，小脸发红，皱着眉毛，嘴巴里发出“嗯嗯”的声音。开始的时候，妈妈以为我便秘了，其实不是，作为一两个月大的宝宝，我必须使出全身的力气来完成“解大便”这件大事。要知道来到这个世界上，有很多大事等着我去完成，而对于当下的我，能自己完成“解大便”这件大事，我也会有一种不同寻常的成就感呢。

有时妈妈抱起我，我会发出像猫咪一样呼噜呼噜的声音。嗯，这是怎么回事？妈妈请教了其他人，又观察了我一段时间，发现我的精神好，食欲也好，根本不像生病的样子。她又去网上查资料，才知道是因为我太小了，支气管也比较小，还不会咳嗽吐痰，所以当我呼吸道里有痰液的时候，就会发出像小猫一样的呼噜呼噜声。于是，我再发出呼噜声的时候，她就帮我翻翻身。有时候她还把我包裹得严严实实的，把我转移到客厅，给我的卧室通通风。当户外的新鲜空气进来时，我的喉咙便会发痒，我不由自主地咳嗽起来。咳嗽很费力气，但是好开心，因为我又学会了一种新本领。

说起户外新鲜的空气，这可是给我带来新奇体验的东西，这种体验不亚于抬起头成为看世界的“巨人”。满月的时候，爸爸送给妈妈的那一束玫瑰花的味道，让我记忆犹新。一个温暖的冬日，就在妈妈打开窗户的那一刻，我闻到了另外一种花香。它的味道和玫瑰花不一样，却又比较相似。妈妈说，那是蜡梅，在冬天也会开花。窗外不仅仅有蜡梅的花香，还有其他味道，妈妈说，雪化了，一定有雪的味道。别看我年纪小，对于味道，我已经有很多体验了。妈妈的乳香、玫瑰的花香、窗外冬日里雪的味道，都是不一样的。

还有，我会用小手挠自己的小脸了。开始的时候，我不知道我的小手挠的是自己的小脸。我发现挠的时候，我的小脸麻酥酥的，痒痒的，便喜欢上了这个游戏。我经常会不经意间挠自己的小脸，这也是我很喜欢的游戏，不亚于玩小手和小脚。因为这个问题，姥姥和妈妈还差点吵起来：姥姥要把我的袖口缝上，或者给我戴一双特制的手套，怕我把脸挠坏了；而妈妈不同意，她觉得我的小手就应该自由地伸出来，她说一个大人如果成天戴着手套也会不舒服的，何况是孩子。于是妈妈把我的手指甲细心地剪短了，还打磨得很光滑，这样我的小手就不会挠坏小脸了。

今天妈妈又会和我玩什么呢？等我自己玩够了，妈妈也忙完了手头的事情，我期盼的时刻终于到来了。我咬着小手，用小腿蹬着小薄被子，眼睛一刻也不离开妈妈。这回，我可看清了她手里的玩具，原来是一个用一根彩色的绳子拴着的红色的气球。妈妈先把绳子放在了我的手里，我接着就把绳子放在嘴里品尝了一下，味道一般。我来回晃动小手的时候，气球随着我的手在空中飘来飘去。妈妈又换了一根更长的绳子，把绳子松松地系在了我的手腕上。我的小手晃动的时候，气球也飘来飘去。当我晃动的次数越多，气球上下飘动的次数也越多。我盯着气球看了好久，不明白它是怎样飘起来的。只见飘来飘去的气球，上下点着头，好像在唱歌，或者左右摇摆跳着舞。气球随着我的小手舞动着，去到它想去的地方，看来没有我的小手还真不行呢！想到这里，我就开心地咯咯笑出了声。

过了一会儿，妈妈把一个挂着铃铛的手镯套在了我的另一只手腕上。这个手镯真漂亮，我迫不及待地一口啃上去。嗯，凉凉的，硬硬的，味道其实没有想象中好，但手镯发出的响声非常动听。这个新发现让我太惊喜了，现在只要我摇晃手镯，它就能发出声音了。这可比解大便还过瘾，我觉得我更厉害了。

以前我是一个爱睡觉的小孩儿，但是最近，妈妈和我玩的这些新游戏让我兴奋、开心，又有成就感，因此只要我醒着，我就一刻不停地看着周围这个新奇的世界，闻着、品尝着新奇的味道，听着新奇的声音，玩着新奇的游戏，我觉得睡觉越来越没意思了。

我在白天睡觉的时间逐渐减少了，所以到了晚上，爸爸妈妈会提前把卧室的氛围营造得温馨而舒适。微黄的灯光朦朦胧胧的，洒满我的卧室，柔和的音乐轻轻回荡在四周，我泡在澡盆里，别提多惬意了。洗完温水澡之后，他们还会给我轮流抚触。现在我已经不需要妈妈一直抱着我、摇着我睡觉了，只要爸爸妈妈轻轻拍拍我，我就感觉又回到了妈妈肚子里的那个房间，有轻柔的水拍打着我，让我一直这么安宁、舒适和放松……

给爸爸妈妈的话

宝宝进入第2个月了，他们在白天清醒的时间越来越长。在清醒并且状态好的时候，他们会瞪着黑溜溜的眼睛，安静地躺着，其实他们这是在逐渐感知周围的世界。此时，如果妈妈出现在眼前，他们还会手舞足蹈，露出愉快的表情。他们此时的微笑是社会性微笑，不同于刚出生时候的生理性微笑。如果爸爸妈妈和他们进行语言交流，他们还会发出单纯的咿呀类似说话的声音。而父母经过了两个月的陪伴，对于宝宝的习惯有了更多的了解，会逐步适应新手父母的生活，但同时也会有更多的困惑。

## 一、合理分工，逐渐适应新手父母的角色

### （一）关注妈妈的情绪

宝宝出生的头两个月，是妈妈最辛苦的时期。这一时期，新手妈妈要经历很多关口，如喂奶的时候乳头皴裂、母乳不够、应对宝宝身体出现的各种新状况等，同时还要经历自身伤口恢复、身材恢复等。产后抑郁症也多发生在这个时候。妈妈在出现失眠、沮丧的现象时，除了适当休息和调整，也要和家庭中其他成员多交流，获得及时的安慰和帮助。只有妈妈情绪良好，才能养出健康的宝宝。

这个时候，爸爸尤其重要。爸爸在工作之余，也要多关爱妈妈，承担帮助妈妈照顾孩子的责任。例如，爸爸帮助妈妈给孩子换尿布、冲奶粉，或者在妈妈睡着以后多看护孩子，保证妈妈睡得踏实。爸爸还要多关心妈妈的兴趣爱好，要知道，面对一个嗷嗷待哺的婴儿，很多新手妈妈会感到困惑、无助，甚至焦虑、烦闷。爸爸不妨多给妈妈放音乐，讲笑话，或者在妈妈身体允许的情况下，让老人短暂照护孩子，带着妈妈出去看看风景，享受一下大自然的风

光，保证妈妈拥有良好的心情。

### （二）如何练就“超级奶爸”？

父母在家庭教育中具有同等重要的作用。研究表明，从小有爸爸陪伴的孩子在长大后，性格更加开朗、勇敢、自信、独立，擅长解决问题，遇到困难更容易保持乐观的情绪。而在现实中，很多爸爸由于传统观念的影响，认为抚养孩子多为妈妈、奶奶的责任，而缺少对孩子的陪伴。中国儿童中心发布的《中国0–6岁儿童家庭教养中父母角色的调查研究》指出，父母都认同应由父母双方共同教养子女。但实际表现与认知存在很大差异，父亲在生活照料、子女陪伴、教育指导等方面的参与度普遍低于母亲。

如果爸爸能够从宝宝出生开始就多加养护、陪伴宝宝，父母都参与照护宝宝的过程，就能够发挥各自优势，形成温馨有爱的家庭氛围。甚至爸爸从妈妈怀孕的时候，就要陪伴孕妈妈产检，帮助照顾孕妈妈。在妈妈生产后，爸爸还要学会抱孩子、换尿不湿、喂奶、拍嗝、哄睡等技能。

1. 抱孩子

爸爸的臂膀比妈妈的臂膀有力，能让婴儿更加感受到父爱与安全感。对于1~2个月的婴儿，主要是横抱在臂弯中，等到3个月后可以尝试竖着抱。宝宝仰卧时，爸爸先用左手插过宝宝的腰部和臀部，再把右手轻轻放到宝宝的头颈下方，慢慢地抱起宝宝。这样，宝宝的身体有依托，头也不会往后垂。然后再将宝宝的右手慢慢移向左臂弯，将他的头小心转放到左手的臂弯中，这样就可以将宝宝竖抱起来了。但不管何种抱姿，抱起、放下时动作都要轻柔。竖抱的时候，一定要保护好宝宝的头颈部，可以让宝宝背靠着爸爸的胸部，用一只手托住宝宝的臀部，另一只手围住宝宝的胸部。让宝宝面向前，能很好地看看面前和周围的事物。

2. 换尿不湿（尿布）

换尿不湿（尿布）之前，爸爸首先要清洁双手；然后擦干手，将宝宝放在干燥、暖和的床上，或者放在专用的尿布台上；在宝宝的臀部底下铺上干净的毛巾或者小毯子，将尿不湿（尿布）、湿巾、护臀霜等先预备好放在旁边，做好准备工作。

将宝宝的双腿抬高，轻轻抽走用过的尿不湿（尿布），用宝宝专用的湿巾轻轻擦拭宝宝的臀部，女宝宝要从前往后擦，男宝宝要擦拭有褶皱的地方。如果宝宝有了尿布疹，需要涂抹护臀霜；如果没有，等待宝宝的臀部干燥后，就可以放入新的尿不湿（尿布），包好宝宝的臀部。

注意在给宝宝换尿不湿（尿布）的过程中，爸爸的动作要轻柔，还要关注宝宝有没有对尿不湿、护臀霜皮肤过敏的症状，有的话要及时调整和更换。

3. 冲奶粉

在冲奶粉之前，爸爸要先把自己的手和宝宝的奶瓶都清洗干净，并将奶瓶用消毒柜或开水消毒。然后，要按照一定的比例将奶粉与水进行配比，可以参照奶粉的说明书，按照奶瓶上的刻度线进行冲泡。要使用晾凉了的温开水，水温在40℃左右，每次喂食前可用手背测试一下奶瓶的温度，以免温度过低或过高，引起宝宝不适。先放温开水，再放奶粉，将奶粉搅拌或者摇晃均匀，静置几分钟，等到奶粉没有泡沫的时候，再给宝宝喂食。

爸爸可以先掌握这些小技能，通过日常对宝宝和妈妈的关爱，传递自己的温暖和力量。很多爸爸在照顾宝宝的过程中，难免有粗枝大叶的情况出现，妈妈一定要肯定爸爸的付出，及时鼓励爸爸，这样更容易激发爸爸育儿的积极性。

## 二、做有趣的感官游戏

### （一）视觉追踪

从出生起，宝宝的视觉就在不断发展中。两个月的宝宝对周围世界已经能看得更加清晰，从原来只能看到物体的轮廓到喜欢看黑白颜色。这个时候，也可以让宝宝适当、少量地看一些颜色鲜艳的物品。一般来说，宝宝喜爱的颜色依次为红、黄、绿、橙等，所以爸爸妈妈可以经常用红色的玩具来逗引宝宝，对宝宝进行一定的视觉刺激；可以将色彩明亮的丝带绑起来，挂在宝宝的小床上，让宝宝可以看到，但是不要让宝宝触摸；还可以在宝宝房间的墙上或床顶上挂些图片、照片或贴一些彩色壁纸，并且要经常更换，给予宝宝色彩刺激。

### （二）训练触摸和抓握能力

宝宝的手虽然还不能完全张开，但也要有意识地放一些玩具在他手中，如拨浪鼓、塑料捏响玩具等，这样可以训练他的触摸和抓握能力。在训练的开始阶段，可先用玩具去触碰宝宝的小手，让他感觉不同类型的物体。待宝宝的小手可以完全展开后，就可将玩具柄放入他的手中，并使之握紧再慢慢抽出。

# 第五章　我的快乐很简单

## （3个月）

最近我发现我的头比以前更加有力量了，当妈妈将我俯卧的时候，我竟然能抬起头。这个发现让我很惊喜，抬起头看周围的一切都那么不同。在我的眼睛里，所有东西好像离我更加近了，更加清晰，仿佛触手可及。

虽然还是冬天，但屋子里的暖气很热，早晨醒来，我都把被子给踢掉了，我的小腿真是越来越有力量了。妈妈一大早就盯着我看，爸爸说："你都盯着宝贝看了半天了，看什么呢？""你看宝贝，是不是更加好看了？"虽然我看不到自己的脸，但是从他们端详我的眼神里能够感受到，我肯定是越长越好看了。我禁不住发出"啊啊""哦哦"的声音，伸着两只胳膊，要妈妈抱。妈妈给我穿好衣服，横抱起我来到了窗边。

温暖的阳光洒满了卧室，整个房子在晨曦中散发着金色的光芒。我在妈妈的怀抱中，不时地东张西望。突然，我发现卧室的天花板上有东西在动，我一动不动地望着天花板。妈妈说，那是外面树的影子被投射到了天花板上。它随着阳光摇曳，在天花板上形成了别样的风景。我就这样看一会儿风景吃一会儿奶，好惬意。

吃完奶之后，妈妈把我放到床上，我很轻松地就用小手把身体支撑起来了。起初身体还有一些摇晃，但是经过不断练习，我的胳膊越来越有力量，头抬起的时间也越来越长。我已经适应了我的“巨人”身份。不仅如此，当我看到我感兴趣的东西时，就会发出“嗯嗯”“啊啊”的声音来告诉妈妈。我看到了床头一直陪我玩耍的红色小马，这是我满月的时候舅舅送给我的，这个小马不仅柔软，还能发出声音。

妈妈递给我，我高兴得手舞足蹈。妈妈每天都给小马清洗和消毒，所以她很放心地让我把它放在嘴里。我还没有足够的力气捏它，但是当我不经意碰触到它的时候，它就会发出声音，像一匹真正在草原上驰骋的骏马一样嘶鸣。

虽然这些日子我经历了很多不开心的事情，比如脸上起了湿疹很不舒服，我感到难过；想抬起头，脖子却没有力量，我感到气愤；我从甜美的梦里醒来，妈妈却不在我身边，我感到孤单。但是大部分时候，我感受到的都是快乐。妈妈总是能在我哭的时候赶过来，抱起我，安慰我。吃到香甜的乳汁，甚至啃一啃玩具，吃一吃自己的手，都能让我格外开心。

告诉你们一个秘密，拉大便也会让我感到快乐。你们想不到吧。大部分时候，我都能痛痛快快地排便，每次我都双拳紧握，小脸憋得通红。拉完便便后，妈妈还会给我清洗屁屁，这时候，我都会开心得不得了，觉得自己真正完成了一件大事，妈妈还会因此表扬我呢。但是有一次，我便秘了，妈妈给我揉了半天小肚子，我才拉出大便，妈妈安慰我说："这不是你的问题，是妈妈光顾着照顾你，喝水太少了。"

最近，妈妈似乎比之前还开心，听爸爸说，是因为妈妈适应了当妈妈的生活，他要帮助妈妈，让她更好地当妈妈，这些话真的是太难懂了。但是爸爸每天都在我身边忙来忙去的，爸爸会给我洗澡，为我铺床，给妈妈做饭。妈妈大部分时间都在休息，或者和我玩，我能感觉到妈妈很开心，她开心我也会开心。

我最近笑的次数也越来越多了，不仅大家逗我的时候我会笑，我还会自己逗自己呢。就像刚才，我躺在床上玩了半天，一会儿啃啃小马，一会儿看看天花板上的光影，一会儿又吃吃小手，时而微笑，时而又凝神仰望。

爸爸走过来，掰开我的小拳头，让我的手指全部舒展开来，然后从手心往手指尖摩擦移动，逐个抚摸我的手指。这个游戏让我觉得很有趣，爸爸的大手抚摸我的时候，我的小手麻酥酥的。爸爸拿过来一个彩色的支架，放在我伸出去胳膊就能够得着的地方，上面挂着我没有见过的玩具。我伸手抓住一个玩具，"叮铃叮铃"，玩具发出了清脆好听的声音。我开心地

蹬着腿，小腿踢到了支架上的很多玩具，叮铃声此起彼伏，仿佛所有的玩具都在向我问好。这个游戏比气球游戏好玩多了。

爸爸把支架上的铃铛解了下来，递给我，我握住了铃铛。现在我握的力度刚好，不像原来那么紧，还能拿着铃铛轻轻将胳膊抬起来。爸爸担心我拿不稳会砸到小脸，就把铃铛系到了我的手腕上，这下我能痛快地玩了。

我玩累了的时候，妈妈来了。她握着我的小手，俯下身和我聊天。这可是展示我语言能力的大好时机。我能发出的声音越来越多，甚至有一次，我发出了“爸爸”的声音。当时妈妈吓了一跳，在全家人面前到处宣扬，说我三个月就会叫爸爸了。但是我只叫过一次，就不叫了，其实我还不懂得自己说的是什么，不过我每次都是用尽了全身力气去说。我还一直盯着妈妈那神奇的嘴巴看，眼神很专注，甚至把妈妈盯得都有点不好意思了。我很纳闷这些奇怪的声音是怎么钻到妈妈嘴巴里面去的，我甚至想用小手抠开她的嘴巴去找找这些声音。

渐渐地，我自己的嘴巴也能发出咿咿呀呀的声音了，我开始尝试着和妈妈交谈。妈妈说一句，我说一句，我们说着笑着，尽情享受温暖而幸福的时光。妈妈在聊天的过程中，不断夸奖和回应我，一定是我说得很棒，我太有成就感了。这些啊啊嗯嗯、咿咿呀呀的声音，表达的全都是我对妈妈的爱。

聊天游戏结束了，妈妈要带我去晒太阳了。每天上午十点的时候，太阳还不那么强烈，柔和的阳光洒满了整个小屋。这个小屋是我的秘密基地，只有妈妈和我在这里。小屋的地上有一块宽阔柔软的垫子，垫子上有白色的小兔子、绿色的草地和红红的萝卜，还有蓝色的天空，我喜欢每天和它们一起玩耍。妈妈把我放在垫子上，我趴在小兔子上，恨不得把它吃到嘴巴里。我的嘴巴亲吻着它，与其说亲吻，不如说啃，我的口水还流了小兔子满脸。累了，我就躺在垫子上看天花板，这里的光影和客厅的不一样，但是都会来回摇动。光影的形状千奇百怪，我想抓住它们，可我根本够不到；我又想让它们下来，但它们根本不听我的。我一着急，对着光影叽里咕噜地喊了几句。这下可好，爸爸过来，非要说我刚才喊了爸爸，妈妈却说她没听见，他们围在我的身边，和我说话，我慢慢地睡着了……

给爸爸妈妈的话

对于爸爸妈妈来说，3个月的宝宝已经成长为一个可爱的小精灵。他们开始对周围的人和事物产生浓厚的兴趣。随着宝宝视力和智力的发展，他们能较长时间地注视成人的眼睛，还能对他们的声音和表情做出回应，甚至在成人说话的时候，他们也尝试用嘴巴发出各种声音，似乎在和成人对话。他们已经能够初步控制自己的头部、颈部，喜欢被竖着抱，还能在趴在床上的时候抬起头，尽管只能保持短暂的时间。他们的睡眠变得更加有规律，白天清醒的时间更长了，入睡逐渐变得容易，但是也会出现半夜醒来的情况。他们的视觉、听觉、触觉等快速发展，而且他们还开始用小嘴巴探索这个世界了。

## 一、了解宝宝口欲期发展的特点

口欲期，指的是宝宝通过嘴巴来感知和探索这个世界的一个时期。口欲期从婴儿3个月大开始，一般会到1岁以后结束，通常分为三个阶段：

第一阶段，通常宝宝在3个月左右的时候开始出现吃手的现象。3个月的宝宝双手移动到自己的嘴边的时候，宝宝会认为自己的手不是身体的一部分，他们通过吃手来感知和探索，慢慢才意识到手是自己身体的一部分。

第二阶段，他们会对无意中碰到自己嘴巴的物品都进行吮吸和舔舐，比如衣服、家长的手指，或者是自己的嘴唇。有时候爸爸妈妈给宝宝用毛巾擦嘴的时候，无意中碰到了宝宝的嘴角，宝宝也会去舔舐。这表明，宝宝正在通过嘴巴来对外界事物进行探索和感知。

第三阶段，宝宝6个月以后，能够自己坐起来，手部精细动作发展较快，他们逐渐能够拿到东西放到嘴里。这个时候，他们会把能够到的物品都往嘴里放，最先吃的是自己的手和脚，然后是各种物品。

对于3个月的宝宝，我们只要把他们的小手给洗干净，指甲剪短就可以了。不要为宝宝吃手感到焦虑，更不要担心吃手会吃到细菌，相反，可以适当顺应宝宝口欲期的需求。随着宝宝的双手越来越灵活，他们会把能抓到的东西都往嘴巴里放，不要强行阻止宝宝的这种探索，在确保宝宝的小手、玩具干净卫生的情况下，可以准备清洁、柔软、环保的玩具供他们探索。宝宝在口欲期如果没有被大人禁止，在安全和卫生的情况下，用嘴巴适当探索这个世界，能够促进他们安全感的形成，为下一个心理阶段的发展奠定基础。

## 二、帮助宝宝养成规律的生活习惯

### （一）根据宝宝的特点选择喂养方式

按时喂养和按需喂养，是目前流行的两种喂养方式。按时喂养，是指定时给宝宝喂奶，喂奶时间相对固定。按需喂养，是指喂奶时间不固定，只要孩子饿了就喂奶。对于年龄较小的宝宝，以按需喂养为主，及时关注宝宝发出的信号，只要宝宝需要，就要去喂奶。但是喂奶方式也是因人而异的，有些宝宝很容易养成规律的饮食习惯，按时喂养也可以满足他们的需求。总之，两种喂养方式并不矛盾，父母只需要多观察自己宝宝的特点，选择适合的方式就可以。

对于年龄较小的（6个月以内）母乳喂养的宝宝，提倡按需喂养。宝宝胃口小，但消化快，按需喂养可以让孩子少食多餐，既不会让宝宝撑着，也不会让宝宝感觉到饿，可以让宝宝最大限度地吸收奶水中的营养成分。随着宝宝年龄增长，他们会逐渐养成较为规律的作息，这个时候可以适当按时喂养。对于吃奶粉的宝宝，从出生开始也可以相对固定一下喂奶的时间，但是要按时与按需结合，及时观察宝宝发出的信号，避免不到时间，宝宝已经饿了，但没有吃到奶粉的情况发生。

### （二）睡眠护理

随着宝宝一天天长大和睡眠时间逐渐减少，宝宝3个月以后，可以逐步帮助宝宝养成有规律的睡眠习惯。所谓有规律的睡眠习惯，就是按时入眠和醒来，这样醒来后宝宝会更容易情绪饱满。这种有规律的睡眠习惯，不但有利于宝宝的身体发育，而且还有利于宝宝神经系统的发育，也是宝宝白天玩耍、游戏的基础。

由于不同宝宝的个体差异较大，爸爸妈妈可以逐渐在护理中找到自己宝宝的睡眠规律。比如，有的宝宝睡眠时间较多，每天上午睡3个小时，下午睡2个半小时；有的宝宝精力充沛，每天上午或下午只需要睡一次。同样在夜里，有一夜醒两次的宝宝，也有只醒一次的宝宝。还有的宝宝睡得较沉，甚至中途妈妈给他换尿布他也不会醒。只要宝宝身体健康，不同的睡眠规律都是正常的，爸爸妈妈不用刻意改变它，顺应宝宝的个体需求即可。

宝宝能否安心入睡，受很多因素影响。例如，室内温度的高低、是否有嘈杂的声音、宝宝被褥的厚薄等，都可能会影响到他们的睡眠。而且，白天宝宝的活动量少、午睡时间太晚等都有可能影响到宝宝晚上的睡眠，需要及时调整。此外，有的宝宝喜欢含着妈妈的乳头入睡。对于一些宝宝来说，这样可以较快入睡，但是随着宝宝年龄增长，还是要尽可能改变这种习惯。总之，爸爸妈妈要及时关注宝宝，为宝宝营造良好的睡眠环境，保证宝宝充足的睡眠时间。

# 第六章　它们都在“说话”呢（4个月）

早晨，我从睡梦中醒来，晨曦穿过薄薄的雾霭，给窗户披上了一层金色的纱衣。我伸个懒腰，翻过身来，用双臂撑起自己的身体，远远地看到有一只小鸟站在窗外，叽叽喳喳地正在和我问好呢。我看着小鸟，咿咿呀呀地问它：“小鸟，你从哪里来啊？”它向我点点头，叽叽喳喳地不知道在说些什么，还扑棱扑棱翅膀，仿佛在向我招手，让我去陪它玩。我兴奋地伸出胳膊想去抓它，但是身体一下子趴到了床上，等我再抬起头，小鸟已经飞走了。它被我吓到了吗？它不想跟我玩吗？我难过地哭了起来。

妈妈过来给我擦干了眼泪，告诉我：“宝贝，别伤心啦，小鸟去找自己的妈妈了，它跟你一样，也有妈妈啊。”原来是这样，我恍然大悟，往妈妈的怀里扑过去。说实话，我有点饿了，我猜小鸟肯定也饿了，它应该是找妈妈吃奶去了吧。

妈妈一边给我喂奶，一边说：“小鸟也许一会儿还回来找你玩呢。妈妈今天也去上班，那咱们就会像小鸟和鸟妈妈一样，不能一直待在一起了，但是妈妈下班后会很快回来和你玩，好不好呀？”我吃饱了，抬起头盯着妈妈，咿咿呀呀地告诉妈妈让她快点回来和我玩。不一会儿，小鸟果然回来了，站在窗外又叽叽喳喳说个不停，我抬起头望向窗外看着它。妈妈把我抱到窗户跟前，这次我看到了好几只小鸟，就嗯嗯啊啊地和它们打招呼，我还告诉它们：“我现在已经不饿了，你们呢？是不是也吃饱了，才回来找我玩的啊？”

不一会儿，小鸟就飞走了，但是窗外的景色仍然吸引着我：那一片青翠的绿色是什么？旁边跟着风轻轻晃动的一瓣瓣的东西又是什么？我兴奋地发出了嗯嗯啊啊的声音。妈妈抱起我，指着窗外说：“这是松树，它有绿色的枝条，‘大雪压青松，青松挺且直’；那是梅花，它有很多花瓣，‘墙角数枝梅，凌寒独自开’。”妈妈的嘴巴一张一合，她说的那几句诗我还听不太懂，但是能大概明白她在跟我说那些绿色的东西，还有旁边一瓣瓣的东西，而且我感觉很好听，像音乐一样，抑扬顿挫，节奏鲜明。我的小嘴巴也情不自禁地有节奏地动着，发出了嗯嗯、啊啊、呃呃的声音，回应着她。

“你们娘俩聊得挺好啊，今天是你休产假后第一天上班，可别迟到了。”奶奶说着从妈妈手中抱过我，让我和妈妈再见，我可不知道什么是再见，我只知道我还没跟妈妈说完呢。妈妈亲了亲我的小脸蛋，才拿起背包出门。

妈妈打开门的时候，一阵风吹起了门帘，客厅桌子上的几张纸缓缓飘动了几下，一本厚厚的书哗啦哗啦地响了几声。我听到了风儿轻柔的声音和纸张翻动时清脆的声音，它们一定是趁着这个机会在窃窃私语。我为自己的发现惊讶不已，眼睛闪着光，盯着门看了看，又盯着桌子上的书看了看，生怕遗漏了它们的对话。我的嘴巴发出咿咿呀呀的声音，也想加入它们的对话。我说得很着急，生怕风儿和纸张听不懂我说话。奶奶抱着我，把门啪的一声关上了，突然风儿和纸张都不说话了，我听不到它们的声音了，我生气地指着门，哭了起来。

奶奶说：“宝贝，妈妈走的时候，你没哭，关了门看不到妈妈了，你就哭了，是想她了吗？”其实，我的心思全在风儿和纸张的对话上呢。我指着书，着急地嗯嗯啊啊地说着。奶奶打开书，里面出现了一只小动物，奶奶告诉我：“这是只小老鼠，趁主人不在家，它在偷吃大西瓜呢，真是贪吃的小老鼠！”小老鼠流着口水吃着西瓜，那滑稽的样子一下就把我逗乐了，我很快便忘记了刚才的不愉快。

奶奶又按了按一个黑色的小匣子，里面发出了优美的声音，似乎在告诉我，风儿没有走远，就在门口等着我呢，只要一开门，它就会进来，和纸张接着说话。黑色的小匣子不停地发出声音，有时候是潺潺溪水的声音，水流缓缓流淌着，从小桥底下流过，穿行在石头缝里，又从高处流下，形成一股股小小的瀑布，滴答声和哗啦声不绝于耳；有时候音乐又把我带

到了清晨的森林里，小鸟在啾啾啾地歌唱，风儿轻柔地拂过树叶，露珠在树叶上滚来滚去，又滴到了草地上、石头上……在优美的声音中，我睡着了。

不一会儿，我的肚子开始咕咕叫。奶奶拿过来一个奶瓶，我昨天就开始用这个东西了。一开始妈妈给我奶瓶让我啃奶嘴的时候，我非常抗拒，扔下它就扑到妈妈的怀抱里去寻找熟悉的乳汁，但妈妈和我说，这里面装的就是她的乳汁。我尝试着喝了一口，味道果然和妈妈的乳汁一样。我大口喝着奶，发出了吸溜吸溜的声音。原来奶瓶也会说话啊，而且它说话的声音大小不一样。我一使劲，奶瓶就大声地说话，奶瓶不说话的时候，我就吃饱了。

“铃铃铃”，奶奶拿起自己的手机，说了几句就把手机拿了过来，放在我面前，我听见里面传来了妈妈的声音。好奇妙啊！这个手机怎么会像妈妈一样说话呢？我双眼盯着手机，却怎么也找不到我的妈妈在哪里。“宝宝很乖的，你放心上班吧。”妈妈夸我很棒，让我在家乖乖等她下班。奶奶挂掉了电话，我的眼睛还注视着手机，这个东西好奇妙啊，竟然会发出清脆的铃声，还可以发出妈妈的声音！

奶奶看我拿着手机不肯撒手，就把我抱到镜子跟前，让我和里面的小娃娃玩。镜子里出现了一个粉粉嫩嫩的小娃娃。我盯着这个小娃娃看，小娃娃也盯着我看；我冲着小娃娃微笑，小娃娃也冲着我微笑；我冲着小娃娃说话，没想到小娃娃也在冲我说着什么。但他没我厉害，他虽然特别大声地在说话，但我根本听不到他在说什么。我发现小娃娃还戴着黄色的小围嘴，小围嘴上有一只长着红色嘴巴的小鸭子。我用手去摸围嘴上面的小鸭子，想问问小娃娃："能不能把这只小鸭子给我？"没想到小娃娃也指着我，咿咿呀呀地问着我什么。我伸出手想去抓住小娃娃，他也要抓我，幸亏被镜子隔开了，要不我觉得他一定会抓疼我的。我决定和小娃娃做好朋友，凑到镜子跟前去亲了亲他；没想到他也亲了亲我。就这样，他成为我第一个好朋友。

树影逐渐倾斜，夕阳的余晖照在窗外，那些小鸟远远地飞向了绚丽的晚霞中。"叮咚"，这时门铃响了，奶奶开门的刹那，一个熟悉的身影出现在了门口，那是妈妈！我很开心，咿咿呀呀地欢迎妈妈回家，妈妈看到我也露出了灿烂的笑容，那是我很熟悉的表情。尤其让我惊喜的是，那阵风儿也回来了！它比上午更强烈，书本也哗啦哗啦地大声回应着，似乎见到了久违的朋友，双方都很激动。我都不知道该先去迎接风，还是先去迎接妈妈了。妈妈迅速地洗了手，换了衣服，迫不及待地抱起了我，我也欣喜地向她怀里扑去，就像风儿和书本那样，和妈妈呢喃着思念。当重新投入妈妈的怀抱时，我有一种说不出的喜悦。我的眼睛又往门那里看了看，风儿似乎又走了。所以风儿一定也还会回来和书本说话吧。

明天它还会来和书本说话吗？小鸟飞走会回来，妈妈上班也会回家，风儿也一定会回来的。

## 给爸爸妈妈的话

4个月的宝宝有了更多令人惊喜的变化。在爸爸妈妈不注意的时候，他们竟然能成功翻身，但是也有一些宝宝还不能成功翻身，这取决于宝宝发展的个体差异性，不过大多数宝宝会在5个月大时翻身成功。宝宝也能将双手重叠，去尝试够某个物品。他们已经能控制自己的头部，特别是在大人抱着他们的时候，愿意来回摇头去看看周围的世界。在宝宝有需求的时候，他们还会尝试着用不同的声音与爸爸妈妈交流，甚至能够模仿某些音节或者声音。总之，他们对周围的人和环境有了更多兴趣，表现出更多好奇心。

## 一、支持宝宝动作发展

### （一）辅助翻身

俗语说，“三翻六坐七滚八爬”，一些4个月的宝宝已经能够成功翻身，但是由于有个体差异，有的宝宝还不能翻身，这也是正常的。爸爸妈妈可以通过辅助宝宝翻身的方法，提升宝宝颈部和上半身肌肉的力量。

在宝宝状态好的时候，爸爸妈妈可以将宝宝放在床上，在宝宝身边放一些他们感兴趣的玩具，来引导宝宝主动翻身去够玩具。当宝宝还不能自主翻身时，可以先让他们学会侧卧，将宝宝的一条腿自然地放在另外一条腿上面，轻轻托住婴儿的背部帮助其翻身，重复几次后，宝宝会逐渐学会自己翻身。

翻身是宝宝的身体力量发展到一定程度的自然结果，因此爸爸妈妈不要着急和焦虑，每个宝宝都有自己发展的节奏。日常生活中，爸爸妈妈可以在和宝宝玩耍互动之余，轻轻抓住宝宝的腿，帮助他们踢蹬，锻炼腿部肌肉。在辅助宝宝翻身的时候，要循序渐进，将宝宝放在较为舒适的地方，同时也要注意宝宝的安全。

### （二）促进宝宝手眼协调和抓握能力发展

儿童动作发展遵循“由中心向两端、由近及远”的规律。也就是说，他们靠近身体中心的大肌肉先发展出相互协调的功能，之后他们身体末端的手部及手部精细小肌肉再发展。力量的发展也是先从身体的中央部位（如头部和躯干）开始，再到远离身躯中央的外围部位（四肢）。四肢的发展同样如此，也遵循由近及远的规律。例如，先发展手臂的能力，再发展手部肌肉和手指的能力；先发展腿部的能力，再发展脚部肌肉和脚趾的能力。

4个月的宝宝两手已经能够张开和握住，只是他们的手指还不够灵活，仍处于大把抓的状态，此时也是促进他们抓握能力发展的关键期。爸爸妈妈可以把宝宝抱至桌前，在桌上放一些他们喜欢的、色彩鲜艳的或者能发出声音的玩具，让宝宝一伸手即可触到玩具，然后可以抱着宝宝，去抓握这些玩具。如果宝宝只是观察桌上的玩具，没有去抓握，爸爸妈妈可引导宝宝用手去抓握玩具，去触摸。可以经常变换玩具。根据宝宝能力的发展，可以先放大的、好抓握的玩具，再放小的玩具。这样可以在锻炼宝宝双手抓握能力的同时，发展宝宝的触觉。

## 二、关注宝宝情绪和语言发展

### （一）宝宝有了小烦恼

进入4个月的宝宝，情绪逐渐复杂起来，除了开心和不开心，似乎更加容易烦恼。他们不再单单满足于吃饱喝饱，还需要成年人与他们玩耍和交谈。他们有了自己的个性和脾气，要求人们关心他们。他们还有了很多能力，能吸引人们关心他们，有时也会捣乱。这都表明，宝宝会表达他们的需要了。此时，父母应给予宝宝足够的关心和照顾，要正视他们的需求，给他们更多的关注和陪伴，经常与他们交流。

父母可以通过关注宝宝的兴趣点，进行有效的陪伴。比如，有的宝宝在无聊或者烦闷的时候，会发出特定的声音，父母在这个时候要注意观察，可以用不同的方式逗宝宝开心。再比如，有时妈妈去拿干净的尿不湿或者冲奶粉的时候，宝宝觉得无聊，会叫喊或者发出别的声音，妈妈可以告诉宝宝，自己正在给他冲奶粉，和他对话，或者给他唱歌；还有的时候，宝宝会在自己玩耍的过程中突然停下来发呆，过一会儿又恢复正常。这都说明宝宝有了自己的“小心事”。对于这些情况，爸爸妈妈不用过于紧张，只要多关注就好。

4个月的宝宝不仅喜欢父母和家里的其他人，还会用微笑或者手舞足蹈来表达对其他人的喜欢，尤其是对一些小朋友的喜欢。例如，听到街上或电视中有儿童的声音时，宝宝会扭头寻找，甚至在镜子里看到自己的身影时，宝宝也会对着镜子中的自己微笑。

4个月的宝宝有的已经开始出牙了，牙齿萌出，会让宝宝觉得疼痒，从而引发烦躁的情绪。最先萌出的是下切牙。在乳牙萌出的时候，会有牙龈痒、肿的现象，有的宝宝甚至会发低烧。出现这些情况，父母不要太惊慌，可以准备干净的水果块，让宝宝吸吮或者啃食，这也有利于锻炼宝宝的手、眼、嘴巴的协调能力；也可以用干净的纱布包住手指，为宝宝的牙床按摩，促进乳牙生长；还可以给宝宝吃磨牙棒之类的食品，以缓解宝宝牙龈的疼痛感或者痒感。

### （二）多和宝宝交流

1岁以前的儿童处于语言的吸收期，即通过大量听取周围成人的语言来建立语言系统，再加上对特定事物的语言练习，逐步理解语言的含义。他们通过特定的“嗯嗯”“啊啊”“咿咿”“呀呀”等婴儿语言表达自己的需求。随着年龄增长，他们逐渐地也能用手势和身体姿势表达自己的需求。

除了能发出“嗯嗯”“啊啊”的声音，有的宝宝在4个月时还能发出“哦哦”“喔喔”等声音，大部分都是元音，这是他们交流的方式，也是学习语言的标志。这个时期的宝宝对成人的嘴巴尤其感兴趣。当成人说话的时候，宝宝会看着成人的嘴巴，甚至想伸手去摸成人的嘴巴。这时候成人可以拿起宝宝的手，让他们去触摸自己的嘴巴。这么大的宝宝甚至会模仿，只是还发不出声音，嘴巴只会一张一合。成人可以指着特定的事物说出名称，如“奶瓶”“灯”“爸爸”“妈妈”“奶奶”等，宝宝就会在大脑中将词汇与对应的事物联系起来。

成人可以和宝宝多交谈，还可以给他们做示范。在给宝宝做示范的时候，一定要放慢速度，不断地重复，并有适当的时间间隔，给宝宝学习和回应的时间。此外，父母还可以利用宝宝经常接触的事物，帮助宝宝加深理解。比如，拿着宝宝的玩具小鸭子，不断地跟宝宝说“小鸭子，小鸭子，嘎嘎嘎”，然后把玩具小鸭子放到宝宝的手中。婴儿语言的发展是有一定规律的，最初是语言的感知阶段，婴儿先靠听和看来感知声音，并逐渐对语音进行分辨，最后自己能够发出语音。

婴儿情绪越好，发音越多。因此爸爸妈妈要在宝宝情绪高涨时，多和宝宝交谈，向宝宝发出更多的语音，让宝宝有更多机会练习发音。在宝宝对声音敏感的时期，也可以带着宝宝听更多的声音。辨识声音也是模仿语言的必经之路，如带着宝宝多到户外，听小鸟叫，听流水声，听风刮树叶声，并不断告诉宝宝这是哪里发出的声音。

# 第七章　我的眼睛睡醒了

## （4个半月）

我从温暖的晨光中醒来，头顶晃动着金色的光斑。这些光斑已经不像两个月以前是一团光亮，而是变成了星星点点的形状。它们摇曳着，争先恐后地飘落下来拥抱着我，把我置身于一个温暖又明亮的世界里。和以前相比，我看到的东西更加清晰了。是不是我的眼睛之前一直没有睡醒，所以看到的东西都是朦胧的轮廓呢？最近，我的眼睛好像睡醒了。

妈妈过来抱起我喂奶，我发现她的眼睛竟然闪着光，红红的血丝不见了，是不是她的眼睛也和我的眼睛一样睡醒了呢？也难怪，以前我总是很容易饿，半夜醒来吃好几次奶，每天早晨，妈妈的眼睛都和兔子眼睛一样红，我很担心她会慢慢变成小兔子的妈妈。现在我不用担心了，最近我只在半夜醒一次，我和妈妈的眼睛都睡醒了，谁也不会变成兔子了。

我趴在妈妈的怀抱里尽情地吃着香甜的乳汁。吃饱后，一件蓝色和灰色交织的衣服映入我的眼帘。其实这件衣服在我刚出生的时候妈妈就穿过，但是那时我看到的是只有黑色和白色的普通衣服，不知道这件衣服的颜色有这么大的差别。蓝色很美，一看到这种颜色我就特别放松；灰色很柔和，让我感觉很舒适。我盯着这件衣服看了很久，直到妈妈用手戳戳我的小鼻子，我才停下来。

我用炯炯有神的大眼睛四处张望，怎么也看不够，妈妈就扶着我的胳肢窝和大腿，让我坐起来。我发现我的房间原来是以浅绿色和白色为主的。以前我只知道周围的事物有的颜色深一点，有的颜色浅一点，有时候我甚至分不清它们有什么区别。现在我才发现有这么多不同的颜色，原来世界是五彩缤纷的。床头放着我的衣服，它们是五颜六色的，大都是看起来很温暖的颜色，有浅绿、浅粉、浅黄、浅蓝、浅灰、浅棕，看着感觉很舒服，就算看很长时间我的眼睛也不会疲劳。妈妈得去上班了，她亲了亲我，我才放心地让她出门。我躺在床上，悠闲地等着奶奶给我做辅食。

我正无聊的时候，自己的一双小手映入了我的眼帘，于是我把它们放在胸前玩弄和观看。我的两只小手竟然可以握在一起，这个时候它们特别有力量。更神奇的是，我的眼睛还能看到不同角度的小手，它们像两座不同形状的小山，又像两团暄软的馒头。想到这里，我口水直流，情不自禁地将这两团馒头塞入口中，想要把它们吃掉。就在快把它们吞下去的时候，我突然开始剧烈咳嗽，奶奶赶快过来把我的手从嘴里拽了出来。

我的口水沾满了我的手。我发现我的小手指在阳光下发着光，像一个个白里透红的小香肠，我开始一个个舔舐它们。手指有一股奶香的味道，好吃极了。

不一会儿，我看到奶奶拿着奶瓶走过来了。奶瓶有白白的瓶身、绿色的瓶盖，瓶壁上还挂着一点点奶汁。我盯着奶瓶看了许久。喝完奶后，奶奶抱着我溜达。家里的布置都很吸引我。在暖色为主的卧室旁边，有一个大点的屋子，那里的家具都是原木色的，奶奶说那是她和爷爷的卧室。屋里的桌子上有一个老花镜，这是我第一次看到眼镜。当奶奶将眼镜戴在她脸上的时候，就像给眼睛外面安了两扇窗户，眼镜架在她的鼻梁上挂着，特别滑稽，我忍不住咯咯地笑起来。我又看到两团浅蓝色和浅黄色的毛线交织在一起，奶奶说那是她要给我编织帽子用的毛线。毛线软软的，在阳光下闪着光，像妈妈的怀抱一样温暖。

我逐渐知道，每一样物品都会对应着一个名字。虽然我还不能准确说出它们的名字，但是当奶奶说出一个名字时，我就会用目光去搜寻这个物品。看了一会儿，我的眼睛累了，我揉了揉眼睛，在奶奶的怀里睡着了。

下午，我被尿憋醒了。奶奶给我换过尿不湿后，我还是觉得有点烦躁，很想哭，但是又没哭出来，我说不清这是一种什么样的感受。我发现最近我的情感很丰富，除了开心和不开心，似乎还有了更加复杂的情绪，比以往更容易烦恼。简单的吃饱喝足已经没办法完全满足我了，我希望用我睡醒的眼睛，去看更多的事物，还希望身边的人更关注我，和我一起玩耍。奶奶抱着我来到镜子跟前，轻轻地敲着镜子，让里面的小娃娃出来陪我玩。小娃娃很快就出来了，我想他一定很想念我。我朝镜子里的小娃娃看，这个小娃娃也盯着我看；我冲着小娃娃微笑，小娃娃也冲着我微笑：真是太有意思了。尤其让我难忘的是，小娃娃的眼睛比以前更加明亮了，看来他的眼睛也睡醒了。

奶奶把我放到地垫上，在我周围放了一堆玩具，跟我一起玩。我向奶奶展示了我的“翻滚神功”，又使劲地挥舞我的小拳头。奶奶在一旁笑着夸奖我。天色渐晚，那种说不出的烦恼又来了，我使劲儿地啃自己的手，后来忍不住哭起来。奶奶抱起我走到了阳台，说带我去看灯笼。

阳台上，一个大红灯笼亮了起来。奶奶说，快过年了，这是为过年准备的红灯笼。灯笼上面画着手拿金箍棒的孙悟空。孙悟空拿着金箍棒旋转的时候，灯笼里还会传出“白龙马，蹄朝西……”的音乐声，我看得入了神，怎么也数不清到底有多少个孙悟空在旋转。奶奶又抱着我看每一个屋子门口亮起来的彩灯。她说，这也是为节日准备的。奶奶把一圈又一圈的小彩灯逐一打开，又关掉，嘴巴里还说着“彩灯，彩灯”。我看看她的嘴巴，然后又看看彩灯，在灯光的辉映下，我仿佛置身于绚烂的星空中。我伸手去摸开关，在奶奶的帮助下，我也能开

关灯了，我开心地手舞足蹈，仿佛拥有了驱散黑暗的力量。

过了一会儿，我看够了小彩灯，奶奶就抱着我看每一个屋子门口的布置。每一个屋子的门口都贴上了红色的春联和“福”字，客厅的墙上还挂着很多大红的中国结。奶奶还拿出他和爷爷给我买的新衣服给我看。这是一件大红色的唐装，上面绣着金色和白色相间的图案。奶奶说要给我试穿新衣服，我高兴得手脚乱动，一点也不配合。穿好后，奶奶把我抱在镜子前，镜子里的小娃娃可精神了，我被他神采飞扬的样子深深吸引了。

眼睛睡醒的第一天，我有点疲劳，吃过晚饭后，很快就在奶奶的怀里睡着了。在梦中，我来到了一个五彩斑斓的世界，头顶是彩色的星空，脚下是五颜六色的花朵，而我自己穿着彩虹做成的衣服，一会儿摘星星，一会儿采云朵……

### 给爸爸妈妈的话

与0~3个月的宝宝相比，4个月以后的宝宝迎来了发展的新时期。他们在白天醒来的时间越来越多了。4个月的宝宝已经能将双手放在胸前，去抓握物品。如果说这种抓握还是无意识的，那么到了4个半月，他们的抓握会逐步变得有意识，而且一旦拿到自己想要的物品，他们就会流露出高兴的神情，这同时也说明宝宝的情绪在发展。他们逐渐形成稳定规律的作息习惯，爸爸妈妈进行喂养、睡眠护理与互动的时候，也更容易遵循宝宝的规律。这会使照护变得更加容易一些，爸爸妈妈也更有精力去关注宝宝的语言、认知、感知觉等方面的发展。

## 一、把握视觉发展的敏感期

### （一）了解宝宝视觉发展规律

从宝宝出生，直到他们6个月以内，都是视觉发展的敏感期。宝宝的大脑有专门负责视觉发展的区域，同样，相关区域的神经元突触也在飞速发展。所以在此阶段，家长可以多给宝宝视觉方面的刺激，以促进宝宝的视觉发育，也能促使宝宝大脑神经元突触的形成。

宝宝刚出生的时候，对于周围事物还看不清楚。从出生后到1个月大的这段时间内，他们会越来越清晰地看到事物，能从看到轮廓到能捕捉细节。3个月大的宝宝，视线只能跟随注视的对象移动。此时，当他仰卧时，可以对左右及上下移动的物体进行追视；5个月大的时候，宝宝就可以进行全方位的追视了。近3个月时，宝宝能够辨别彩色与单色，喜欢看明亮鲜艳的颜色，尤其是红色，不喜欢看暗淡的颜色。4个月时，宝宝的颜色感知能力已接近成人。他们不但能根据明度辨别颜色，还能根据色调辨别颜色。他们对色彩有所偏好，喜欢看鲜艳明亮的颜色。到了 5 个月，宝宝就能感知到颜色的深浅了。

爸爸妈妈可以在宝宝能够看得到的地方，例如床头等地方，悬挂色彩鲜艳的玩具。3 个月左右，爸爸妈妈就可以竖抱宝宝了，他们可以更好地观察周围的事物。爸爸妈妈可以抱着宝宝在卧室里面有意识地停留，看见他们对哪个物品感兴趣，就在这个物品面前多停留一会儿，让宝宝多看一看。他们对颜色的认知也在加深，第一个月只能看黑白图卡，到 3~4 个月，他们对色彩更加敏感。此时是增强宝宝对色彩把握程度以及感知能力的较好时期。

### （二）进行促进视觉发展的互动

父母应为这一时期的宝宝选择彩色的图片、卡纸或者绘本，让他们多多观察。家长可以翻开卡片或绘本，与宝宝共同欣赏颜色和图案，这样可以培养宝宝的观察能力和注意力。还可以带他们到五颜六色的大自然中去感受缤纷的色彩。

同时，还可以锻炼宝宝视觉追踪的能力。可以选择一些色彩鲜亮如红色、黄色的玩具，和宝宝互动，吸引宝宝的注意力；等宝宝想要伸手抓自己看到的东西时，再尝试着慢慢移动这个玩具，让宝宝的视线去追踪；重复几次后再把玩具给宝宝，促进其视觉发展。爸爸或者妈妈也可以抱着宝宝，让宝宝坐在自己的膝盖上；再将一个红色或者黄色（色彩鲜艳即可）的球放在孩子的面前，将球慢慢从左边滚到右边，此时可以看到宝宝的眼睛和头会跟着球转动。不要将球移动过快，避免宝宝的眼睛感到疲劳。可以根据宝宝的反应程度逐步提升速度，以宝宝不感到疲劳为准。

## 三、提升宝宝认知能力

4 个月以后，宝宝的语言理解、感知觉能力都在迅速发展。随着他们的粗大动作和精细动作的发展，他们对周围事物的探索和好奇心也在增加，认知能力也在提升。

### （一）认识周围常见的事物

宝宝对于周围常见的事物会更加关注，爸爸妈妈在喂养的过程中，可以不断和宝宝交流。例如，喂奶的时候，可以指着奶瓶说：“这是奶瓶，妈妈要给你喂奶了。”也可以有意识地给宝宝多讲讲周围的事物。将宝宝能关注到的物品，例如发光的玩具、摇铃、玩具汽车、布娃娃等，摆在宝宝的面前，一边指给他看，一边说出玩具的名称。要使用规范的语言，例如说“小狗”，而不说“汪汪”；说“汽车”，而不说“笛笛”。他们会逐渐对重复出现的事物增强认知，还能增强对语言的理解，积累词汇量。

### （二）发展语言感知能力

音乐如儿歌是发展宝宝听觉和语言能力的良好媒介。四五个月的宝宝虽然还听不懂儿歌的意思，但他们对于儿歌简单明快的旋律、平稳规律的节奏、朗朗上口的歌词都会非常敏感。尤其是爸爸妈妈带着丰富的面部表情、充满感情地去唱儿歌的时候，他们会很长时间盯着爸爸妈妈的脸和嘴巴看。爸爸妈妈可以重复朗诵几首儿歌，在不知不觉中，他们的语言感知能力就会得到发展。平时也可以在宝宝睡前、起床或者游戏的时候，给宝宝播放不同类型的音乐，他们对于不同音色、音高和不同节奏的音乐会有初步的感知。

### （三）带宝宝去户外看人识物

4 个月的宝宝已经可以去户外活动了。注意带他们出去的时候，要趁着风和日丽、宝宝身体状态好的时候。

户外不仅有更多的景物，还有新鲜的空气、轻柔的风和大自然的声音，这些都能在不知不觉中促进宝宝感知觉的发展。宝宝也许会盯着摇摆的树叶或者湛蓝的天空看，也有可能会对陌生人的脸或者小狗的叫声感兴趣。总之，去户外活动，不仅能有效增强宝宝的体质，也能增强宝宝看人识物的能力。

# 第八章 嘴巴和鼻子要过年

## （5个月）

我来到这世界5个月了。不久前，我还和家人度过了一个美好又难忘的节日，妈妈说那是喜气洋洋的中国年。过了年，按照中国的传统习俗，我就长了一岁。而且这段时间以来，我的小嘴巴和小鼻子也有了更多的感受，它们也过了一个喜气洋洋的新年。

阳光照在室内，照亮了空气中浮动的尘埃。窗台上摆满了绿植和花盆，全家人一起在阳台上晒晾床单与衣物，一阵阵清新的花香扑面而来。傲立枝头的蜡梅暗香浮动，花姿潇洒的海棠清新淡雅，娇艳动人的玫瑰甜美扑鼻，衣物的清香也随风飘散开，夹杂在迷人的花香里，我的小鼻子都要闻不过来了。

屋子里还飘满了食物的香味。奶奶将葱和肉馅搅和在一起，捏成小肉丸，然后放到油锅里炸。肉丸在油锅里游来游去，随之飘起来一阵浓浓的香味。妈妈把白菜和肉馅和在一起，又用菠菜汁把白色的面染成绿色，揉成面团再擀成面皮，包好馅儿，一个个圆圆的饺子就诞生了。煮好后的饺子像绿色的翡翠，味道清香。别看我现在主要还是吃乳汁和奶粉，但我的鼻子可是很灵敏的。闻到这些香味，我都开始咽口水了。自从上次我的小牙痒痒，妈妈让我舔苹果条之后，我就变馋了。看到大人吃饭，我就情不自禁地吧唧嘴巴。妈妈说过年了，要让我尝试一些新食物。我最先品尝到的新食物，叫作“蛋黄”，它是从一个圆圆的叫作“鸡蛋”的东西中取出来的。妈妈把新鲜鸡蛋煮熟后，取出蛋黄放在小碗里用勺子捣成泥状，再加一点温水，这样的蛋黄泥更适合我，好吃极了！

在吃了几天蛋黄之后，妈妈看我的大便正常，也没有其他不舒服的地方，决定给我吃新食物了。这次是香蕉、苹果等做成的水果泥，它们同样好吃！更重要的是，水果中含有水分，又充饥又解渴。我每次都大口大口地吃，当妈妈喂我的速度一慢下来，我就会挥胳膊蹬腿，迫不及待地要吃下一口。

除夕夜，爸爸妈妈和爷爷奶奶准备了一大桌子好闻又好吃的食物。妈妈抱着我给我一一介绍这些食物，有宫保鸡丁、糖醋鲤鱼、盐焗虾、清蒸螃蟹……太多了，我根本记不过来。闻着香喷喷的饭菜，我忍不住伸出小手试图去抓。但妈妈说我还不能吃，她特别给我准备了大餐——蛋黄和苹果泥，还有奶粉。我一边品尝自己的大餐，一边用小鼻子吸溜着周边的香味，连吃带闻很快就饱了。

除夕夜不仅香喷喷的，还很热闹。吃完年夜饭，我们一家人一起来到阳台上看烟花。妈妈说，每年除夕的时候大家都会放烟花，这是我们的传统习俗。伴随着几声很大的声响，夜空中绽放出了许多五颜六色的花朵，星星点点的，就像颗颗珍珠散落在黑色的绒布上。烟花热烈而喧闹，我闻到了烟花特殊的味道，但无法形容。它们变化多端，缤纷绚丽，但是不长时间就会消失。我的双臂向天空伸去，小手抓啊抓，想把它们抓到手里，不让它们消失。

看完烟花回到屋子里后，奶奶把一个红色的纸包递给我，说这是给我的压岁钱。这时候我啊啊地回应着，也伸出小手去抓。其实我并不懂得压岁钱的含义，但是我喜欢红包鲜艳的颜色，我还闻到了崭新的钞票的味道……奶奶专门把红包里的钱拿出来放到我手里，我盯着看了半天，正准备把钞票放到嘴巴里去尝一尝味道的时候，奶奶却把它们拿走了，还笑着叫我“小财迷”。

第二天一大早，家里来了很多人，有的我已经见过几次，他们的脸我都熟悉了，但有一些很陌生，据说他们是来拜年的亲戚。奶奶说，过年了每个人都会长一岁，而妈妈说我已经5个月了。我到底多大了，真是搞不懂，但是我的本领倒真是长了不少。亲戚们围坐在客厅前聊着他们的事，一些阿姨和姐姐跑来卧室看我，我就给她们展示我的本领——翻滚神功。最近我经常在床上翻来滚去，今天我发现自己的身体尤其灵活。我一会儿仰躺着，望着天花板；一会儿又翻过身，把小脸扣在身下。我轻而易举地就能翻来覆去，所以妈妈也不会担心我这样会出什么危险。我太喜欢这个游戏了。每当我翻滚时，天花板与周围的事物和平时就不一样了，看起来都非常有趣，在翻滚游戏中，我获得了足够的快乐。现在趴在床上的时候，我可以用自己的双臂支撑起上身了，我感觉自己就是一个运动小健将。环视着周围的“观众们”，我别提有多自豪了。阿姨和姐姐们还给我鼓掌，我愈发开心和起劲了。

过了一会儿，我饿了，双手抱住奶瓶，大口地喝奶。“观众”们连我喝奶的瞬间都不放过，一会儿拍照，一会儿鼓掌。喝完奶，阿姨和姐姐们轮流抱我。她们每个人都有红红的嘴唇、闪亮的耳钉和漂亮的衣服，看得我眼花缭乱，目不暇接。我还闻到了她们身上甜甜的味道，忍不住翕动着小鼻子贪婪地嗅着。阿姨和姐姐们越发喜欢我了。不知道过了多久，我在一个阿姨温暖的怀抱里睡着了。

当我醒来，我已经来到了饭店。饭店门口有一个很大的长满毛的动物在跑来跑去，它的肚子里面还有一群人。我从来没有见过这种庞然大物，吓得哭了起来。妈妈拍了拍我的后背，告诉我这是为了庆祝过年而表演的节目——舞狮子，让我不要害怕，还抱着我专门去摸了摸狮子的头。狮子的嘴巴里出现了一个叔叔的笑脸，我觉得好滑稽，情不自禁地笑了起来。这些狮子一会儿跳到凳子上，一会儿又去抢一个红色的大球，这个节目真是太精彩了。我开心地模仿着狮子的动作，妈妈看着我

手舞足蹈的样子，开心地说：“宝宝真像一只小狮子。”

进到餐厅，我被里面的香味吸引住了。在家里，我从来没有闻过这么多种香味。不知道为什么，我的嘴巴里突然有了好多口水，我不自觉地吞咽着口水。但是我还不能吃这些又好看又好闻也一定很好吃的食物，只能在一旁看着，吃着妈妈为我准备的蛋黄和米糊，但是我也很满足！

吃完饭，我们就回家了。到家以后，亲戚们又聚在一起喝茶、聊天，大家看起来都很开心。我突然想起那些跳舞的狮子，那么威风，我忍不住一边“咚咚”地喊着，一边挥舞着小手，扭着脑袋，模仿起狮子跳舞的动作。大家被我的动作逗得哈哈大笑，纷纷夸奖我是一只活泼可爱的小狮子。

## 给爸爸妈妈的话

宝宝马上5个月了，他们的生理和心理特点都有了很大的变化。他们不仅能够清晰地看到爸爸妈妈的脸，还对周围事物的颜色、轮廓与形状有了更加清晰敏锐的感知。他们的听力发展也很快，不仅能关注到更远处的声音，还会尝试去寻找声音的来源。他们的小手能够试着去抓握物品，虽然还不能很熟练地去抓取到，但是手眼协调能力明显增强了。听到爸爸妈妈说出熟悉的词汇或者音节的时候，他们会表现出专注和愉悦。他们能自如地翻滚，俯卧的时候，还愿意用手撑起上半身。宝宝看到爸爸妈妈表情的变化会有所反应，成人如果满怀爱意地去逗宝宝，他们会流露出微笑。

## 一、听觉发展与学坐前期

### （一）创设丰富的环境，帮助宝宝积累丰富的听觉经验

胎儿还在五六个月的时候，就可以听到透过母体传来的频率在1000赫兹以下的外界声音。因此，孕妈妈在胎儿五六个月以后，就可以经常和胎儿说话、交流，或者听音乐，进行“胎教”。出生后，宝宝就具备了听力，但是刚出生的婴儿还不能辨别声音。到了5个月，宝宝不仅能够听声音，而且对声音的频率很敏感，尤其对爸爸妈妈的声音更加敏感。4个月的宝宝开始能够寻找声源。5个月的宝宝逐步具有从连续、复杂的言语流中提取规律的能力。他们可以从熟悉的成人（如爸爸妈妈等主要养护人）的语调中推断其情绪状态，并加以回应，如听到成人愉悦、柔和的语调，会报以愉快的回应。

爸爸妈妈可以选择能发出声音的玩具，如拨浪鼓、小铃铛等，与宝宝玩听声游戏。声源距宝宝3米左右为好。可以敲打玩具，看宝宝能否用目光去准确寻找声源。如果宝宝表现得不耐烦或哭闹，要立即停止敲打。

爸爸妈妈还可以尝试用不同的声调和宝宝说话。例如，先对着宝宝耳部喃喃细语，然后再逐渐远离宝宝耳部，并逐步加大音量。这个阶段，宝宝对爸爸妈妈说话声音的音高和频率最敏感，因此，和宝宝多说话，给宝宝多唱歌，是对宝宝听觉能力的良好训练。在与宝宝交流的时候，要注意用抑扬顿挫的语调来说话，并观察宝宝的表情变化。还可以播放不同类型的音乐。例如，在他们状态良好的时候，播放节奏明快的音乐；在他们刚起床或者睡觉前，播放节奏平缓、轻柔的音乐。

爸爸妈妈还可以在家中将不同材质的物品放到不同类型的容器中，制作听觉瓶，锻炼宝宝的听力。例如，将花生米、小米、大小不同的豆子放入玻璃瓶、塑料瓶、铁盒子中，在宝宝耳边轻轻摇晃这些容器，让宝宝听。还可以改变摇晃的速度和频率，形成一些有差异性的声音。

### （二）发展身体协调性，为“学坐”做准备

这个月龄的宝宝，已经能够从仰卧位翻到侧卧位，再从侧卧位翻到仰卧位了，有的宝宝还能来回翻滚，并乐此不疲，因此需要在婴儿床附近安装护栏等安全设施。如果此时宝宝还不会翻身，父母需要检查一下是否给宝宝穿的衣服过多，或者是否在身体两边放了枕头等，影响到他们的自由活动。还有的宝宝可以靠着被子坐着；俯卧的时候，能用上臂撑起自己的身体；仰卧的时候，能把自己的脚趾放到嘴巴里。这样就要给宝宝准备宽大、周围有护栏的床，或者爬行垫，使四周没有障碍，让宝宝自由地去翻滚。

对于运动能力发展较好的宝宝，可以拉着宝宝的手让他们短暂地坐一会儿。方法是：在宝宝仰卧位时，成人把双手的大拇指插入宝宝手中，让宝宝握着，其他手指则轻轻抓着宝宝的手腕，使宝宝双手伸直前举，手掌向内相对，两手距同肩宽，然后轻轻向前拉起宝宝，使宝宝的头、肩膀离开床面。此时宝宝会试图屈肘用力坐起来，成人使宝宝保持此姿势5~6秒，再轻轻地让宝宝躺下。重复此动作2~3次。

4~5个月时，宝宝看到东西就想伸手去抓抓摸摸，但不一定抓得住、拿得稳，因为这时宝宝对空间位置的辨别能力尚未发展起来，距离知觉也较差。经过不断练习，再加上“坐”这一能力的发展，宝宝的视线更容易聚焦到手上，宝宝的手、眼就开始协调起来了。父母也要锻炼宝宝的抓握能力和手眼协调能力，可以手拿物体，让宝宝尝试去抓握。

## 三、添加辅食的注意事项

### （一）添加辅食的时间与顺序

添加辅食，是帮助婴儿进行食物品种转化的过程，让宝宝的食物由以乳类为主，逐渐过渡到以谷物为主。这个过程要循序渐进，也要因人而异。宝宝添加辅食的适当时间是4~6个月，添加辅食需要观察其咀嚼功能、吞咽能力与消化功能，还要综合考虑他们的生长发育现状。如果宝宝的体重已经达到了出生时体重的两倍，或体重在6公斤以上，吞咽能力和消化功能良好，母乳已经无法完全满足宝宝的需求，可以适当加入辅食。对于纯母乳喂养的宝宝来说，如果母乳非常充盈，可以到6个月再添加辅食。

### （二）常见辅食做法

常见的宝宝辅食主要有米汤、蛋黄、果泥、菜泥等。下面为大家介绍几种常见辅食的做法。

蛋黄辅食有两种做法：第一种是做水煮蛋。把新鲜鸡蛋煮熟后，取出蛋黄放在小碗中用勺子捣成泥状，然后可以添加少量的温水或米汤，喂给宝宝吃。可以把蛋黄泥捣稀一点，便于宝宝吞咽。第二种是做蒸蛋羹。把新鲜鸡蛋打开后，只取蛋黄，放入小碗中加入温开水蒸。新手妈妈要注意，给宝宝吃蛋黄时先只让他吃1/6个，如果宝宝没有消化不良或拒吃现象，可增至1/4个。

苹果泥：挑选苹果的时候，爸爸妈妈可以先尝一下味道，确保苹果酸甜程度正好，不要选择过于酸或甜的苹果。先将苹果去皮、去核，再将苹果切成小块，放入搅拌机中搅碎成泥状。在给宝宝添加苹果泥的时候，可以观察宝宝对于苹果泥的喜爱程度、吞咽情况和消化情况。还需要注意的是，要用宝宝专用的小勺，这个时候宝宝会对进入口中的任何物品都充分舔舐，因此不建议用金属勺子或者边缘较为锋利的勺子。

给宝宝添加辅食并不意味着要减少母乳，宝宝的主食还应是母乳。对于母乳缺乏、用配方奶粉喂养的宝宝，也不要减少配方奶粉的喂食量。辅食只能作为一种辅助和补充，不能因为想让宝宝吃更多的辅食，就减少母乳或者奶粉的量。添加辅食时，需要从少到多，最开始只添加一种，频率为一天一次，时间最好在上午，也可以在两次喂奶或者哺乳中间。早期添加辅食可以考虑用蔬菜汁、蛋黄、水果、菜泥等食材。之后逐渐添加，循序渐进，以免对婴儿的肠胃造成强烈刺激。添加后要观察宝宝的精神状态和身体情况，看大便有无异常，看有没有呕吐、腹泻等情况。

除了从少到多，添加辅食还应遵循从细到粗、从软到硬的顺序，如先给宝宝尝试米汤、蔬菜、水果汁、蛋黄等，再逐步过渡到米、面。水果的添加顺序，是从过滤后的新鲜果汁，到不过滤的果汁，再到水果泥，然后是水果粒，最后是水果块。蔬菜的添加顺序，是从过滤后的菜汁，到煮熟的菜汤，再到炖好的菜泥，最后是炒好的碎菜。应该在宝宝身体状况良好、消化功能正常的时候添加辅食。父母要观察添加辅食后宝宝的大便状况，看有没有腹泻或者消化不良等情况，或者有没有过敏反应，再逐步调整。

# 第九章 一只黄色的蝴蝶
## （6个月）

春天来了，天气变得暖和了。春天的阳光是彩色的，当它透过大大的玻璃窗照射进来，五颜六色的光线舞动着，非常漂亮。我忍不住用手去抓那些精灵一般的光线，可是怎么也抓不到。

我已经能在床上翻来滚去两个月了。一开始我只能向一边翻，到后来就能来回翻滚了，有时候是我的鼻梁挨着床单，有时候是我的后脑勺挨着床单，大大的床铺变成了我的舞台。有的时候，我在翻身时停住，发现侧身和俯卧的感觉不一样。在翻滚中，我看到的世界都是不一样的。从仰卧到侧卧很容易，从侧卧到仰卧也很容易，但是如果妈妈让我俯卧，我还不能翻过身来，不过我可以用双臂撑着，扬起我的小脑袋。我的眼睛非常灵活。玩具不见了，我也能找到它们。要是大人手里拿着奶瓶或者好吃的，我一眼就能发现。没有什么事情能瞒得住我，我是最聪明的宝宝。我的小手能拿到很多东西，比如它们已经能抓到脚丫了。拿到手的东西，我都想尝一尝它们的味道。奶奶觉得这样不干净，总是把它们从我嘴里拿走，就连手都不让我吃了。后来奶奶听说我的手上有三两蜜，才允许我继续吃手。我吃手的方式和以前不一样了。以前我吃手，总是把整个拳头都放进嘴里，现在我觉得一根手指一根手指地品尝更有意思。

我最近还学会了“虾米神功”。从上个月开始，当我仰卧的时候，我的脚丫可以够到脑袋了，妈妈说我像一个小虾米一样，我把这个本领称为“虾米神功”。妈妈把一个能移动的小车放到了床上，我用眼睛追逐着，想一把抓住它。虽然我还不会爬，但是以肚子为支撑，我的身体已经能来回打转了。我打了一个转，很顺利地抓到了正在移动的小车。嗯，让我先来尝一尝它的味道吧。我的玩具都很干净，妈妈把所有我能用到的东西都消了毒，所以她放心地让我吃。我品尝了一会儿小车，发现小车太硬了，不太好吃，就把它扔了。

妈妈走过来，扶着我坐起来，坐着看这个世界和站着、躺着看有很大的不同。妈妈慢慢地放手，当我的身体后倾得厉害时，妈妈就会扶住我。近几天都是这样，但是今天有了新情况。妈妈的手放开后，我感觉身体重心不稳，害怕得马上要哭出声来，但是出于本能，我的双臂往后一撑，撑住了整个的身体。天哪，这简直不可思议！今天妈妈没有在后面扶着我，我自己竟然坐稳了！

之前奶奶也会在我的身后扶着我，或者让我靠着被子坐，但是这几天妈妈的方法截然不同，让我学会了自己坐。看来，我的潜能是无限的，大人可不能小觑呢。

当我自己坐起来的时候，我感觉成了身体真正的主人。以前我需要妈妈抱起我才能看到世界的样子，体会当巨人的感觉，而当我能坐起来的时候，我体会到了视线变化后的不同感觉。我俯视着小床以及床上的玩具，平视着床边和我一样高度的窗户，仰望着天花板。嗯，我的确是世界的主人。如果我能爬，就能去拿自己想要的任何东西了。那该多美好呀！看来我还要继续努力，让自己变得更强大。

我就这样坐着，视线掠过屋子里的家具，投到了窗外。之前，只有在妈妈抱着我的时候，我才能看到窗外，而现在，我自己坐着就可以了。忽然，我看到窗外飞来了一只蝴蝶。这是我见到的第一只蝴蝶，它是黄色的，正在翩翩起舞。我的小脑袋跟随着蝴蝶飞舞的节奏上下摇动，身体也情不自禁摇摆起来了。

“宝贝你在干吗呢？”妈妈看见我这么开心，走过来问我。我正和蝴蝶玩得高兴，没理妈妈。一会儿，蝴蝶飞走了，我的身体也停止了摆动，我大声叫起来了：“嗯嗯，啊啊！”妈妈不明白是怎么回事，我难过地将小脸对着妈妈，哭了出来。妈妈抱起我，我又向窗外看去。忽然，我看到了我的黄蝴蝶正在远处的草地上飞舞，我马上破涕为笑了。

妈妈也看到了那只蝴蝶，一边拿上我的外套一边说：“妈

妈带宝贝出去看，外面有好多蝴蝶想和宝宝玩。”她给我穿上粉红色的薄棉衣，戴上黄色的小帽子。爸爸也过来了，嚷嚷着要给我抓一只蝴蝶带回家。

门一开，春风裹着一股淡淡的青草味和花香味扑面而来。门外几只小鸟从天上飞过，我的眼睛追寻着，小鸟不见了，但几只黄色的蝴蝶在草丛中起舞，我开心地笑了起来。妈妈停住了脚步，我们一起看蝴蝶跳舞。爸爸冲进草丛追着一只蝴蝶四处乱跑，想抓住它。蝴蝶受到惊吓，突然飞向远处。我哭喊着冲爸爸表达不满，妈妈也批评爸爸淘气。爸爸有点不好意思了，安慰我道：“对不起，宝宝。前面还有很多好玩的东西呢，爸爸带你去看。”他指着树上一只喳喳喳叫着的喜鹊，说：“这是一只长尾巴的花喜鹊，是专捉害虫的益鸟。”爸爸边说边学喜鹊“喳喳喳”地叫，我开心极了，也学着爸爸一动一动地噘起小嘴巴。

不一会儿，爸爸就抱着我走进了离家不远的森林公园。我们沿着小路走上了小桥，爸爸指着远处的鸭子说：“宝贝，那是赤麻鸭，是国家二级保护动物。”我看见一群小鸭子跟在一只大鸭子后面，兴奋地在水中游动，嘎嘎嘎叫着，我也想下去和它们一起游。我奋力地挣脱爸爸的怀抱，手指着小鸭子冲爸爸嚷嚷。爸爸说：“宝宝喜欢小鸭子，想和它们一起玩，是吗？但宝宝不会游泳，到水里会被淹着。宝宝快长大，爸爸带你到河里和鸭子一起玩耍。”

我们又来到了一片草坪上。草坪上有很多小朋友，他们说着笑着，跑着跳着，自由地玩耍。妈妈拿出了一个地垫，爸爸把我放到地垫上，我迫不及待地想去找小朋友们，可是我挣扎着，怎么也过不去，急得吱哇大叫。妈妈坐在我旁边，把我轻轻揽入怀中，说："宝宝快长大，长大了就可以和小朋友们一起玩了。"草地的芳香扑面而来，鸟鸣声在树林间回荡，各种颜色的小花就在不远处绽放。妈妈指着小花给我介绍："黄色的是迎春花，粉红的是桃花……"

这时，一个小飞机落到了我的身旁，一个小哥哥走过来边拿飞机边向我问好。妈妈说："这是小哥哥，我们和他打个招呼吧。""小哥哥你好。"我不太熟练地举起小手和小哥哥挥了挥手。小哥哥刚离开，一群蝴蝶突然飞了过来，在我和妈妈身边飞舞。我从来没有见过这么多只蝴蝶，我挥动着小手，啊啊地叫着，表示对它们的欢迎。可是，我找不到那只黄色的蝴蝶了，它是回家找妈妈了吗？我疑惑地看着妈妈，妈妈告诉我："黄色的蝴蝶飞累了，它肯定是回去找妈妈了。"知道它回家和妈妈在一起，我就放心了。

爸爸买了一个红色的气球，并把长长的线放在我的小手里。我刚一松手，气球就像一只小鸟一样向天空飞去。爸爸以为我会伤心，极力地跳着去追气球，但我并不伤心，我希望它也能回到它妈妈身边。气球随风飘荡，一直飞向天空的最深处，那里应该就是它的家。小鸟的家在树上，小鸭子的家在河边，蝴蝶的家在花丛里，我也该回家了，我扑向妈妈的怀抱，这里就是我的家。

### 给爸爸妈妈的话

6个月的宝宝在爸爸妈妈的眼里，已经是一个“大孩子”了。他们的身体已经非常灵活，不仅能从仰卧到侧卧、俯卧，还能随意翻身，有的宝宝甚至能扶着坐起来了。对他们来说，能靠自己的力量坐着，看周围的世界呈现出不一样的面貌，简直是一个质的飞跃。他们的记忆力、智力都在飞速发展，对妈妈表现出很强的依赖感。他们对家庭中的其他亲人也逐渐熟悉起来，看到熟悉的人就会笑容满面，见到陌生人则会变得严肃。这说明宝宝的情绪和社会性也有了一定程度的发展。这个期间，宝宝的身体和心理都经历了一些变化。

## 一、关注宝宝身体的小变化

### （一）关于出牙的问题

6个月的宝宝已经进入了出牙期。有的宝宝在出牙期间，口水增多；有的宝宝喜欢咀嚼，吃手的力度加强；还有的宝宝会啃自己的拳头很久。这是因为出牙的时候，宝宝的牙龈会感到发痒或肿胀，所以会通过这种方式缓解。

爸爸妈妈可以用干净柔软的纱布或小毛巾帮助宝宝擦拭口水，或者给他们戴一个小围嘴，并及时更换。在宝宝出牙期间牙龈疼痛的时候，还可以给宝宝准备较为清凉的牙胶圈，让宝宝咬合。

大多数宝宝都会很顺利地萌发出乳牙，还有一些宝宝可能会由于牙龈红肿、疼痛导致发烧的现象出现，这个时候家人不要紧张，一般来说这种现象不会持续很久。

### （二）“学坐”完全可以靠自己

6个月大的婴儿已经会翻滚，脊柱力量增强，腰肌能力也比较强，在大人的帮助下，也能够靠着被子、靠垫等坐起来。有些父母担心孩子学坐会闪到腰部，会在后面放一摞被子，再让宝宝靠着被子坐。这样的做法在宝宝腰部力量不够的情况下，作为一种过渡是可行的，能够激励宝宝练习坐的兴趣。但是随着宝宝长大，后面总是靠着被子或者其他物体，他们学坐会学得比较慢，自己身体的协调性发展也会较慢。

婴儿是天生的运动小能手，“坐”是人类的本能。在宝宝腰部力量逐步增强的情况下，父母可以扶着宝宝坐起来。在这个过程中，观察宝宝的反应。如果宝宝扶坐的时间能逐渐增加，则父母可以适当放开手，等到宝宝身体倾斜的时候再扶住他们。这样练习一段时间后，宝宝在身体倾斜的过程中，能感知到身体重心发生偏移，逐渐学会用双臂支撑身体，自然就学会坐了。学坐的过程，也是激发婴儿本能的过程。爸爸妈妈在帮助宝宝学坐时，要尽可能在宽阔的床上或沙发等地方，并看护好。而且此时宝宝比较小，坐的时间不能太长。

### （三）宝宝身体需要更多的铁

6 个月以后的婴儿容易出现缺铁性贫血，主要原因是孕后期储存在婴儿体内的铁经过 6 个月的消耗，基本耗竭。母乳和牛奶中的铁元素含量较少，如果不及时补充，宝宝可能会发生贫血。

此时需要给婴儿补充富含铁元素的辅食，如蛋黄、蔬菜泥、瘦肉泥、猪肝泥、豆类等。在所有的食物中，叶菜类的食物含铁量最高，尤其是油菜、荠菜和苋菜。还需要添加富含维生素 C 的果汁或者维生素 C 片。

## 二、为宝宝提供多样的营养，进行丰富的互动

### （一）辅食由少到多

6 个月的宝宝已经可以吞咽糊状的食物，因此，只是喂食蔬菜汁、水果汁，已经不能满足宝宝的需求。这个时候可以尝试给宝宝吃 2~3 种不同的食物，如米糊、鸡蛋糕、鸡蛋黄、菜汁儿等，刺激宝宝的味觉，这样以后宝宝就不容易偏食、挑食了。吃糊状食物，要在宝宝胃口好、状态好的时候。尽可能在固定的时间进食，一天最多两次。蛋白质（肉、鸡、蛋、乳酪）、钙（母乳或者奶粉、乳酪、豆腐等）、碳水化合物（面条、米糊、粥等）、维生素（蔬菜、水

果等）、铁（瘦肉、蛋黄、绿色蔬菜等）、水分（果汁、水果、蔬菜、母乳等）等都是宝宝不可缺少的营养物质，在添加辅食时要注意营养均衡。不要过早为宝宝添加盐分，因为他们的肾脏还不能处理过量的盐分。

### （二）和宝宝玩不同类型的游戏

6个月的宝宝可以玩的游戏更多了。爸爸妈妈在保证宝宝吃好睡好以外，要多和宝宝玩耍，促进宝宝运动、认知、语言、情绪等方面的发展。

踢踢小铃铛：将重量适中的小铃铛套在宝宝的脚上，爸爸妈妈抱着宝宝，或者将宝宝放在小推车中，轻轻摇动宝宝的小脚，让铃铛发出好听的声音。宝宝会逐渐明白，铃铛的声音是自己晃动小脚时发出来的，他们会尝试晃动小脚。在这个过程中，他们能体会到一种愉悦的情绪，也锻炼了腿部的肌肉弹性和力量。

你听我说：日常陪伴的过程中，爸爸妈妈要及时观察并捕捉宝宝的需求。当宝宝发出一个信号，想做某件事情或者想要某个东西的时候，爸爸妈妈可以尝试去询问："宝宝，你是想要……吗？"

## 三、大自然是最好的学校

6个月以后的婴儿，更喜欢外面的世界。随着他们视觉、听觉、触觉等感官能力的迅速发展以及身体机能的增强，他们对于户外的兴趣更加浓厚。飞翔的小鸟、下雨的声音、绿色的草坪、扑鼻的花香、姹紫嫣红的野花，都能给孩子带来不一样的感官体验。脑科学研究证明，婴儿感知觉发展是他们认知和学习能力发展的基础。

如果婴儿整天待在屋里，会对气温变化很敏感，比如天气稍有变化，就会鼻子不通气或咳嗽。因此，带宝宝室外活动可增进皮肤和鼻黏膜的功能，促进大脑皮层形成条件反射以改善体温调节能力，增强适应外界的能力和对疾病的抵抗力。婴儿在户外能看到更多的人和物，在观察与交流中可促进他的智力发育。

户外活动中，除了做好必要的安全措施外，父母可以多和宝宝交谈看到的事物，多让他们去触摸、闻、看、听，感受大自然。

# 第十章　我突然怕生了

## （7个月）

我最近又长大了一些，有了一些新变化，尤其是见到小区里的人，无论是保安叔叔、保洁阿姨，还是其他叔叔阿姨和爷爷奶奶，我都很害羞，不像以前一样愿意跟他们微笑和招手。如果有不熟悉的人过来，我还会感到不安和恐惧，我很害怕他们会把我抱走，这样我就再也见不到爸爸妈妈了，我可不能离开我的妈妈！有时候，妈妈只离开一小会儿，我就会不安地大哭起来。奶奶说，我以前见到谁都笑，谁抱我都可以，但是现在，我一点儿也不喜欢陌生人抱我。陌生人一靠近我，我就会非常不安，我只喜欢我的妈妈和奶奶。

我最近也长了很多本领。自从我会坐之后，我练习的“神功”越来越多，在来回翻身、“虾米神功”的基础上又进阶了。我不仅能自如地来回打滚，还会从坐位变为卧位，或者向后躺下。有一次我这么做的时候，不小心磕到了后脑勺，于是妈妈便禁止我这么玩了。这不，今天家里又来了几位跟妈妈要好的“闺蜜”，听说这些阿姨都是抽时间专门来看我的。她们有的春节时来过，有的是第一次来。我可不能放过这个好机会，一定要好好展示我的“神功”。

一进门，一位阿姨的大嗓门就吸引了我：“这小宝贝长得真快，春节刚过一个多月，又长大了不少！”说着她就先抱起了我。她的模样我记得不是很清楚，但是她身上的味道我非常熟悉，淡淡的茉莉花的香味让我想起来春节期间她来过我家。虽然阿姨很温柔，但是我还是只想要妈妈，双手拼命伸向妈妈，抿着小嘴就要哭出来。阿姨有一点点失落，妈妈解释说：“宝贝最近就是这样的，比较黏我，可能一会儿跟你们熟悉了就好了！”

她们围坐成一圈，一边聊家常，一边逗我玩耍。看着我一会儿趴着，一会儿坐起来，一会儿又躺下，阿姨们都非常兴奋。刚才抱我的阿姨很温柔地又把我抱起来，我这回不那么抗拒了，没有哭，眼睛盯着她红红的嘴唇一直看。“你们先聊着，我去给你们切水果。”说着妈妈就离开了。我环顾四周，看不见妈妈，突然害怕起来。

“哇！”我难过地哭了起来。

“妈妈来了，妈妈来了！”妈妈端着一盘水果快步走来，看到妈妈，我又自顾自地玩起来。

“七八个月大的孩子啊，就是这个样子的。”一位阿姨说，“我家宝贝从七八个月开始一直黏我到两岁，你不能离开太久。”妈妈点点头，把我抱起来。

阿姨们走了，我抱着妈妈不撒手。我最喜欢的就是妈妈的怀抱了，任何一个阿姨的怀抱都没有妈妈的怀抱温暖和舒适。第二天，妈妈上班之前，还破例地和我玩了一次“躲猫猫”的游戏。她藏在门后，再出来和我抱抱，然后对我说：“妈妈很快就回来。”这个时候，我心里虽然难过，但是隐约明白，妈妈不会离开太久。

吃过早饭，奶奶就推着我去小区里的小广场玩。天气很暖和，空气中弥漫着甜蜜的花香。我仰头望着漫天飞舞的柳絮，想起了春节期间窗外纷纷扬扬的雪花。我看得出了神，伸出手想去抓这些“雪花”，连我最爱的玩具小沙锤都被我扔到了地上。

就在我注目看柳絮的时候，奶奶和一个阿姨不知道在说些什么，等我回过神来，发现奶奶不见了，只剩下阿姨微笑地看着我。一股巨大的不安向我袭来，熟悉的小区突然变得非常陌生，奶奶你去哪里了？

我“哇”地大哭起来，阿姨连忙拿着玩具小沙锤逗我玩，我生气地一把推开，调动我全部的语言能力喊着“奶奶，奶奶”。路过的人都看着我，他们也许听不清楚我在喊谁，但是他们看起来和我一样着急。阿姨慌了神，赶忙把我从小推车里抱出来哄我，但是我只想找奶奶，我一边哭一边腿脚乱蹬，试图挣脱她的怀抱。

阿姨看抱不住我，只好将我放回到小推车，然后推着我去找奶奶。到了公共卫生间门口，奶奶闻声赶来，不好意思地对阿姨说："不好意思，小赵，给你添麻烦了。她5个月大的时候你还抱过她呢，这孩子现在怎么这么认生呢？这不懂事的孩子！"阿姨连忙说："大姨，您别怪孩子。以前孩子小，不认生，现在到了认生的年龄呢。"我委屈地抱着奶奶，小声抽泣着。我可不愿意失去我的奶奶，我才不要什么阿姨呢。

下午，邻居奶奶带着她的小孙女来了，我和她开心地玩起来。但其实我的眼睛一刻都没有离开我的奶奶，奶奶去上个厕所，我都得四处张望寻找她。奶奶和邻居奶奶聊天的时候说觉得我开始懂事了，但是更加黏人，不知道她们是不是在夸我。

晚上，我望着门外，期待妈妈能从门后变出来。这一次的"躲猫猫"游戏时间太久了，已经一天了，妈妈还没有变出来，我都开始打呵欠了。门突然开了，妈妈出现在门后。和妈妈一起进门的还有阵阵微风，微风轻轻吹动着妈妈的头发，看起来美丽极了。我迫不及待地坐起来，等待着妈妈的拥抱。投进妈妈熟悉的怀抱，我好像一艘航行的船终于找到了停靠的港湾……

给爸爸妈妈的话

进入7个月，宝宝仍主要通过动作来表达内心的想法，但是他们能明显体会到成人的意思，例如说不就是拒绝，点头就是接受等。尤其能听懂父母用不同语气和语调表达出来的情绪内涵，如生气、开心等。此时宝宝还表现出来对熟悉的家人和陌生人完全不同的情感，对母亲的依恋开始加深。他们的牙齿已经长出了2~4颗，双腿力量更强。当成人扶着他们腋下的时候，他们甚至能上下跳跃，还能伸出胳膊去尝试够自己想要的玩具。宝宝的远距离视觉也有了一定程度发展，能够关注到远处活动的物体，例如小鸟、飞机等。

## 一、了解“母婴依恋”的关键期

### （一）宝宝为何开始怕生？

宝宝长到7个月大时，“怕生”的现象比以前更多了。面对不熟悉的人，宝宝会感到不安和恐惧，害怕陌生人靠近自己或抱自己，总是紧紧地抱着爸爸妈妈不放。其实这是正常现象。这恰恰说明，在之前的阶段，母亲和主要抚养人照护陪伴得多，已经和宝宝建立了良好的依恋关系。父母不必为此过度焦虑，也不要因此而苛责宝宝。此时的宝宝正处于不断寻求抚养者存在的阶段，是宝宝与抚养者建立信任的时期。到3岁以后，宝宝的分离焦虑会逐渐减弱，原因在于，虽然当依恋对象不在可视范围内，宝宝依然会有不安全感，但是由于他们的身心发展水平已经显著提高，因此能对这种分离有一定的容忍能力。

### （二）充分陪伴

心理学上将7个月到2岁的阶段称为母婴依恋的关键期。在这个阶段，主要抚养者尤其是母亲需要多陪伴宝宝，宝宝也会更加依恋母亲。如果这个时间段母亲的陪伴缺失，宝宝在2岁以后，面对更多人群或者去陌生环境中的时候，会容易缺乏安全感。而母亲的陪伴并非每时每刻，只要每天抽出一些时间陪伴宝宝就可以，尤其鼓励母亲进行有效的陪伴。例如，母亲在陪伴宝宝的时候，要全身心投入，而不是看手机或者总是心不在焉。职场妈妈可以在晚上或者周六、周日的时候多陪伴宝宝，兼顾工作与照护宝宝。

### （三）鼓励、包容宝宝

在这个阶段，也可以在充分陪伴宝宝的情况下，逐步培养宝宝独立勇敢的品质。例如，家长平常要多给宝宝创造和其他小朋友一起玩的机会，增加宝宝和生人的接触。刚开始的时候，家长最好在场，多给予宝宝鼓励性的话语。如果宝宝不愿与人交往，家长最好先尊重宝宝的意愿，不要强求宝宝，给宝宝一个自然发展的过程。家长一定不要急于求成，不要让宝宝感觉到任何的压力。随着宝宝年龄的增长，接触的人多了，他自然也就不怕生人了。

如果家里来了宝宝不熟悉的客人，不要将宝宝立刻介绍给客人，否则会给宝宝造成心理上的压力和不安全感，他会因为紧张和害怕而不停哭闹。父母可以先和客人交谈，宝宝会感受到来访的人和父母是熟悉亲切的关系，渐渐地，他的恐惧心理就会消退，这时宝宝就会高兴地和客人交往。

## 二、关注宝宝的多领域发展

7个月的宝宝在认知、语言、动作等方面都有了更加明显的发展，还能逐渐理解别人的情绪和情感，并能够做出相应的反应。爸爸妈妈要关注他们的多领域发展。

### （一）用宝宝能理解的方式，充满情感地与他们互动

7个月的宝宝不仅能区分亲人和陌生人，他们对自我的认知也在萌芽中。当他们看到镜子中的自己的时候，会对自己微笑，只是此时他们还不知道镜子中的人是自己。这说明他们开始有了最初的人际交往的愿望。日常生活中的点滴互动，都能让宝宝更有安全感，更加理解别人的情绪，具备“共情”能力。

因此，爸爸妈妈不仅要用宝宝能理解的方式和宝宝多交流，还要充满积极正向的情感。即使宝宝还不能完全理解爸爸妈妈的语言，但是他们能够通过亲吻、拥抱、微笑等，体会到其中的情感。当宝宝完成了一件了解不起的事情的时候，例如终于够到了自己想要的玩具，爸爸妈妈可以通过鼓掌、竖大拇指等方式来表示鼓励。

### （二）给宝宝阅读与唱歌

1岁以前的宝宝处于语言的吸收期，他们主要通过身势语言与成人交流，如表情、身体姿态、动作等，但是他们已经能够并喜欢看图片。此时，爸爸妈妈可以选取图片鲜艳、情节简单的绘本或者布书等，为宝宝阅读。阅读的时候要注意表情、语调、节奏，他们会很容易被成人抑扬顿挫的声音所吸引。此外，儿歌和童谣也是促进宝宝语言能力发展的好媒介。儿歌和童谣朗朗上口，重复性强，富有韵律，更容易引起宝宝的新奇感。他们会随着节奏上下左右摆动身体，沉浸其中，不知不觉将语音、语调等内化与吸收，这也是语言输入的好方法。

### （三）玩有趣且适合的游戏

1. 翻来滚去

这个月龄的宝宝处于爬行关键期，有的已经有了爬行的迹象，有的更愿意滚来滚去。爬行需要全身的协调，翻滚也需要全身的协调，因此和宝宝一起玩这个游戏，有助于他们以后更好地学习爬行。爸爸妈妈可以找一个空阔、安全的地方，例如地板、大床等（注意不要有硬物在周围），和宝宝躺下来，一起翻滚。宝宝看到父母和自己一起翻滚，会更加开心。这个画面也必定很温馨。

2. 认识身体部位

爸爸或者妈妈与宝宝对坐，先指着自己的眼睛，盯着宝宝的眼睛，慢些说“眼睛”，确保宝宝能听懂意思，然后再握住宝宝的小手去指指他的眼睛，说“眼睛”，每天重复几次。过几天，可以拿一面镜子，让宝宝面对着镜子，握着他的小手来指他的眼睛，再指着自己的眼睛重复说“眼睛”。这样经过5~10

天，当爸爸妈妈再说“眼睛”时，宝宝就会用小手指自己的眼睛了，这时要用鼓掌或者拥抱来鼓励和肯定宝宝。

根据宝宝的情况，可以在认识一种身体部位的情况下，继续用同样的方法来认识鼻子、嘴巴、耳朵、小手、小脚等身体部位。

3. 你敲我打

宝宝会坐之后，他们对上肢的控制能力加强，如 6 个月大的宝宝开始喜欢用小勺子敲打桌面。成人往往觉得宝宝在捣乱，其实这是他们在对周围的事物进行探究，通过尝一尝、敲一敲、摔一摔的动作，来探究物品的味道与发出的声音，或者物品落在地上的样子。

爸爸妈妈可以找一些家中不用的废旧铁盆等，和宝宝玩“你敲我打”的游戏。预备两根重量适中的木棒，不要太长，以免孩子敲打的时候碰到自己的脸。大人先敲一下发出声音，看看宝宝的反应，宝宝往往会模仿大人的动作。他们可能一开始敲不中，但是他们会反复尝试，这个过程能发展他们的观察能力、模仿能力，同时锻炼他们的上肢控制能力和手眼协调能力。

# 第十一章　我也会变“魔法”
## （8个月）

昨天我和妈妈在梦中捉了一晚上迷藏，变了一晚上魔法。清晨的阳光照到我的小屁屁上，我仍不愿从梦中醒来。门外传来妈妈温柔的呼唤，我努力睁开眼睛寻找她，可她并不在我身边，一定是她又把自己给变没了。

“宝宝，宝宝……”妈妈轻柔的声音忽远忽近，竟然在床边出现了。“魔法”妈妈太会玩了，刚刚在门外，现在竟然又把自己从床边变出来了。我咯咯笑着，扑向她，快乐的一天又开始了。

已经是五月份了，窗外的柳树随风起舞，树影在窗台上摇曳，天气变得更热了。我担心妈妈又要去上班，就不能给我变魔法了，于是伸出手去抓住她的头发，不想让她离开我。妈妈抱着我说：“宝贝，今天是周末，妈妈不上班，全天陪着你。”

这下我可开心啦，我的大眼睛眨巴着，胖乎乎的小手指着门口，嘴里念叨着“猫，猫”。妈妈说：“宝贝是不是想昨天窗外那只大花猫了？妈妈给你找找它在不在。”然后妈妈探身向窗外望去，“喵，喵”地呼唤着。我可不是惦记那只大花猫，我是惦记着妈妈的魔法呢。我着急地又指着衣帽架上的一块纱巾说：“猫，猫。”妈妈这才明白了我的意思。这块纱巾是她和我玩魔法的道具。有了这个道具，妈妈就能把自己变没了，但是我一掀开纱巾，妈妈又会变出来。我也试过，一蒙上纱巾，整个世界都变没了，等我掀开纱巾，妈妈和周围的东西就又变回来了。在此之前，我以为在我眼前消失的东西就永远消失了，而现在，一块纱巾就能把消失的妈妈和世界都变出来。

“魔法”妈妈总是会给我更多的惊喜，她把我喂饱后，又变戏法似的拿出了几样东西：帽子、盒子、纱巾和小包。她还把我最喜欢的玩具都拿了过来，有口琴、玩具小狗、发光的口哨、洋娃娃妮娜。妈妈用手蒙上我的眼睛，又把手挪开。呀！这些玩具怎么一下子都没有了，我猜一定是纱巾干的，纱巾能把它们变没。果然，当我掀开纱巾后，我找到了玩具小狗。它躲在纱巾底下，用大大的眼睛盯着我，看来它也很惊讶刚才发生的事情。其他的玩具在哪呢？我扭头往四周看，脚下一个黑色的小包看起来鼓鼓囊囊的。我拿起来试图打开它，但是怎么也打不开，我恨不得拿嘴巴去咬，妈妈见状帮我拉开了拉链。哇！小包里发出绿色的荧光，原来那只会发光的口哨就在小包里躺着，好像在调皮地告诉我：“我就躺在这里睡觉呢。”我咯咯地笑着，接着去拿帽子。洋娃娃妮娜的小脚已经从帽子底下露出来了，她不情愿地在帽子里看着我，仿佛在说：“怎么把我放在这么小的地方呢？”我赶紧把她拽了出来，她看起来舒服多了。现在只剩下小盒子了，我怎么也掰不开盒子的盖子，只能求助妈妈。妈妈帮我打开后，爸爸经常吹的口琴竟然出现了。

周围的一切都蒙上了一层神秘的光环。玩具小狗和妮娜的眼睛跟我的眼睛一样闪闪发亮，它们一定和我一样疑惑刚刚发生的事情。纱巾、小盒子、小包和帽子都是魔法道具，它们都能把东西变没，又变出来！

我兴奋地爬来爬去，心里非常想试试魔法的力量。这回，我要把洋娃娃妮娜变没，我决定把它放到小包里。但是没想到，小包装下妮娜的小脚以后，她的其他部分就塞不进去了。我又想把妮娜放到盒子里，但是怎么也放不下。最后，我发现纱巾可以，于是把妮娜藏到了纱巾下面。我又把口哨藏到了盒子里，把小狗放到了小包里，把口琴放在了帽子下面。妈妈一直闭着眼睛，等她睁开眼睛，发现玩具都变没了，她惊奇地看着我说：“宝宝真厉害啊，东西都被你变没了！”妈妈还要猜一猜东西都变到哪里去了。不好！口琴的一端从帽子底下露出来了！但是妈妈好像没看见，她拿起小盒子，说：“我猜里面是口琴。”我偷偷地笑了起来。她打开一看，发现里面是口哨，说：“我没有猜中啊，下次我一定能猜中！”她拿起帽子，闭着眼睛去摸，然后兴奋地说：“是口琴，我猜中了！”我又爬

向其他两个玩具，指着让妈妈去猜，妈妈猜了好几次才猜对，她可真笨啊！

魔法的力量让我一整天都觉得特别自豪。快到中午了，妈妈去准备午饭，我在奶奶的屋子里玩“魔法”游戏。等妈妈准备好午饭后，我已经把奶奶的眼镜藏到了枕头底下，枕头成了魔法的主角，瞬间有了奇妙的力量。我突发奇想，要把自己也变没，我就钻进了被子里。被子遮住了我的眼睛，我什么也看不见，所有的东西都变没了。我想妈妈和奶奶肯定找不到我了！但我不知道的是，我的屁股还露在被子的外面，就算是这样，妈妈和奶奶也找了好久都没有找到我。最后我耐不住性子了，就把自己给变出来了，还把妈妈和奶奶吓了一跳。这真是一个愉快的上午！

## 给爸爸妈妈的话

8个月的宝宝已经能有意识地发出“爸爸”“妈妈”的声音。当爸爸妈妈讲故事的时候，他们会很有兴趣地看着绘本。当爸爸妈妈唱儿歌的时候，他们会饶有兴致地看着爸爸妈妈的嘴巴。如果爸爸妈妈当着他们的面将玩具藏起来，他会很快找到玩具，还能模仿爸爸妈妈也将玩具藏起来。这说明他们已经具备了一定的观察能力和模仿能力。这个阶段的宝宝，他们的注意力、认知能力需要通过动作来发展，例如通过抓取、吸吮等来探索物体之间的关系。看到成人将纸巾从纸巾盒里掏出来，他们会模仿，通过抓、掏这些动作，探索纸巾和纸巾盒之间的关系。他们还会通过掉落的玩具的声音，感知玩具和地面之间的空间距离等。这也体现了0~2岁宝宝“感知动作思维”发展的特点。

## 一、了解“客体永久性”

8~9个月的儿童开始具备“客体永久性”。客体永久性是心理学家皮亚杰（Jean Piaget）提出的概念，是指儿童逐渐能够理解物体是作为独立实体而存在的，即使个体不能知觉到物体的存在，它们仍然是存在的。在宝宝小的时候，给他们一个可爱的玩具，他们会伸手去够它。但当大人在他们抓住玩具前用一块布盖住玩具的时候，他们就会停止抓取，把自己的注意力转向别处，似乎这个玩具不再存在一样。同样的情况下，8个月以后，宝宝才会继续他们的寻找——在皮亚杰看来，这种寻找意味着在无法感知到玩具时，玩具仍在宝宝的头脑中，这就是获得客体永久性的开始。这个过程一直持续到宝宝18个月大。这个阶段也是教宝宝认识物品名称并与物品的功能联系起来的好机会，要帮助宝宝不仅知道每个物品叫什么，还知道它们是干什么的。通过游戏活动，宝宝逐渐理解一种物品被另一种物品挡住了，但那种物品还存在，并没有消失，这是宝宝认识能力的一次飞跃。

父母可以通过一些游戏，促进宝宝客体永久性的发展，提升宝宝的思考、观察、等待、探索等能力。

第一，“躲猫猫”游戏。用手帕蒙住自己或宝宝的脸，让他掀开手帕；把脸藏在遮挡的物体背后，再把脸露出来。游戏中要多和宝宝交谈，以免宝宝一时找不到而产生焦虑情绪。

第二，“藏东西”游戏。用手帕当着宝宝的面盖在玩具上，看看宝宝会不会动手去掀开。如果宝宝不会去掀开，可换块透明度较高的纱巾，因为宝宝会认为“看不见就是不存在了”，等他看见了自然会去拿，从而引导宝宝去观察、探索。还可以坐在地板上，手里拿着玩具让宝宝注视，然后把玩具藏在身后或塞到被子下面露出一小部分，说：“玩具呢？”吸引他去寻找。如果他不想去找，就再把玩具拿给他玩一下，或拿他的小手摸一下鼓起的被子，让他自己将玩具拿出来。经过几次重复练习，宝宝就知道东西不见了，可以再找回来，会试着自己用手去探索。

## 二、宝宝需要有效陪伴

我们已经了解到，7个月到2岁是母婴依恋关系发展的关键期。爸爸妈妈在陪伴宝宝时，需要注意的是陪伴的质量比陪伴的时间更重要。爸爸妈妈需要保持良好的状态来陪伴宝宝。如果妈妈感到疲惫，要充分休息以后再来陪伴宝宝，不要带着消极情绪来陪伴宝宝。在情绪良好的状况下充分陪伴宝宝，能促进安全型的母婴依恋关系形成，否则可能造成消极影响。

心理学家玛丽·安斯沃斯（Mary D. Ainsworth）等人将婴儿依恋划分为以下三种类型：

第一种是安全型依恋（secure attachment）。在这种依恋关系中，婴儿将母亲视为“安全基地”。在母亲的陪伴下，婴儿能够安心地探索环境。当母亲离开时，婴儿会表现出苦恼和不安；但当母亲回来时，婴儿能够迅速被安抚，并继续探索周围的环境。如果母亲与婴儿有足够且有效的陪伴（注意母亲要在情绪状态稳定的情况下陪伴婴儿，而不是带着消极情绪陪伴），通常能够与婴儿建立起安全型的依恋关系。

第二种是回避型依恋（avoidant attachment）。在这种依恋关系中，婴儿对母亲的在场或离开表现得漠不关心，似乎并未与母亲形成特别亲密的感情联结。这通常是因为在母婴依恋的关键期，母亲没有陪伴婴儿，因此婴儿转而去依恋其他人。

第三种是矛盾型依恋（anxious-ambivalent attachment）。在这种依恋关系中，婴儿在察觉到母亲离开前就显得警觉，母亲离开时表现出极度的反抗和苦恼。当母亲回来时，婴儿既寻求与母亲接触，又表现出反抗和矛盾的态度。这是因为母亲在应该陪伴婴儿的时候，的确进行了陪伴，但是母亲对婴儿的态度消极而矛盾，有可能母亲本身情绪抑郁，和婴儿的互动都带着抗拒和痛苦，因此形成了矛盾型依恋关系。

一个情绪消极的妈妈与宝宝形成的关系，会使宝宝既不想离开妈妈，但和妈妈在一起的时候，内心又充满消极情绪。而对宝宝陪伴很少的妈妈，则会与宝宝形成回避型的母婴依恋关系，即不论妈妈是离开还是到来，宝宝内心都没有积极情绪，根本不在意妈妈存在与否。安全型母婴依恋关系会促进宝宝的人际交往能力，他们亲密接触的第一个人是母亲，之后与其他人的交往模式，或多或少会受到母婴依恋关系的影响。

## 三、促进宝宝手部精细动作发展

8个月的宝宝拇指已经能够和其他四指分开，特别是食指的能力有很好的发展。例如，能将食指伸进瓶口，掏出里面的东西；会用手伸进盒子里，捡起里面的玩具等。

这时宝宝手部动作的能力越来越强，有时爸爸妈妈在喂饭时，他会伸手抓勺子；不想吃时，会将勺子推开；还喜欢把手浸在饭碗里，然后将手放入口中，有趣地“吃”。往往这时候，爸爸妈妈总是很急着地说：“哎，太脏了，不要把手放到嘴里！”其实，这是宝宝的探索行为。宝宝能用手把东西往嘴里放，代表着他的进步，意味着他已经为日后自食其力打下了良好基础，这也锻炼了宝宝手的灵活性和手眼的协调性。这时，爸爸妈妈应鼓励宝宝这样做，并要采取积极措施。例如，把宝宝的手洗干净，让他抓饼干、水果片一类的“指捏食品”。这样不仅可以训练宝宝食指的能力，还能借助食物摩擦宝宝的牙床，以缓解长牙时宝宝牙床的疼痛。

爸爸妈妈还可以将能发出响声的有柄的玩具给宝宝，让他握住，然后手把手教宝宝，让宝宝学会如何摇动玩具；接下来，再给宝宝两个玩具，让宝宝一手拿着一个，或是摇动，或是撞击敲打出声；再在宝宝身旁放两件玩具，让宝宝两手交换玩具，并教他自己取玩具。这个训练可以培养宝宝小手的灵活性，并进一步提高其抓握能力。在训练宝宝手部灵活能力时应注意，给宝宝的玩具要经常洗刷或消毒，保持干净，以免因不卫生而引起宝宝患肠道疾病。

# 第十二章　我能爬到世界的尽头

（8个半月）

一大早，妈妈和爸爸还睡着呢，我就开始玩起“小猪拱地”了。“小猪拱地”是我最近学的新本领。前几天，我饿了，想自己拿起小床上的奶瓶喝奶。黄色的奶瓶里装着乳汁，在阳光的照耀下，散发着柔和的光芒。我俯下身体，蹬着双腿，伸开双臂使劲往前爬，可是任我怎么努力，我的手离奶瓶总是差那么一截。奶奶发现后把奶瓶递给了我，夸奖我说：“宝贝真能耐，都会小猪拱地了。我看你过几天就能学会爬了！”原来这就是“小猪拱地”，真好玩！

我的小床紧挨着妈妈的大床。在我继续“小猪拱地”的同时，我眼睛的余光看到妈妈翻了一个身，她长长的头发铺洒在床上，好像黑色的瀑布。她的大眼睛一睁开，就看到了我。她温柔地笑起来，还露出了好看的酒窝。我向着妈妈的方向使劲地拱去，使劲地拱去……

妈妈轻轻地握住我的手，把我向她温暖的怀里拉去。我双脚一蹬，身体竟然向前移动了一点。闻到妈妈长发的香味，我开心地哼哼起来。妈妈抱起我亲了亲，说："这只小猪能向前拱了啊。"

我吃完了香甜的乳汁后，爸爸也过来要看看我"小猪拱地"的本领。他从床的另一端拿出一只小黄鸭放在我面前，诱惑我向前拱。小黄鸭是我的好朋友，每一次我洗澡它都在浴缸里游来游去，陪伴着我。有时候我还把它放在嘴巴里啃咬，但它从不生气，总是嘎嘎地和我说话。这回我这个"小猪"可是使出了全身力气，小脸都憋得通红，也没有拿到小鸭子。小黄鸭一边发出"嘎嘎嘎"的声音，一边用黑溜溜的小眼睛盯着我，嘴巴上扬，仿佛在说："快来和我玩啊，我们一起去游泳吧。"

看到小鸭子鼓励的眼神，我再次努力向它爬去。这一次似乎离小黄鸭越来越近了，但我突然感觉很累，索性就趴着不起来了。这个时候爸爸走过来，用宽大的手掌抵着我的双脚，把我推到小鸭子面前，我一把就抓住了它。鸭子开心地嘎嘎叫起来，我更开心了。我扬着眉毛，骄傲地冲爸爸妈妈喊着嚷着，使劲挥舞着双手。

爸爸妈妈都上班去了，只有奶奶陪着我。奶奶在地垫上放了好多玩具，让我去探索。自从爸爸早上帮助我往前爬之后，我就学会了"独门秘籍"，知道双脚该怎么用力了。那些发光的球、叮咚作响的音阶琴，只要在我面前出现，我都会用我的双脚蹬着地垫，用小肚子用力往前移，然后抓起它们。

我尤其喜欢那个发光的球。我仰卧在地垫上，一边休息，一边琢磨着这个球。它软软的，凹凸不平，用手摸的时候特别舒服，还发着淡绿色的荧光。一不留神，球从我手里滚了出去，我迅速翻过身，爬着去追那个球。我的双脚紧紧蹬着地面，双手也扶着地面，我发现，当我双脚和双手一起用力时，我的小肚子就能被支撑起来，整个身体可以迅速前移。不一会儿，我就触到了那个球，但是手刚碰到球，球就接着向前滚，我又继续向前去抓它。奶奶过来看到这一幕，惊得差点把手里的奶瓶摔到地上。她嘴巴大张着，看着我一直向前爬着去抓球，球跑了，我就又去抓……

奶奶回过神来，大声说："这只小猪变成一个匍匐前进的勇士了啊！"她看我累得够呛，心疼地把球递给我，我开心地咯咯笑着，累得趴在地上起不来了。休息够了，我翻过身来，仰头看着天花板上不断变化的光影。我能听到自己的呼吸声，还感觉到汗珠从额头上渗了出来。到底发生了什么事情，让我这么兴奋？我想了半天也没有想明白，但是我就是喜欢成为小勇士的感觉，我就是奶奶口里说的小勇士！

晚上，在奶奶的见证下，爸爸妈妈看到了我这个小勇士是如何卖力地从地垫的这头爬到了那头，拿到了玩具，又是如何不懈地追赶着那个发光的球。他们在赞叹我运动能力的同时，

居然还互相吹捧。妈妈说："孩子这是随你啊，运动基因强。"爸爸说："哪里，孩子身体协调性好，肢体灵活，是继承你的舞蹈基因了！"最后他们又不约而同地夸奖着奶奶："还是咱妈带得好！"

晚上睡觉前，我居然从自己的小床爬到了爸爸妈妈的大床上，还创造出了新的"爬山"游戏。爸爸妈妈的身体就像两座小山，我从爸爸的身体上爬过，再爬到妈妈的身体上。爸爸这座山非常坚实而富有弹性，妈妈这座山则柔软而温暖。他们说，到了晚上，我这个小勇士又变成了小运动员。最后，从爸爸这座山爬到妈妈这座山，我就被妈妈身上的香味和温暖所吸引，不想再动了，于是我趴在妈妈身上，向妈妈的怀里拱去。这个时候，我不想当什么小勇士或者小运动员了，我只想当妈妈怀抱里的那只小猪。

给爸爸妈妈的话

8~9个月的宝宝处于爬行能力发展的关键期，此时他们的语言能力也有所发展。他们能理解简单词汇的意思，并学会一些表示词义的动作，例如会用摆手、拱手、摇头等来分别表示“再见”“谢谢”“不要”等意思。宝宝此时开始体会到成人的情绪，并学会了“察言观色”。例如，爸爸开心大笑，宝宝也会跟着笑；其他小朋友哭了，宝宝也会撇嘴表示不开心。

## 一、如何让宝宝学会爬行

爬行能锻炼宝宝全身大肌肉的力量，尤其是四肢的协调性和灵活性，是一种综合性的强体健身活动。爬行不仅能促进宝宝全身动作的协调发展，还能促进前庭觉的发展。前庭觉也叫平衡觉，是人类感觉中内部感觉的一种，和本体感觉、视觉一起帮助人体维持平衡，保证运动时能看清楚物体。研究表明，前庭觉也和注意力发展有关系。爬行还有助于视觉、听觉、空间位置感觉、平衡感觉的发展，增强身体的协调能力；还可促进血液循环流畅，促进肌肉、骨骼的生长发育。

不同的宝宝存在个体差异。有的宝宝较早就学会了爬行，有的宝宝则到9个月、10个月才开始爬行，还有的宝宝是先学会向后爬，才能逐渐向前爬。这些都是正常的，父母要尽可能为宝宝提供爬行的条件和机会。如果家中有足够大的场地，可铺设软地垫供宝宝爬行。在爬行垫上，还可以在前方摆设有吸引力的玩具，在父母的逗引和鼓励下，吸引宝宝向前爬行。如果宝宝还是不能爬行，父母可以用手掌抵住他们的脚掌心，施加外力，使他们可以在外力的推动下向前爬行。

## 二、多样辅食的添加

8个多月的宝宝已经能够记住食物的味道了，在饮食上也有了个人的偏好。宝宝不仅对母乳和牛奶以外的其他食物有了自然的欲求，而且对食物口味的要求也与以往有所不同了。由于乳牙的萌出，他们也能吃小颗粒和糊状的食物了。6个月后，为了预防缺铁性贫血，也为了适应宝宝身体发育的需求，辅食添加必须具有多样性，除了添加豆制品、菜泥、鱼泥、肝泥和蛋黄等，还可以根据季节时令添加不同种类的水果。苹果和梨用汤匙刮碎给宝宝吃，香蕉、水蜜桃、草莓等压碎给宝宝吃，也可给宝宝吃葡萄、橘子等水果，但要洗净、去皮和去籽后再吃。

对于不爱吃辅食的宝宝，需要了解一下原因。如果是宝宝不喜欢用勺子去吃很干的食物，那就需要将辅食放在米汤或者鸡汤中。如果是因为辅食的软硬度不适合宝宝的牙齿咀嚼能力，就需要循序渐进，给宝宝软硬和弹性都适中的辅食，去锻炼宝宝的咀嚼能力。咀嚼不仅能促进口腔器官的发育，还对牙齿等辅助发音器官的发育有促进作用，间接影响宝宝日后语言能力的发展。

## 三、要更加关注宝宝的安全

8个月的宝宝比以往更活跃了，部分宝宝学会爬行后，会到处爬来爬去，并伸手去拿自己想要的物品。大人需要更加关注宝宝的安全问题，检查家里的环境对宝宝来说是否安全。下面几件事情是父母应该做到的：

（1）把所有有毒和尖锐的物品都放到宝宝拿不到的地方；一定要让每个照看宝宝的人都知道如何保证宝宝的安全；玩具放在较低的地方，但也不要在地板上乱放，以免宝宝不小心被绊倒；茶几应收拾整洁，不要把打火机、火柴、针、剪刀、玻璃瓶等危险品放在茶几上，也不要放在任何宝宝可以够到的地方。

（2）处于口欲期的宝宝喜欢将物体放入口中，要谨防吞咽异物。此时宝宝的牙齿发育还不完全，不能细嚼食物，同时又爱哭、爱笑、爱闹，进食时喜欢边吃边玩，咳嗽反射较弱，这些均可能造成宝宝的气管进异物。同时家长要避免给宝宝吃不恰当的食物，如花生、瓜子、豆类等，或在喂食时戏逗或打骂宝宝，以免使食物呛入气管，导致宝宝的气管进异物。

（3）父母要当心微小物品对宝宝的伤害，如纽扣、硬币、别针、玻璃球等，一定要避免宝宝把这些东西吞食。

（4）当给宝宝喂食有核的水果时要特别当心，应该先把核取出后再给宝宝喂食。

总之，在满足宝宝的好奇心和探索欲望的同时，还要避免不幸事件的发生，让宝宝自由自在地、安全地在房间内玩耍。

# 第十三章　不寻常的“床”（9个月）

9个月的我，披着清晨的霞光，静静地卧在小区里的草坪上，草的清香和花的芬芳环绕着我。院子里一闪而过的小猫咪和在地面上爬行的蚂蚁不时地吸引着我的注意力。天上飘着几朵绚丽的彩云，奶奶抱起我回家的时候，它还慢悠悠地跟在我们后面。我感觉和这朵柔软的云朵非常熟悉，我还没来到这个世界的时候应该就是在那里度过的，睡在上面一定很舒服。不过，云朵里再舒服，我也不愿离开妈妈爸爸和爷爷奶奶。

一只蝴蝶突然出现，绕着我翩翩起舞。它一会儿飞进草丛，一会儿又飞向远处的花丛，我一直盯着它看。看着看着，我感觉自己也变成了一只蝴蝶，伸开我的小胳膊，不停地上下挥舞，飞过高高的草丛，掠过无数的花朵，然后停在了一朵黄色的花上。我最喜欢黄色了，我落到花朵上不想走，花瓣很柔软，还飘着甜甜的清香，我想让花瓣当我的床……如果不是奶奶过来拍了拍我，我还沉浸在那个变成蝴蝶的梦里呢。

妈妈要去上班了，她在楼下和我说话的时候，我一直盯着她的新发型看。妈妈昨天烫了一个新发型，她的头发原来是直的，现在则变成了弯的。弯弯的头发挂在她的耳朵旁，像一个个小月牙，月牙的一头陷在她的酒窝里。我去摸摸妈妈的酒窝，又去摸摸她的发梢，沉醉在妈妈的酒窝和“月牙”里，妈妈比云朵更温暖。我摸摸她的头发和脸颊，然后在自己的脸上也摸一摸，我觉得这样妈妈的“月牙”和酒窝就能长到我的脸上了，我似乎比换了新发型的妈妈还开心。

从户外回到家后，奶奶去准备吃的，我就在爬行垫上玩耍。我突然发现了一双新的棉拖鞋。这双棉拖鞋的颜色和我的帽子一样，是我最喜欢的黄色。黄色是蛋黄的颜色，也是太阳的颜色，棉拖鞋看起来很好吃又暖暖的。我爬过去，把棉拖鞋拿过来咬了一口，不好吃；然后又试着把它往脑袋上戴，但是怎么也戴不进去。我扔了拖鞋，又玩起了小球。一不小心，小球滑落下来，滚进拖鞋里边不出来了，它一定是进去睡懒觉了。我尝试把另一个小球也放到拖鞋里，它也开心地进去睡觉了。我似乎还听到了它们“呼噜呼噜”的熟睡声。等到奶奶发现的时候，我已经将第三颗小球放进拖鞋里面去了。奶奶指着小盒子说：“宝贝，这不是有小盒子吗？你可以把小球放到小盒子里面去啊。”但是我还是喜欢让小球去拖鞋里面睡觉，拖鞋很暖和，是小球温暖的床，在盒子里睡觉小球会冷的。奶奶拿走了我手里的拖鞋，把盒子递给我。我看着小球的“床”被拿走了，顿时哭了起来，奶奶只好又把盒子还给了我。我发现小球的“床”很小，只能让三个小球在里面睡觉，于是没有继续往里放小球，然后轻轻地把小球的“床”放在了旁边，希望小球们做个甜蜜的梦。

剩下的小球怎么办呢？它们还没有地方睡觉。我站起身来，去给其他小球找睡觉的“床”。我在客厅里爬来爬去，看到茶几上有一个盒子，这个盒子是不是可以给小球睡觉呢？我记得这个盒子还能发出声音呢。那天，我看见爷爷打开盒子取出了几颗坚果吃。当时，他看我正在看着他，就拿着盒子朝我摇晃了一下，没想到盒子发出了“沙沙沙”的声音。我爬到茶几旁边，扶着茶几腿站了起来，拿到了盒子。我坐下来想打开盒子，但怎么也打不开。盒子咣当一下掉到了地上，坚果趁机三五成群地逃出了盒子。这回小球有“床”了，我把盒子里剩下的坚果全都倒了出来，把手里的小球放了进去。奶奶这时正好出来了，来到我身边说：“我的乖乖啊，你这是要干什么呢？”我开心又满足地举着小球的“床”给奶奶看，等着奶奶夸夸我，她一定会觉得我很聪明，给小球找到了合适的“床”。现在小球都有“床”了，它们一定和我一样开心。

奶奶的表情很复杂，刚开始好像有点不高兴，但是她并没有批评我。她另外找了一个盒子给坚果当小床，还把小球的“床”们都放到了一起。我开心地回到爬行垫上，看着它们，一种成就感和满足感油然而生。我不经意间还发现了小球的这两个“小床”发出的声音不一样呢，我一会儿摇一摇拖鞋，一会儿摇一摇盒子，满足地听着不同的响声。我突然想起来，小球还在睡觉呢，于是停止了摇动。

从酣畅的午睡中醒来后，我看着身边的娃娃，觉得它也需要一个小床。可是从哪里能给它找到合适的小床呢？对了，妈妈的屋里有很多晶莹剔透的首饰盒子，还有大小不一的化妆品盒子，这些盒子香香的，娃娃一定会喜欢。我终于等到了一个机会。奶奶去妈妈的屋里关窗户，把我放到了床上，趁她不注意，我爬到梳妆台上，找到一个快要空了的盒子。我尝试着把娃娃放进去，但是盒子不够大，娃娃被挤得皱起了眉头，我赶紧把娃娃拿出来，抱了抱她。我好不容易才把娃娃挤进这个“小床”。正当我以为大功告成的时候，突然发现娃娃的脚竟然还在盒子外面，娃娃一定被挤得很疼吧，我心疼地哭了起来。奶奶焦急地看着我，以为我把自己弄疼了，抓着我的手不停地检查。她可真是个傻奶奶，受伤的是娃娃不是我。我把娃娃从盒子里抠出来，抱在怀里不停地安慰它。我发现地上有一个空着的鞋盒子，看起来正好能装下我的娃娃，让娃娃舒服地躺在里面，我禁不住乐出了声。我把小球的“床”和娃娃的“床”都搬到了我的床上。为了不吵醒它们，我还用手拍着它们，就像我睡觉的时候妈妈拍我那样。这个时候，我觉得我就是它们的妈妈，我跟妈妈一样也是温柔的负责任的妈妈。一想到这儿，我别提多自豪了！

晚上，爸爸妈妈都回来了。妈妈发现了我的“秘密”，她不但夸了我，还给我找了很多空盒子、玻璃瓶，还有一些豆子、小米、海绵等。大的塑料盒子，可以当豆子的床；小的玻璃瓶是小米的床；方形的盒子是圆圆的小球的床。我还发现了一个塑料瓶，里面装了半瓶蓝色的水，原来水也需要床啊；塑料瓶的瓶底还有几个贝壳，妈妈说这是“迷你的大海”。妈妈说蓝色是大海的颜色，她还让我听听大海的声音，说着就摇晃起瓶子。瓶子发出了“哗哗哗”的声音，让我想起了洗澡时水流的声音。瓶子里还泛起了蓝色的浪花，美得很。我被这个“大海”吸引了，这是大海给我最初的印象。

这些“床”带给我很多新奇的体验。在和它们相处的过程中，我发现它们在“床”里睡觉时会发出不同的声音。小米撞到玻璃瓶的瓶壁上，会发出“沙沙沙”的声音，很轻柔，好像无数的小雨点落在沙滩上。黄豆敲击在塑料瓶的瓶壁上，会发出“砰砰砰”的声音，很清脆，像大雨点掉落在水泥路上。我想起来，爷爷在床上睡得很香又很熟的时候，会发出“呼噜呼噜”的声音，所以我猜想，这些小米粒、小豆子都跟爷爷一样，也睡得很熟了。

夜晚很快降临了，星星在我头顶上眨巴着眼睛，似乎在给我讲着心事。深邃的夜空中，躺着那么多星星，月亮也和星星们躺在一起，星星的床真大啊！我抱着这些小盒子和小罐子，躺在自己的小床上，和星星们讲了讲今天发生的事，很快就进入了甜甜的梦乡。

## 给爸爸妈妈的话

9个月的宝宝，自我意识开始萌芽。当爸爸妈妈喊自己的名字的时候，他们知道是在喊自己；当爸爸妈妈夸奖自己的时候，他们还会流露出害羞的笑容。他们的手脚更加灵活，爬行自如，坐得很稳，精细动作进一步发展，手指分化明显，能够用大拇指和食指捏起细小的物品，特别喜欢将东西拿出来再放进去。他们对于父母经常重复的话语已经能理解，喜欢和父母用自己的方式交流，例如模仿父母的发音、咿咿呀呀地说话等。当陌生人出现，他们会感到不安并寻找身边熟悉的人。

## 一、支持宝宝的探索行为

### （一）满足宝宝喜欢新奇的心理

自从宝宝会爬后，他们的自主活动范围进一步扩大，认识的事物越来越多，探索的欲望也越来越强。在探索中，宝宝的思维能力也在进一步增强。他们不再满足于自己的玩具、小床、小屋子等，而是很容易关注到生活中不同的东西。例如，妈妈换了新衣服，宝宝就会盯着看很久，还会露出笑容。在屋子里待久了，他们会更愿意用手指着窗外或门外，表示想出去玩耍。到了新场所，他们喜欢用手指着一个个屋子，让你带着他们进去参观。这些都是宝宝观察能力、认知能力增强的标志。父母要更加接纳宝宝的需求，满足他们喜欢新奇的心理。不妨多带宝宝去小朋友多的公园玩耍，去见识更多的人与事，让宝宝有更多机会去接触人群，接触大自然，去发现生活中的新奇之处。

### （二）重视生活材料和自然材料对儿童发展的价值

这个阶段的宝宝会对其他人的物品更加感兴趣，例如不再喜欢经常玩的玩具了，而喜欢玩爸爸的拖鞋、妈妈的包、奶奶的眼镜等。这些生活中的材料，有一部分经过简单的加工处理，对儿童发展是能起到很大作用的。比如，生活中的海绵、石头等可以作为触摸类的材料让宝宝感知；花瓣、叶子可以让宝宝来闻，发展他们的嗅觉；家庭中的纸箱子、矿泉水瓶、毛巾等经过加工处理，就能发展他们的钻爬、投掷能力等。这些材料被称为低结构材料。它们没有固定的玩法，宝宝可以按照自己的想法随意摆弄。这样可以培养宝宝的创新思维，锻炼手眼协调能力、感知能力等多种能力。

运用生活材料和自然材料的时候，一定要注意将材料清洗干净，定期消毒，同时要注重材料的安全性。

## 二、创设适宜的家庭环境，支持宝宝动作发展

### （一）家庭中有相对独立安全的环境

9个月的宝宝很多已经能够爬行，并尝试扶着物体站起来，由于有个体差异，部分宝宝的爬行还做得不是很好。总之，如果在家庭中创设独立、安全的环境，能够有助于宝宝大动作的发展，有效支持他们的爬行和扶站。可以在家中专门开辟一块独立的区域，不摆设任何家具，只铺设软垫，墙面也尽可能粘贴软垫或者进行软包处理。宝宝一旦学会爬行就会特别愿意爬行。在他们爬行的过程中，周围的家具如果有棱角，可能会使宝宝受伤，因此独立安全的环境很有必要。同时，对于已经能爬行自如的宝宝，他们会尝试着站起来。这块独立安全的区域，也有助于宝宝扶着墙慢慢站立，即使他们站不稳坐在地上时，也有软垫的保护。

### （二）观察宝宝动作发展状态，及时给予支持

如果宝宝有扶站的愿望，爸爸妈妈就可以先扶着宝宝的腋下，让宝宝逐渐站立起来，还可以和宝宝一起玩扶着跳舞的游戏。等到宝宝站的时间逐步变长，可以尝试只扶着宝宝的胳膊，支持他们站起来。爸爸妈妈帮助宝宝扶站的时间由长逐渐变短。

这个阶段的宝宝手眼协调能力进一步发展，给他们两块积木，他们能够拿

着积木对敲，还能灵活地拍手。宝宝的手指进一步分化，拇指和食指对捏就可以捡起细小的物品。他们特别喜欢将东西从盒子里拿出来再放回去，这是他们在探索空间关系，是他们好奇心发展的标志。

亲子游戏：拿与放

爸爸妈妈可以和宝宝玩“拿起来，放下去”的游戏。例如，将玩具小熊拿起来，再放下去，嘴里同时说“我把小熊拿起来了，我把小熊放下去了”，宝宝会观察这个过程并模仿。

爸爸妈妈还可以和宝宝玩“拿出来，放进去”的游戏。例如，将盒子里的积木拿出来，再放进去。日常穿衣服、穿鞋的时候，也可以一边穿一边对宝宝说“妈妈把衣服、鞋从鞋柜里拿出来了，妈妈再把衣服、鞋放回去”这样的话语。这个过程是宝宝观察的过程，也是学习语言、启发思考的过程。他们会发现，不同的物品都有自己的位置，就如文中说的“不同的床”一样。

亲子游戏：敲一敲

爸爸妈妈还可以准备铃铛、小鼓等能发出声音的玩具，让宝宝去敲击。爸爸妈妈在这个过程中可以随意敲击，也可以有节奏地敲击。宝宝会被有节奏的声音所吸引，尽管他们还不能敲出节奏感，但只要他们能敲出声音，就已经在锻炼手眼协调能力和上肢的控制能力了。

# 第十四章　很高很高的距离
## （9个半月）

今天早上醒来，发现身边一个人也没有，我独自在床上爬着玩耍，甚至还坐起来看看窗外的小鸟。可是当我想从床上爬下去的时候，突然感到恐惧，从这么高的床上掉下去一定会很疼的。这时我不小心把米老鼠抱枕推到了地上，发出了“扑通”的声音。它从这么高的地方掉下去，居然没哭，还咧着嘴冲我笑呢。它应该没摔疼，我觉得不怎么害怕了。正想着自己下床，妈妈进来了，我赶快向妈妈求救。妈妈把我抱起来，夸赞说：“宝宝知道不能随便从这么高的地方下来，太聪明了！”我指了指地上的抱枕，妈妈捡起来之后，我很心疼地抱着米老鼠，又拍了拍它。

早饭有大米粥，还有清蒸南瓜焗虾仁。南瓜和虾仁都很软，我可以把它们嚼得很烂。我自己拿着勺子往嘴巴里放，吃得满脸都是，把妈妈和奶奶逗得哈哈大笑。突然，我不小心把勺子掉到了地上，发出“咣当”的声响。我觉得清脆的响声无比动听。当妈妈把勺子捡起来交给我时，我又一次将勺子扔到了地上，如愿以偿地听到了那一声清脆的响声。

“咣当！”这一次，勺子落地的声音比刚才更大呢。我希望妈妈再一次把勺子捡起来给我，可是妈妈这次不给我了。奶奶还责备我说：“你这个孩子，故意扔勺子，怎么这么调皮呢？”我冲奶奶不满地撇着小嘴哭起来。妈妈安慰我说：“宝宝是不是对勺子掉在地上的声音很感兴趣啊？你先吃饭，一会儿我们再玩‘扔东西’的游戏，听听其他物品掉到地上的声音，好不好？”

我停止了抽泣，兴奋地点点头。吃完饭，妈妈把我带到爬行垫旁边，让我趴在一个高高的宽敞的桌子上，给我找了一把小勺。我正玩着小勺的时候，妈妈又拿来一个盒子。这个盒子里面有各种各样的“宝物”：有一个绿色的小球，它落到地上还能向上弹起来；有一片白色的羽毛，它落地时，摇摇摆摆像一个跳着舞的白色精灵；还有废旧的钥匙、小纸团、弹力球……我不断地把盒子的东西一样一样往下扔。看着它们以不同的姿态掉落到地上，落地时还发出不同的声音，我开心极了。后来，妈妈上班去了。奶奶陪我整整玩了一上午，不断地给我捡东西，最后她累得干脆坐到了爬行垫上。

到了中午上床睡觉的时候，我还想把床上的东西一样样扔到地上，但是还没等我扔出去，就被奶奶制止了。奶奶告诉我，只有在爬行垫上才可以扔东西，在其他地方扔不安全。

下午睡醒以后，我要出去玩，奶奶带我来到了门口的小广场。许多小朋友聚在一起，带着不同的玩具开心地玩耍着。奶奶把我的玩具全都拿了出来，让我和小朋友们一起玩。那么多的玩具摆放在我面前，我眼花缭乱，不知道该玩什么了。一个小朋友拿起我的小黄鸭，我拿了一个小娃娃，我们一起咿咿呀呀地交流着不同玩具的玩法。不知不觉中，我学到很多种新玩法。和小朋友们在一起，时间过得真快呀，天快黑下来的时候，我们才从游戏中走出来，各自回家。

### 给爸爸妈妈的话

宝宝马上快10个月了，他们对于这个世界的探索更加深入，似乎每天都在“喜新厌旧”，而且拿到一个新玩具时会将玩具扔到地板上，或者用其他东西去敲一敲。爸爸妈妈可能会不禁感叹：“这个小家伙什么时候学会捣乱了。”其实这是他们在进一步探索世界。他们只是想了解物体扔到地板上发出的声音，也比较惊奇物体下落时在空中划过的痕迹。此时宝宝不仅懂得了“不”的意思，更能敏锐地去捕捉爸爸妈妈微妙的表情。他们的情绪也更加外显，高兴的时候会手舞足蹈、咿咿呀呀，不高兴的时候会大喊大叫、哭闹。

## 一、了解这个阶段宝宝的探索行为

### （一）扔东西是在探索空间关系

9个多月的宝宝喜欢往地上扔东西，其实这是宝宝在探索物体和空间的关系。这个年龄段也是“深度知觉”发展的关键期。之前宝宝爬到床边可能还感觉不到危险，但是随着感知觉的发展，他们具备了“深度知觉”的感知能力。科学家坎波斯（Campos）和兰格（Langer）用心率变化对婴儿的深度知觉进行过研究。他们把2~3个月甚至更小的婴儿分别置于“视觉悬崖”的两侧，测量其心率的变化。结果发现，当婴儿在“悬崖”一侧时，他们的心率减慢；而放在无深度错觉的一侧时，他们的心率并未减慢。研究者推测，这很可能是婴儿把“悬崖”作为一种好玩的东西来辨认。但是当他们把8个月的婴儿放在“悬崖”一侧时，发现婴儿的心率非但没有减慢，反而加快了。研究者认为，这是因为婴儿根据以往爬行的经验，产生了恐惧的情绪，从而导致心率加快。

因此，父母不用担心这个年龄段的宝宝会从床上摔下来，他们会自己保护自己。同时，可以为他们提供探索高度与空间的机会，发展他们的深度知觉，促进他们对物体与空间的探索能力，如在家中专门开辟从高处往低处扔东西的角落。在扔的过程中，宝宝会对物体掉落的声音、形态感兴趣，也能了解到物体掉落在地上经过了一个高度的变化，从而增强对空间的感知，了解因果关系。

### （二）照镜子是自我意识的萌芽

这个年龄段的宝宝喜欢照镜子。9 个月的宝宝已经初步具备自我意识，在爸爸妈妈说到宝宝的名字的时候，他们知道说的是自己。他们喜欢照镜子，但是还不知道镜子中的人就是自己。他们会和镜子里的自己互动，有的宝宝会在照镜子的时候大喊大叫大笑，有的只是默默地盯着镜子里的自己看，并尝试将手伸到镜子背后去抓镜子里的娃娃。当他们抓不到这个娃娃的时候，也会将镜子反过来看看。这个时候父母可以指着镜子里的娃娃，告诉宝宝这就是他自己，也可以和宝宝一起去照大镜子，让宝宝去观察镜子中的自己和镜子中的爸爸妈妈。

爸爸妈妈不必执着于宝宝是否知道镜子中的是他自己，只要开心地和他一起照镜子就可以。在这个过程中，宝宝会去观察镜子里的爸爸妈妈的神态与动作，这会提升他们的观察能力和思维能力。1 岁以后，宝宝会明白镜子里的人就是自己，自我意识也进一步发展，对于自己不愿意做的事情，会表现出抗拒。2~3 岁是宝宝自我意识更进一步发展的时期，他们将通过说“不”“我的”等方式表达自我的存在和意志。

## 二、理解宝宝的情绪变化

宝宝进入第 9 个月，可能会突然变得情绪不稳定了。宝宝的情绪往往和他们的身体、语言、认知等发展密切相关，这需要爸爸妈妈关注到宝宝的发展现状，再给予适当的支持。

### （一）出牙期的烦恼

如果宝宝在八九个月的时候，表现得烦躁不安，可以观察宝宝的牙床，如果有红肿或者牙齿萌出，那就是宝宝处于出牙期。这个时候，牙齿会痒痛。爸爸妈妈可以给宝宝预备磨牙棒或磨牙胶等，来缓解他们牙龈痒痛的症状；在添加辅食的时候，根据宝宝的咀嚼能力，添加有颗粒的辅食；还可以多和宝宝玩游戏或者说话，去转移他们的注意力。

### （二）自己想做事情

这个时候的宝宝有了最初的自我意识，他们想出去的时候，就会用手指着门外，如果爸爸妈妈没有及时回应，他们就会通过哭喊的方式引起大人的注意；在吃东西的时候，也想尝试着自己用小手去抓食物。他们虽有了自己的主意，但是还不会用语言表达，小手也没有那么灵活，只能用哭、嚷嚷、摇头、扭动身体等方式表达。

爸爸妈妈要及时关注宝宝的需求，及时回应，用语言去帮助宝宝表达。对于宝宝看似不合理的要求，可以通过转移注意力等方式来处理。

### （三）宝宝进入猛涨期

快 10 个月的宝宝，能够吃多种辅食，身体运动量增加。有的宝宝不仅能到处爬，还能扶着墙站起来。同时他们的身高体重和身体各项技能都发育、发展更快，进入了猛涨期。他们的活动空间也从室内转向了户外，运动量加大，接受的新鲜刺激更多，也间接导致他们的睡眠、情绪等发生了变化，如有的宝宝白天不睡觉了，晚上睡觉还会惊醒。这个时候的宝宝情绪烦躁，易哭闹。爸爸妈妈要根据情况及时调整宝宝的睡眠规律，尽量让宝宝睡前不要有太多刺激性的活动，多给宝宝唱摇篮曲。白天要动静结合，坚持午睡；晚上在睡觉前可以放轻音乐、洗澡、做腹部按摩等，给宝宝提供安静、舒适的睡眠环境。

# 第十五章　我造出了彩色的雪花

（10 个月）

夏天的时候，我已经 10 个月了，能稳稳地坐在床上了。环顾着窗外，我发现窗外的树叶已经不是之前的新绿了，而是变为翠绿。知了的歌唱声穿过玻璃，一阵阵传进屋里，撩人心弦。夏日的微风将窗外的茉莉花香吹了进来，让人心旷神怡。阳光像调皮的小精灵在树梢上跳舞，风儿阵阵吹过，大树投出的斑驳的影子，也随风舞动。我的目光追随着影子，小手向前抓，我好想把那些光影都抓到我的嘴巴里品尝一下啊！

我觉得有点无聊，往前爬了几步，够到了床头柜上的那卷卫生纸，这下可有好玩的啦！我捧着卫生纸看了看，又用嘴巴尝了尝，味道不怎么样，但是很柔软。我用嘴巴撕下了一张，然后把那张纸从嘴巴里拿了出来，用两只小手抓着纸，向相反的方向一扯，哇！卫生纸竟然被我撕下来一缕细条！此时，一阵微风吹过来，细细的纸条被风吹走了，我又开始撕剩下的纸。这个游戏越玩越好玩。在妈妈去给我冲奶粉的一会儿工夫里，我已经把大半卷卫生纸撕完了。看着这么多卫生纸变成了纸条，我可骄傲了。

妈妈走过来看到了一床的卫生纸条，惊呼一声，吓得我停下了手里的动作，盯着妈妈，表情也严肃起来。但是她突然笑起来，指着那一堆我的“成果”说：“是你这个调皮鬼干的吧，小手还挺灵活！”听到妈妈夸奖我，我更骄傲了。我盯着这些千奇百怪的纸条，嗯，真是奇妙，纸条的形状都不一样，要是我再撕撕，它们会有更神奇的变化吧。

我的肚子咕咕叫了起来，我伸手去拿妈妈放在床头柜上的奶瓶。妈妈笑眯眯地看着我，但是就是不递给我，想让我自己爬过去拿。这难不倒我，我已经爬得越来越熟练了，很轻松地就拿到了奶瓶。我抱着奶瓶躺在床上，两只小脚翘得很高，这种姿势让我非常放松和享受。喝饱后，妈妈把我放到了我的“秘密基地”里。在这里，妈妈像个魔法师，总是能及时变出我想玩的东西。

“秘密基地”位于我家的一间空屋子里，里面摆了各式各样的玩具，而且每周都会更新，加入新成员。例如，有小鼓、铃铛等能发出声响的玩具，还有一些按摩球，最近我特别喜欢玩这些大大小小的球。值得一提的是我还有一个图书角，里面摆放着不同类型的书，有“布书”“洞洞书”“立体书”“洗澡书”等。我每天都要翻很多遍“布书”，妈妈总是给它们消毒，因为我不仅看，还喜欢吃。我最近最喜欢“洞洞书”和

“洗澡书”。比如《把门打开》这本书，上面有逼真的立体的门，门上还有洞洞，我可以用食指抠着这些洞洞，把门打开，然后再关上。这本书里的窗户上也有很多洞洞，我经常将自己的五个手指都放到洞洞里，来回地开关窗户。每次我洗澡的时候，妈妈都会带着我看“洗澡书”，它不仅能防水，上面的小鸭子、小海豚还能发出叫声呢。

这次，妈妈拿了一大卷五颜六色的纸到“秘密基地”。这些纸和卫生纸的软硬程度差不多，而且颜色很丰富。我喜欢撕红色的和黄色的纸。妈妈打开音响，播放轻音乐。我边听着音乐边撕纸，感觉棒极了。妈妈把一张白色的纸撕成条条，又把条条撕成纸屑。她站起来，把这些纸屑从空中撒下来，兴奋地说：“下雪了，下雪了！”纷纷扬扬的纸屑飘落下来，屋子里仿佛真的下起了雪，太好玩了。我也模仿她的样子撕纸屑，但是我撕得比较慢，心里特别着急。妈妈一边安慰我，一边和我一起撕，不一会儿就堆起一座“小雪山”。之后妈妈又撕了一些彩色的纸屑，得意地对我说：“宝宝，还可以下彩色的雪哦！”妈妈告诉我，这是她跟冬天爷爷借的“雪花”，等冬天回来了，她再还回去。那今年冬天外面是不是会下彩色的雪了？

妈妈还给我播放了一首儿歌《雪花》。伴随着音乐，我们不停地制造“雪花”，我的头上、身上飘满了“雪花”。妈妈还把“雪花”撒在自己身上，把她变成了一个“雪人”，我被她的样子逗得哈哈大笑。那几天，我一直做一个同样的梦，梦里纷纷扬扬地飘着彩色的雪花，仿佛一群五颜六色的蝴蝶在翩翩起舞。

给爸爸妈妈的话

10 个月的宝宝模仿能力进一步增强。他们会模仿妈妈抹口红、爸爸刮胡须的动作，还会模仿爷爷奶奶弯着腰走路等，这都会让家长们忍俊不禁。因此，爸爸妈妈要关注自己在宝宝面前的行为。例如，不要一直埋头刷手机，或者展现其他不好的生活习惯。宝宝会将这些行为都记在心里，并进行模仿。这个阶段的宝宝，动作能力迅猛发展，有的宝宝甚至能够扶着家具独自站立或者慢慢行走。他们能理解成人的很多指令，也能在爸爸妈妈的引导与陪伴下和陌生人打招呼、挥手再见。

## 一、了解孩子发展的敏感期是支持宝宝发展的前提

在儿童发展过程中的某个时期，相对于其他时期更容易习得某种知识、行为，心理过程的某个方面发展最为迅速，这时期即称为“敏感期”。民间有“三翻六坐七滚八爬”的说法，其实提到的就是儿童发展的敏感期。婴儿为什么爱吃手？1 岁左右的孩子为什么不断扔掉手里的东西，等你捡起来递给他，他会再扔掉？10 个月左右的孩子为什么喜欢撕纸？这一切的背后，都是因为他们到了某一能力发展的敏感期。

### （一）手部精细动作发展的关键期

精细动作一般是指手指与手掌的动作，包括整个手部的捏、握、屈、旋转，还有手指的抠、托、扭、拧、撕、推、抓、刮、拨、压、挖、弹、夹、抹、拍等。

宝宝手部精细动作同样遵循从粗大到精细的发展规律。宝宝刚出生的时候，手指功能还没有分化，前两个月都是握着拳头，3 个月逐渐有手指功能分化现象出现。通常情况下，宝宝分月龄精细动作发展标准是：1 个月宝宝有抓

握反射；2~3 个月宝宝吸吮手指；4~6 个月宝宝抓握时有方向感；7~9 个月宝宝会使用拇指、食指把东西捏起来；10~12 个月宝宝拇指和食指的配合熟练，可以拿捏较小的物体。

### （二）“撕”的动作发展

宝宝到了 10 个月，会出现撕纸的行为。由于个体差异，有的宝宝也许会在 11 个月或者 1 岁以后出现这一行为。撕纸也是他们发展阶段中常见的行为。这个时候家长千万不要以为孩子是在捣乱，就剥夺了他们发展这一动作的权利。这个时期的儿童手指功能已经逐步分化，大拇指和食指更加灵活，他们通过撕纸、抠洞等一系列行为来发展自己的精细动作。

爸爸妈妈可以先给宝宝提供柔软的纸张，例如面巾纸、卫生纸等，让宝宝来撕；等到宝宝的手指更加有力，手指间的协调更好的时候，爸爸妈妈可以提供稍微硬一点的纸张让宝宝来撕。爸爸妈妈还可以和宝宝一起玩撕纸的游戏。爸爸妈妈故意在撕纸的时候发出声音，或者做出夸张的表情与动作，宝宝会更愿意来参与游戏。

因此，父母认真观察孩子，及时捕捉到他们到了某一个敏感期，就可以提供更多的材料、空间等方面的支持，以促进儿童相关能力的快速发展。

## 二、继续打造“私密空间”，促进宝宝大动作发展

之前我们提到过，对于能爬行和扶站的宝宝来说，家中有一块独属于宝宝的空间非常重要。而对于 10 个月的孩子来说，他们的下肢力量不断发展，除了能稳稳地坐着，也已经能来回爬，并对周围的事物产生了更大范围探索的欲望。这个时候，在家庭中，独属于宝宝的空间需要更大，更加安全。

儿童游戏的私密空间需要具备以下几种条件：

一是安全。可以用软地垫铺设地面，对墙面进行软包处理，保证私密空间里没有电器、硬物等不安全因素。

二是有利于儿童运动能力的发展。根据儿童此阶段特点，可以在墙面约一

米高的地方，设有软性的、能抓握的横梁，使儿童扶着横梁能慢慢站起来，为下一步扶站、学走路奠定基础。

三是投放丰富的游戏材料。对于10个月的儿童，可以放各式各样的立体书、洞洞书、布书，还可以投放按摩球、大龙球等球类，或者准备小鼓等发声类的玩具。

## 三、日常生活的互动促进宝宝语言、认知发展

宝宝这时已能听懂成人的话，甚至能模仿。爸爸妈妈不妨在这个时候，让宝宝认识物品，并尝试发音。这个过程不要强求，只要宝宝能认识物品，即使没有尝试发音也没有关系。宝宝处于语言的吸收期，只要他们用心聆听和参与就可以。

爸爸妈妈可以在宝宝的床上摆放各种宝宝喜欢的玩具，一边叫宝宝的名字，一边跟宝宝说“你把小车递给妈妈”“把小娃娃给妈妈”等。当宝宝把玩具递给爸爸妈妈的时候，爸爸妈妈就重复这个玩具的发音，如“汽车”“娃娃”等。爸爸妈妈还可以变换玩具的种类，也可以将宝宝日常接触的生活用品等也纳入进来。当宝宝情绪愉快的时候，爸爸妈妈还可以问他：“奶瓶在哪里？”“小勺子在哪里？”让宝宝逐渐能听懂大人的话，会用目光去追寻或用手指将物品准确地指给家长，并模仿发出相应的声音。

日常生活中，爸爸妈妈还可以经常和宝宝说话。例如，当宝宝坐下的时候，爸爸妈妈也坐下来，并说“坐”，让宝宝理解这个动作的含义。还可以指着出门的爸爸说“爸爸走了”，让他理解这个行为的含义。带着宝宝出去玩的时候，看到宝宝对哪些事物感兴趣，就可以说出这些事物的名称，例如：“小鸟，宝宝，你看小鸟在飞。”学习语言需要具体的情境，宝宝的生活环境就是最好的情境，不妨做一个“啰嗦”的爸爸或者妈妈，经常把见到的事物、经历过的事情讲给宝宝听，潜移默化地促进宝宝认知和语言发展。

# 第十六章　啄木鸟和泡泡

（11个月）

雨后的天空一尘不染，瓦蓝瓦蓝的，深邃而神秘。朝霞像一匹红色的绸缎轻披在地平线上，太阳公公顽皮地从绸缎中露出半个笑脸。打开窗户，清新的空气夹杂着雨水的味道飘了进来，小鸟叽叽喳喳地在枝头歌唱。我从梦中醒来，在床上坐着往窗外看了一会儿。我想扶着墙自己站起来，试了几次都没有成功。但是我没有气馁，用足全身的力气又试了一回，终于摇摇晃晃地站了起来。我站在那里盯着窗外的小花园，看到一只小鸟正在树上朝我点头，我看呆了，一个没站稳，“扑通”一声又坐在了床上。这时候，小鸟飞走了，我大声嚷嚷着让它回来，继续和我玩。

奶奶听到声音走了进来，看着我说：“宝贝你在嚷什么呢？”我指着窗外，双手一摊，做出一个“飞走”的动作，嘴里咕哝着“下，下”。我心里已经盘算好了，我要去小花园，去看看那只朝我点头的小鸟。奶奶笑着说：“你是想去小花园吗？”我点点头。每天早上吃完饭，奶奶都会带我去楼下的小花园玩。在小花园里可以看花，看邻居遛狗，也许还能看到小猫和小鸟，特别是今天，还有一只会朝我点头的小鸟。

吃完早饭，奶奶把我放到了爬行垫上，她去收拾出门要带的东西。我自己爬到墙脚，贴着墙面站了起来，甚至还走了几步，只是一下子没站稳，摔了一个大屁蹲儿。虽然屁股有点疼，但我一点也不介意。站起来看到的东西和坐着、躺着的时候看到的有很大不同，给我一种全新的体验。奶奶收拾好了东西，让我坐在车上，推着我去了小花园。

小花园里非常热闹，每天都有很多小朋友和爸爸、妈妈、爷爷、奶奶聚集在这里。我的眼睛一直在搜寻早上看到的那只小鸟。它还在那里，并没飞走，正站在树枝上冲我点头问好。我指着小鸟，模仿着它点头的样子，晃着脑袋，也向它问好。奶奶告诉我，那是啄木鸟，它正在树上捉虫子呢。我用手去摸奶奶的脑袋，一边摸一边做出点头的样子。奶奶学我的样子也做着小鸟点头的动作，一边点头一边冲我说：“我们也变成啄木鸟了。”过了一会儿，啄木鸟应该是累了，停下来伸了伸脖子向远方飞去。树枝上还有别的鸟在歌唱，但它们正忙着自己的事，没和我打招呼，我也不去打扰它们，和奶奶去找小朋友们玩。

此时，花园旁边的广场上已经聚集了很多小朋友，他们手里拿着各种各样的玩具。爷爷奶奶们在地面上铺了许多爬行垫，小朋友们就在上面玩耍。我站到一个姐姐跟前看着她，姐姐以为我想玩她手里的玩具呢，就把玩具递给我，但我没有去接姐姐的玩具。我想让姐姐变成啄木鸟，于是一边点着头，一

边按姐姐的头。但是姐姐没有明白我的意思，诧异地看了看我，跑走了。哎，真可惜，本来能成为啄木鸟的姐姐不见了，我看着奶奶，发出了啊啊的声音。

奶奶说，姐姐没有见过啄木鸟，所以她不会像我一样点头，只有我是最勤快的“啄木鸟”。但是一直点头也很累，啄木鸟会累，我也会累，我停下来爬到地垫上和小朋友们一起玩。

晚上，爸爸给我带回来一个新奇的玩具，它有一个大大的圆圈，能变出许多五彩缤纷的泡泡。爸爸拿着那个大大的圆圈，往泡泡水里边蘸了蘸，然后用力一吹，一个个大泡泡就从圆圈里飞出来了。更神奇的是，泡泡一会儿就飞走不见了，就像早上我看到的啄木鸟，在树上点着点着头就飞走了。我用小手给爸爸做了一个“抓”的动作，然后双手一摊，小嘴一撇，做出“飞走”的动作，把爸爸给逗乐了。奶奶过来讲了上午的事情，爸爸跟我说：“这回泡泡不会飞走了，你可以抓到它们。”

爸爸带着我到小区的草坪上玩吹泡泡的游戏。奶奶扶着我站在草地上等着抓泡泡，爸爸负责吹泡泡。泡泡很快就飞到了我的身边，我用小手一抓，真的抓住了一个，不过当我抓到手里时，泡泡竟然变成了水。奶奶给我擦擦手，我在奶奶的扶持下，跟着泡泡走，接着又去抓第二个。真好玩，我兴奋地要挣脱开奶奶的双臂，想跟着泡泡一直走下去。

妈妈因为加班，很晚才回来。我好想给她讲讲今天的故事，想给她讲讲啄木鸟，讲讲泡泡，讲讲我今天所做的一切。我不停地嘟囔着，比划着，但妈妈好像没听明白。我好想长大呀，长大了就能把我的故事告诉她了！

## 给爸爸妈妈的话

宝宝已经11个月了。此时，大部分宝宝已经能够扶站或者独自站立，甚至扶着墙或栏杆走；有的宝宝还能自己完成翻身下床等动作；还有的宝宝不仅会叫爸爸妈妈，还会说出一些单音节的动词，如“吃”“走”等。他们的认知能力也在飞速发展，在成人的引导下，能去尝试分辨颜色，能分辨出家人和陌生人的声音。如果爸爸妈妈说出常见物品的名称，宝宝也能熟练地指出来。例如，爸爸妈妈问：“奶瓶在哪里？”“你的小熊呢？”他们就会用小手去指对应的物品，这个时候成人要多鼓励他们。宝宝察言观色的能力进一步加强，比如懂得亲吻妈妈或者做鬼脸，去讨妈妈的欢心。

## 一、关注宝宝心理发展的微妙变化

### 宝宝对事情有了初步的预料和计划

11个月的宝宝已经有了延迟记忆能力，对一些事情的记忆能持续几天。如果此时已经给宝宝养成了较为规律的作息与生活习惯，宝宝就会对接下来要发生的事情有所预料。例如，宝宝知道每天吃完早饭要去散步，他就会在吃完早饭后，指着门外想出去。再比如，宝宝知道妈妈过一会儿要出门，就会紧紧抱着妈妈，不让她走。

父母可以多给宝宝讲一讲接下来要发生的事情，增强宝宝对未来事情的预期，也可以和宝宝回顾今天已经做过的事情。需要注意的是，这时宝宝的思维还是直观思维，大人描述事情的时候一定要和具体的形象、物品相结合。例如，妈妈指着宝宝的帽子说：“妈妈要给你戴上帽子，我们要出去玩了。”指着外面的天空说：“刚刚下雨了，我们出门要穿厚点。”通过这种方式增强宝宝的观察力、思维力和记忆力。

## 二、做好学步前期的准备

### （一）继续助力宝宝爬行和前庭觉的训练

前庭觉也叫平衡觉，可以通过爬行、旋转等方式来训练。前庭觉较好的宝宝，在走路的时候，能够较好地保持平衡。因此，对于能站立的宝宝，爬行仍然是必要的。爬行能训练宝宝的前庭觉。11个月的宝宝已经能够爬得很好了，但是也有的宝宝仍然爬得比较少。除了爬行以外，还有其他方式也可以训练宝宝的前庭觉。例如，用毛巾被做成“小摇篮”，把宝宝放进去，来回摇动；或者抱着宝宝，让宝宝趴在爸爸的肩头，爸爸轻微旋转；还可以经常去公园里玩摇摇马、秋千等，因为它们都是发展前庭觉的运动器材。

### （二）遵循规律，顺其自然

宝宝学习走路的快慢是因人而异的，有的宝宝在10个月就会走路了，还有的宝宝需要等到十三四个月才开始走路，这些都是发展中存在个体差异的正常表现。如果超过1岁半宝宝还没有学会走路，这个时候成人要及时关注和干预。

因此，对于走路这件事情，爸爸妈妈不可急于求成，可以根据自己宝宝的发展状况及时引导和支持。在宝宝能扶物站立后，爸爸妈妈可以有意识地引领宝宝扶着墙或者家具往前走。随着宝宝下肢力量逐渐增强，可以鼓励宝宝独立行走。慢慢地，宝宝就可以从独立行走几步到行走较远的路程。这个过程中，爸爸妈妈要在宝宝身边陪伴，看到宝宝不能保持平衡的时候，要及时扶住宝宝的身体，避免受伤。

此外，要注意给宝宝选择软硬适中的鞋。可以在家中有地垫的地方或者松软的草地上练习走路，还可以增加走路的趣味性。例如，放一些滚动的球在宝宝的前面，让宝宝去追赶，或者准备一些有趣的拖拉玩具，让宝宝拖着走等。

# 第十七章 难忘的“抓周”

## （12个月）

今天应该是一个特殊的日子，我一睁眼，就看到爸爸妈妈、爷爷奶奶围绕在我床边。他们柔和的目光像晨曦般洒在我身上，温柔地把我唤醒。每个人脸上都洋溢着喜悦的笑容，妈妈笑得最开心了。她把我抱起来，轻轻地吻了吻我的额头，充满了无限的爱意，我露出一个大大的笑容来回应妈妈，几颗刚萌出的小牙也高兴地出来跟妈妈打招呼。爸爸拉开窗帘，阳光迫不及待地从窗户挤进来，肆意地在我的脸上跳着、舞着，在我的眼睛里晃来晃去。小鸟也从远处的树梢飞到窗前，放声歌唱。整个家里弥漫着喜悦的气息。爷爷奶奶在我的小床周围放了一些毛茸茸的玩偶，有俏皮活泼的小狗、端庄优雅的小兔子、羞涩可爱的小猫咪，还有粉嘟嘟的小猪和长着翅膀的小白马。它们都在小床旁边笑眯眯地看着我，仿佛在说：“你好呀，我们是你的新朋友，恭喜你，长大了一岁！”我挨个拍拍它们的头，也向它们问好。

很快，大家变得忙碌起来，爸爸妈妈去了客厅，爷爷在卧室打扫卫生，奶奶负责帮我穿衣服。“宝贝，看看给你准备的新衣服。”奶奶把一件新衣服递到我的手里。哇！这件新衣服上竟然印着我最喜欢的粉嘟嘟的小猪。我双手紧紧地攥住衣服，亲了亲上面的小猪。我一边换新衣服一边兴奋地想：“我穿上这件衣服一定特别漂亮，我要出去让爸爸妈妈看看。”我一手抱着粉色小猪玩偶，一手扶着墙从卧室走了出去。没想到客厅也面貌一新，客厅中间展示着一张我的艺术照，周围簇拥着鲜花和玩偶，从天花板上垂落下来彩色的气球和漂亮的拉花，墙壁上装饰着一闪一闪的彩色的小灯泡。妈妈正把一束鲜花插进花瓶里。我来到她面前，只见她正全神贯注地摆弄着瓶子里的鲜花，没有像往常一样看我。我站了好久，她还是没有反应，我生气了，指着衣服上粉红色的小猪说：“小嘟嘟，小嘟嘟。”妈妈这才抬起头看我：“哦，宝贝换新衣服了啊，真漂亮！”说着她又低头去插花。见妈妈不理我，我又来到爸爸跟前，他正忙着从一个纸箱子里往外掏东西呢。我也想去帮爸爸，但被爸爸制止了，他说这个箱子里的东西暂时要保密，谁都不能看。我想起我衣服上的小猪，就指着小猪给爸爸看，爸爸竟然看都没看我就说：“爸爸忙着呢，你先去和奶奶玩。”

“哇！”我有点委屈，一下子就哭了起来，我穿着这么漂亮的衣服，他们竟然都不仔细看，只知道摆弄手里的东西。我很失望，一边哭，一边用力地把粉色小猪玩偶扔在地上。爸爸妈妈这才围了过来，妈妈说：“宝贝，今天是你一周岁的生日啊！一会儿很多人要来，爸爸妈妈要准备很多东西，所以才没顾得上你，让奶奶带着你先去洗漱和吃饭好不好？”才不好！他们都没有注意到我新换的小猪衣服，难道生日比我新换的衣服还重要吗？我继续哭，嘴里还说着“小嘟嘟，小嘟嘟”。妈妈这才明白，我是想展示我的新衣服，她终于仔细地欣赏起来，惊讶地说：“哇，妈妈发现你这件衣服上的粉红色小猪，简直和动画片里的小猪一模一样！嗨，我是佩奇，这是我的弟弟乔治。”妈妈还学着小猪的声音跟我说话，我被她逗得哈哈大笑。

一会儿的工夫，姥姥、舅舅、姑姑、叔叔、伯伯都来了，还有邻居家的小朋友们，大家要一起为我庆祝生日。生日是什么？我不知道，也不在乎，我只在乎他们有没有看到我的新衣服。我在客厅里转了一圈，大家似乎都没有注意到我，也没有人注意到我穿着的小猪衣服。他们在聊天，在吃水果，在看相册，就是不看我。

我来到舅舅跟前，嘴里念叨着“小嘟嘟”，舅舅没听懂，还以为我想让他抱我。他抱起我转圈圈，这种感觉真奇妙，我一时忘记了小猪的事情。姑姑把她给我的礼物递到我的手里，这是一个会动的小马。姑姑说，因为我是属马的小孩，所以她特意选了这个小马。我不喜欢小马，我喜欢粉红色的小猪！我想起了我的小猪，就指着新衣服，在大家面前大声说：“小嘟嘟！”全家人的目光都被我吸引了，但他们都不知道我要做什么，还是妈妈理解我的想法，她说：“大家看到没有啊，宝贝今天特别精神，还穿了粉红色小猪的衣服，谁都没有这么漂亮的衣服！”全家人都笑了起来，他们还流露出非常羡慕的神情，我骄傲地扬起小下巴，挺起胸脯，得意地展示起我的衣服来。

吃完饭，爸爸清了清嗓子，向大家宣布：“欣欣抓周的时间到了。”啊，什么是抓周？爸爸说着拿出了那个神秘的纸箱，把里面的东西一样一样拿出来。妈妈指着这些东西告诉我：“宝贝，在小朋友们一岁生日的时候，家里人就会举办一个叫作抓周的仪式。抓周就是你从这些东西里边挑选一个自己最喜欢的，我们大人根据你选的这样东西来猜测一下你长大以后的志向或可能感兴趣的职业。”妈妈还说，古代的小朋友跟我一样大的时候也抓周，在很远很远的南北朝时期就有抓周这个习俗了。听到这些话，我似懂非懂，不禁环顾四周，他们在哪里呢？今天邻居家的小朋友们都会和我一起挑选玩具吗？我赶紧屏住呼吸，看着爸爸。

爸爸先拿出了一本厚厚的只有大人才拿得动的书，接着又拿出一个小小的方形的物品，上面有各种各样的按钮，和遥控器很像，但是比遥控器更宽更扁。第三样物品是一支长长的笔，这支笔竟然长着头发，笔杆是木头做的，头发披散在笔头上。第四样物品也是笔，不过这是一支彩色的画笔。第五样物品是一根长长的木条，木条上面有刻度，刻着不同的数字。第六样物品我见过，这不是奶奶在春节的时候给我的压岁钱吗？第七样物品我从来没有见过，这个物品有长长的软管，软管一头有个圆圆的东西，另一头好像可以挂在脖子上。第八样物品是一个红色的圆圆的东西，带着一个手柄。第九样物品是一个帽子，帽子上还有银色的徽章。第十样物品黑黑的，我在爸爸的电脑旁边见过它，每次爸爸用手握着它，就可以操控电脑。第十一样物品是一个小口琴，我去姑姑家的时候见过，姑姑能用它吹出动听的乐曲。第十二样物品是一个羽毛球，有一次妈妈和爸爸带着我去户外玩的时候，就看到有叔叔阿姨打羽毛球打得大汗淋漓。可以选择的东西可真不少，看得我眼花缭乱！

爸爸把这些东西呈扇形摆开，我端坐在中间，面对着这些物品。全家人都围着我，姥姥在一旁期待地说："让我们看看，宝宝将来是成为大作家，还是成为大画家？"姥姥嘴里说的"大作家""大画家"我都不认识，而且我才不要成为别人呢，我就是欣欣，是喜欢粉红色小猪的欣欣。舅舅似乎听到了我的心声，他说："宝宝不用紧张，去抓一个你喜欢的东西就好！"我好奇地爬到抓周的东西前，先去拿那本厚厚的大书，但是书太重了，我费了半天劲儿，也没拿动。我试着翻动书页，一股清新的书香扑面而来，我忍不住又把鼻子凑到书跟前，尽情地嗅着这种香味。"一看就是爱读书的好苗子啊，"伯伯在旁边说，“宝宝以后一定是个大博士！”我只是觉得这本书味道好闻，才不要成为什么大博士。我又被那个有着长长的软管的东西吸引了，那是我从来没有见过的东西，我飞快地爬过去。我拿起来用嘴巴啃了啃，不好吃。奶奶笑着说：“欣欣拿了听诊器，以后肯定是一个医生。”扔下了听诊器，我又去拿那个红色的圆盘形状的东西。“要我说，欣欣以后会从政，你看他，从小思维能力就强！”爷爷说的话，我更是一句都听不懂。我小手没拿稳，圆盘的盖子掉了下来，里边是软软的红色的海绵，我好奇地戳了戳，小手指上就有了红色的印痕。这个玩具好玩，我正想再去戳一戳，妈妈就拿着湿纸巾把我的小手擦干净了。算了，我还是去玩别的玩具吧。我又拿起爸爸身边的类似遥控器有很多按钮的东西，用小手指去按压上面的数字。没想到，这个方形小盒子开始说话了：“3、2、6666666……”听到小盒子里面“66666”的声音不断，我特别兴奋，还想继续按下去，不过妈妈从我的手里把小盒子拿走了。

我看看大家，他们被我的每一个举动吸引着，神情很有意思，看起来又紧张，又兴奋，又好奇。每当我拿起一个物件，大家就深吸一口气；每当我放下一个物件，他们又深呼一口气。这个“抓周”到底是在抓谁啊？我抓住了没有啊？为什么他们这么紧张和兴奋呢？我的小脑袋怎么也想不明白。

我有点累了，爬到旁边喝水去了，留下一屋子人坐在那里讨论个不停。

“我觉得欣欣适合干金融，你看他多么喜欢那个计算器。”“就是，欣欣这点像他爸爸，他爸爸就是学金融的。”“欣欣应该和姑姑一样，做个音乐家。”大家七嘴八舌地说着我不太懂的话。

我心里想，我为什么要和爸爸、姑姑一样呢？我就当我自己不好吗？他们平时总夸我可爱、聪明、有自己的想法，怎么现在又想让我当别人呢？而且，这么重要的日子里，抓周怎么不放我平时喜欢的玩具呢？我想了想，跟舅舅指着我的卧室。舅舅没看明白我要干什么，我就自己扶着墙蹒跚地往卧室走，中间还摔了个大屁蹲儿，但是我自己站起来了，扶着墙继续走。到了卧室里，我把新添置的玩具抱在怀里，可爱的小兔子、羞涩的小猫咪、神气的会飞的小马都看着我，仿佛在说：“这是要带我们去哪里？”舅舅看我抱着一大堆玩具，问我要做什么，我指了指客厅。他似乎明白了，就帮我一起运玩具，把我心爱的玩具们都抱到了抓周的现场。大家从热烈的讨论中抬起头，却发现抓周的物件已经大变样了。

爸爸说：“不能放在这里，这是你抓周的东西，你还没有抓完周呢。”哼，我就要放，我才不听爸爸的，我让舅舅帮我把粉红色的小猪放在了最中间，把会飞的小马放在了旁边。这下我可满意了，我又把那些我没有碰过的东西挨个拿着看了一遍。那把长长的木条，妈妈说叫尺子，很硬实。那顶帽子，我试着戴到了头上，蹒跚地走到了镜子跟前照了照，里面的我多

神气啊，我最喜欢这顶帽子了！

“要我说，欣欣以后会当警察，我最崇拜警察了！”姑姑站起身来拍着手说。奶奶看了姑姑一眼，说：“我觉得欣欣还是当医生好。”姑姑说：“可是欣欣戴着警察的帽子啊，这不就是以后会当警察的意思嘛。”眼瞅着她俩都要吵起来了，舅舅说话了：“大家都不要争论了，抓周就是一个游戏，欣欣还小，以后的生活得靠她自己决定啊！”大家都表示赞同。我突然明白了，原来我们是在玩“游戏”啊。如果大家一起玩游戏，得多好玩啊，怎么大家不一起抓周啊？

我拉起奶奶的手，走到抓周的物品跟前，让奶奶也去摸一个。奶奶很配合我，还闭上了眼睛。她摸到了那个黑黑的东西，原来这个东西叫鼠标。奶奶很开心地说：“看来，我马上就要学会电脑了。谁说我们老年人学不会，我早就想用电脑打字和购物了。”姑姑按捺不住了：“我也来试试！”姑姑闭着眼睛转了一圈，顺手一摸，摸到了一支画笔。姑姑开心地跳了起来：“我就猜我会抓到这个画笔，小时候我就爱画画，没想到最后学了音乐，这下我可能要实现我的画家梦了！”看着奶奶和姑姑兴奋的样子，妈妈也要去试试。

我希望妈妈能抓到粉红色的小猪，因为这是我最喜欢的东西，我想把最喜欢的东西送给我最爱的妈妈。可惜，妈妈没有摸到粉红色的小猪，却摸到了羽毛球。“哈哈，这说明你该多运动了，”爸爸打趣妈妈，“以后我陪你打羽毛球吧。”爸爸也想试一试，爸爸竟然摸到了粉红色的小猪。我想起爸爸早上只顾着拆箱子，不理我，一下子就生气了，从爸爸手里抢过小猪，扭过身去，小嘴巴噘得很高。爸爸过来抱了抱我说：“对不起宝贝，爸爸平时太忙，陪伴你的时间太少，以后一定多陪宝贝玩。”

舅舅抓到了毛笔，表示以后要练习书法；伯伯抓到了压岁钱，开心地说自己要发大财了。我们热闹的氛围也吸引了邻居家的小朋友们，他们也加入了进来，好几个小朋友因为想拿同一个玩具，差点吵起来，有的小朋友将我新添置的玩具抱在怀里不撒手……

今天真是难忘的一天！一直到晚上，我还在把我卧室里的其他东西不断地往客厅运。抓周游戏真好玩！我希望大家明天还来，一起抓周，一起开心。

## 给爸爸妈妈的话

您的宝宝已经进入1岁，正式从婴儿期进入了幼儿期。1岁之前，爸爸妈妈几乎把所有的精力都放在了宝宝的喂养方面，宝宝的吃喝拉撒睡占据了父母大部分的时间。1岁以后，父母积累了大量经验，遇到很多问题时不再无所适从。父母开始更多关注宝宝的体能和智力的发展，宝宝也逐渐能够用身体语言或者口头语言和父母交流。此时，宝宝体格发育相对稳定，而能力发展进入了快车道，这个阶段的宝宝的很多表现经常会让父母大吃一惊。父母也会逐渐意识到，宝宝的教育问题逐渐增多了。同时，身体发育和营养保健仍然是对宝宝的养护中不可或缺的部分。

## 一、促进宝宝认知与语言发展

### （一）为宝宝创造感官体验的机会，促进感知觉发展

此时宝宝正式进入学步阶段，这个阶段的宝宝身体机能进一步增强，部分宝宝已经能够独立行走了。

感官是宝宝认知世界的主要途径。感官学习是认知的基础，也是日后幼儿学习能力发展的基础。专注、注意力集中的儿童往往在幼年时期有丰富的感知觉体验。父母可以有意识地发展宝宝感知觉方面的能力。如在做面食的时候，也给宝宝一些面团，让他们去揉搓，虽然宝宝的小手还不能很好地揉搓面团，但是通过揉搓可以感受面团柔软的触感，促进他们的触觉发展。还可以带着宝宝去大自然中，接触树枝、树叶、松果、花朵、石头、羽毛等不同质地、不同颜色的自然物，让宝宝多感官、多维度感知大自然。

运动也是促进感知觉发展的重要手段，如通过玩“大摆钟”“钻筒”等亲子游戏发展宝宝的前庭觉和平衡觉，锻炼其平衡能力，促进幼儿爬、走、平衡

等运动能力的发展。

### （二）重复与模仿都很重要

1 岁的宝宝喜欢重复探索某一个玩具或一项活动，例如他们会不断地将一个小球放到盒子里，再掏出来，或者愿意听爸爸妈妈重复讲一个故事。这其实是他们对感兴趣的事物不断探索与学习的过程。爸爸妈妈可以给宝宝讲一个短小有趣的故事，并不断重复其中的某些情节或者句子，宝宝熟悉以后，会在脑海中形成特殊的记忆。宝宝的模仿能力也很强，例如他们会拿着小扫把模仿妈妈扫地，或者拿着奶奶的眼镜，试图戴上它去看书。模仿其实是宝宝将所看到的表现出来，表明宝宝的视觉、思维、分析、表现能力已经能相互整合，这也是宝宝学习能力提升的表现。

## 二、饮食与睡眠的支持

### （一）开始添加固体食物

这个阶段的宝宝已经长出了五六颗牙齿，他们的咀嚼和吞咽功能在飞速发展，此时需要给他们添加固体食物了。这里的固体食物是指成型的软面包、馒头、软米饭、面条等，而不是指坚硬的食物。此外，添加固体食物要遵循宝宝发展的个性特点，添加辅食的顺序一般是流食、小颗粒状食物、大颗粒状食物、粥状食物、固体食物，并且要根据宝宝的吸收程度来进行。

### （二）做好睡眠照护

良好的睡眠对于婴幼儿来说意义重大，不仅能调节身体各系统的功能，使大脑得到充分的休息，消除疲劳，恢复体力，还能增强机体免疫功能，防病抗病。此外，在睡眠期间，生长激素会快速分泌，促进宝宝体格生长发育。有研究表明，婴幼儿睡眠时候的生长速度是清醒时候的三倍。良好的睡眠还能促进婴幼儿注意力、思维、语言、行为和反应等能力的提高。

婴幼儿需要建立昼夜节律和培养“睡整觉”的能力，这一点对于不同年龄段的婴幼儿有不同的含义。一般来说，3~4 个月的婴幼儿逐渐形成昼夜节律；6~12个月的婴幼儿夜晚可以连续不间断睡眠6小时以上，白天进行短暂的1~2次小睡，每次1.5~2.5小时。推荐总体睡眠时间为每天11~14个小时。

在入睡前，让幼儿进入安静状态，不在睡前做剧烈的运动，或者看刺激性的图片等。此外，白天运动量较小、吃饭时间晚、白天睡眠时间过长、过于疲惫或者兴奋等，都有可能影响宝宝的夜间睡眠。此外，必须抱着、含着奶头入睡等习惯也会对宝宝养成独立的入眠习惯有不利影响，应尽量避免。爸爸妈妈可以睡在宝宝的旁边，全家人一起入睡，还可以用轻音乐、洗澡、抚触、读温馨的绘本等方式助眠。

### （三）鼓励探索、保障安全

宝宝的小手越来越灵活，他们喜欢扔东西，从容器或者盒子里往外掏东西、抠洞洞等，这些动作在帮助宝宝锻炼小手的同时，也能使宝宝在这个过程中探索物品之间的关系，以及探索空间位置等。而且物体掉落时发出的声音和滚落的轨迹都能引起宝宝的好奇。爸爸妈妈可以给宝宝更多机会去探索。宝宝在扔球的时候由于手部控制力量有限，往往不能按照自己的意愿把球扔到相应的方向，这个时候，向下扔球就是最有成就感的行为了。家长可以给孩子一些小球，让他们随意扔。随着月龄增加，他们会有意识地去扔球，并且扔得越来越远。经过不断练习，他们将逐渐学会往不同的方向抛扔物品，这也是大脑和神经系统不断协调作用的过程。

宝宝也会对日常生活中的事物很感兴趣。例如，他们会反复鼓捣滴答作响的闹钟，想把会动的指针抠出来，还会对烧水壶、爸爸妈妈的电脑、爷爷奶奶的眼镜等感兴趣。这时，爸爸妈妈就需要检查家中是否有安全隐患。例如，电源要远离宝宝，不用的时候盖上保护盖。再如，烧水壶、药瓶、玻璃制品和厨房用品等要放在宝宝够不到的地方。

家长应细心审视家中物品的摆放位置，站在宝宝的视觉高度观察环境，给宝宝创造一个安全的生活空间。下列物品请特别注意：

容易误食的细小物品，如药品、发卡、别针、纽扣、硬币、钉子等。

容易误伤的物品，如刀剪、竹签、牙签、锥子、花瓶等。

容易导致烫伤的物品，如炉子、暖气、熨斗、热水瓶、烟头、热汤锅等。

容易导致触电的物品，如电器、插头、插座、电线等。

宝宝一旦受伤，要及时、正确地处理。轻微的普通擦伤、划伤、碰伤等，可涂抹医用透明质酸锌凝胶帮助愈合伤口，这样不会留下疤痕；或是擦碘伏，碘伏具有消毒、避免伤口感染的作用。如果受伤比较严重的话，应及时前往医院就诊。

王慧 著

# 宝宝来了

1～2岁

泰山出版社·济南·

**图书在版编目（CIP）数据**
宝宝来了. 1～2岁 / 王慧著. -- 济南 : 泰山出版社, 2025. 4. -- ISBN 978-7-5519-0910-5
Ⅰ. TS976.3-49
中国国家版本馆CIP数据核字第2025L4P137号

BAOBAO LAILE　1~2 SUI

宝宝来了　1～2岁

**策　　划**　胡　威
**责任编辑**　王艳艳　任春玉
**封面插图**　李　虹
**装帧设计**　路渊源

**出版发行**　泰山出版社
社　　址　济南市泺源大街2号　邮编　250014
电　　话　综　合　部（0531）82023579　82022566
出版业务部（0531）82025510　82020455
网　　址　www.tscbs.com
电子信箱　tscbs@sohu.com
**印　　刷**　山东通达印刷有限公司
**成品尺寸**　170 mm × 240 mm　16开
**印　　张**　9
**字　　数**　166千字
**版　　次**　2025年5月第1版
**印　　次**　2025年5月第1次印刷
**标准书号**　ISBN 978-7-5519-0910-5
**定　　价**　52.00元

# 前　言

0~3岁是人一生中发展最快的阶段，从蹒跚学步到跑跳自如，从牙牙学语到流利表达，从懵懂无知到精灵古怪，宝宝在动作、语言、认知等方面飞速发展。脑科学研究表明：婴儿的大脑发育迅速，每秒钟形成100多万个新的神经元连接。神经元之间的连接依赖于早期的生活经验，婴幼儿在早期得到的感知觉经验、外界刺激、人际互动都会影响到大脑神经突触之间的连接，而这些早期的神经突触连接成为日后大脑发育的基础，甚至会影响到孩子的身心健康、终生学习与适应能力。

0~3岁也是人一生中最特殊的阶段。婴幼儿认识和了解世界的途径和成人不同，其主要途径是感知觉。婴幼儿对客观世界的认识是由感知觉开始的。在此基础上，婴幼儿才能构建起记忆、想象、思维的城堡，逐步深入去探索世界的奥秘。成人眼中平常的事物，对于孩子来说，不仅是五彩斑斓、妙趣无穷的，更是惊奇不已、影响一生的。初尝美食的味觉盛宴、雨后小径的泥土芬芳、清晨鸟鸣的悦耳动听、清风拂面的温柔触碰、夜幕降临的星空璀璨，这些早期丰富的体验不仅能让他们在视、听、嗅、味、触等感知觉方面飞速发展，还能影响他们大脑神经突触之间的连接，让他们可以更有智慧地去认知和探索世界。

这个阶段的宝贝还将经历独特的心理发展历程。8个月的宝贝每天都黏着妈妈，是因为他们到了“母婴依恋”的关键期。在此期间，母亲和主要养护人充分陪伴，才能帮助孩子建立起安全感。2岁多的宝贝频繁地说“不”，不是想和大人作对，而是他们进入了自我意识萌发期，想通过说“不”来表达自我，证明他们有和大人不一样的想法。他们还有一些不同寻常的行为，如有的宝贝喜欢撕纸或抠洞洞，有的宝贝喜欢将东西反复扔在地上，还有的宝贝要把所有的玩具都放到嘴巴里品尝一遍。他们独特的行为不是在故意和大人捣乱，而是在表达他们的主体性，揭示了这个年龄段旺盛的发展需求。

如何读懂这种需求，并给予宝贝最好的支持？这不仅需要了解婴幼儿的发展规律，还要有适宜的方法和他们进行互动。大人先要变成孩子，站到他们的视角去观察、理解他们，再变回父母，站在成人的角度去支持他们。父母经过了变回孩子再变回父母的历程，才能真正帮助宝宝成长，给予他们现阶段最需要的爱。

《宝宝来了》就是描述了这样一个历程。本书采取“书中书”的形式，在每一章的故事部分，以第一人称视角展现宝宝的天性，通过童话式的故事，描绘宝宝 0~3 岁的成长历程。每一章节都围绕一个宝宝可能遇到的情景展开，捕捉宝宝成长过程中最真实、最生动的瞬间，展现他们内心世界的困惑和思考，让父母变成宝宝，感受宝宝如何理解和感知世界，从而实现对宝宝的爱与尊重。本书在写作时尽可能集合众多普遍性和个性化的育儿现象与问题，相信每个父母都能从书中获得有针对性的启发。需要注意的是，文学化的描述不可避免带有想象，而且书中“文学化”的宝宝有时会有超越现实中同年龄段宝宝的想象与思维能力。因此在阅读时，父母们不要将书中宝宝的想象与思维能力刻意和自己的宝宝做对比。

在每个故事之后，都附有系统、详尽的育儿知识。作者依据本年龄段宝宝的生理和心理发展特点，梳理了众多家长关心的育儿难题与困惑，并提供具体可行的育儿建议，指导家长尊重宝宝的主体性，关注宝宝的情感与人格成长，给他们足够的空间去探索与成就自我。希望父母能够从更加理性的角度来审视育儿，成为更好的父母。

本书写作的 3 年，恰似一个婴儿成长的 3 年，等到书稿完成，仿佛看到一个婴儿从呱呱落地成长到将要上幼儿园的阶段，心中充满了喜悦。生命是最神奇的现象，而爱是浇灌生命最重要的营养，每个家庭都能在孩子成长的过程中发现爱，分享爱，传递爱。本书饱含着宝宝对周围事物的热爱，也渗透着浓浓的亲情。愿每一位读者，在成为宝宝又成为父母的历程中，体会到对家人、世界和万物的爱，同时也能被爱滋养，再把这份爱传递给最需要的小宝贝们。

在此，感谢泰山出版社社长与各位同仁在本书写作过程中提出的宝贵意见，也感谢写作过程中江虹老师、王海燕老师、李兵兵老师的支持！

王　慧

2025 年 1 月

# 目录

# 第一章　四处巡视的小“国王”（13 个月）

吃完早饭后，我就精神抖擞地从“宫殿”出发，开始巡视了。我巡视的路线是这样的：从我的“宫殿”，也就是小卧室出发，先巡视爸爸妈妈的卧室，然后巡视爷爷奶奶的房间，最后是客厅。一般巡视到爷爷奶奶的房间的时候，我就累了，因为我只能用我的双手扶着墙，慢慢往前挪动自己的脚步。后面的巡视工作，只能让爸爸或者妈妈抱着我进行，但是这丝毫不影响我这个小“国王”的巡视工作，反而增加了更多的乐趣。

两个月前，我就开始巡视了。刚开始，我只能扶着墙站起来；后来，我可以慢慢向前挪动身体了。随着脚下的力量越来越强，我的胆子也越来越大。有一次，我趁妈妈不注意，从卧室扶着墙走到了客厅。我感觉我已经不需要大人的帮助就可以自由地行动了。这才像国王做的事情，国王应该自己站起来，不能总是要大人抱着。我体验到了一种从来没有过的自豪感，这让我更加大胆地去做以前没有做过的事情。有一次，我试着在走路过程中放开了妈妈的手，踉踉跄跄地往前走了好几步，但紧接着就一个屁蹲儿坐在了地上。屁股被摔得生疼，我刚要哭，就被爸爸妈妈鼓励又温暖的眼神制止了。我忘记了疼痛，扶着墙自豪地站起来，继续巡视。没错，国王都是这样征服世界的，即使摔倒了也可以自己站起来，继续往前走……妈妈打趣地说："我们家的小国王要去巡视喽。"

"巡视"这个词，我起初是从妈妈给我讲的故事里边听到的。妈妈讲，有一个小国王，他每天都要在自己的国家巡视，每次都能发现很多新奇的风景和新鲜的事情。

同样，我的"王国"里也有很多新奇的风景。屋里有温暖的阳光，屋外有风，有花朵，有树，还有叽叽喳喳的小鸟。我的座驾——那个曾经高大得像堡垒一样的小车，我现在俯视它的时候，它突然变得很小，安静地站在那里，仿佛在说："主人，我随时在这里为你服务。"爬行垫上的大抱枕、毛绒小兔子，当初我和它们玩耍的时候，根本抱不住它们，而现在，它们变得迷你又可爱。

忽然，我发现我的"宫殿"里出现了一团黑乎乎的东西，还不停地晃动着，我要把它赶出去。我双手扶着墙走过去，可是我的腿并不那么听我使唤，我一不小心摔了一个大屁蹲儿，把刚进屋的妈妈逗得哈哈大笑。我指着那团黑乎乎的东西给妈妈看，妈妈说那是树的影子。我抬起头向屋外看去，飞舞的窗帘遮住了我的视线，我走过去，想用小手抓住它。眼看着就要抓住了，没想到它又飞走了。尽管没抓住窗帘，但我看见了那棵投下黑影的树了，它在风中摇曳着，宫殿里的影子也调皮地晃来晃去。

这时候，妈妈走过来看着我：“宝宝，你没有扶墙，自己就能走了啊！”从妈妈惊喜的眼神中，我感觉自己似乎完成了一件大事。我早就离开了墙，稳稳当当地走了很多步呢。嗯，我可真是个厉害的小“国王”。我正要拍拍小手给自己鼓个掌，哎呀，身体没稳住，又一个屁蹲儿坐到了地上，看来不能太骄傲呀。

妈妈带着我走到客厅的中央就放开了我的手，让我自己往前走。我有点胆怯，回过头来想拉她的手，但是她坚定地看着我，说我很棒，不用牵着妈妈的手也可以走。我只好自己尝试着往前走。我踉踉跄跄地走了几步，突然感觉地板正在转圈圈，摇得我站都站不稳了，就在要摔倒的时候，妈妈用胳膊护住了我。妈妈笑着说：“宝宝，你好厉害，很快你就可以自己走路了。”

屋子里面已经被我巡视遍了，我很想去巡视其他地方，便拉着妈妈的手指着门外说：“出出，出出。”妈妈带着我来到了小区里的小操场上，塑胶跑道内侧铺着一大片草坪。妈妈经常带着我来这里玩耍，看花丛中流连的蝴蝶。

小操场上，还有好几个小“国王”，他们也在爸爸妈妈的帮助下巡视呢。但是这些小“国王”都没有我神气，他们有的被围在一个车里，自己走到哪里，车就走到哪里，妈妈说那是学步车，能保护他们在走路的时候不摔倒；有的居然被一个带子牵着，带子的一端绕在他们的胸部，另一端牵在父母的手里，这哪里还有国王的样子啊！妈妈说那是学步带，可以为小朋友们提供保护和支撑。只有我是拉着妈妈的手在走路，根本不需要任何东西的帮助，我才是真正的小“国王”呢！想到这里，我不自觉地昂起来头，骄傲地向前走去。

阳光铺洒在绿色的草坪上，发出星星点点的光。跑道前方摇曳的树影，在向我问好；翩翩起舞的蝴蝶，在为我喝彩。一上午的工夫，我拉着妈妈的手，一直从跑道的这头走到那头，不停地巡视。中间她不时放开手让我自己走几步，虽然我摔了几个大屁蹲儿，但是没关系，“国王”偶尔有失误也正常嘛，我站起来继续兴冲冲地向前走，一点都不觉得累！

中午还没有吃完午饭，我就在小饭桌上打起了呵欠，妈妈说看来我是真的累了。我沉沉地睡了一下午。在睡梦里，我长得越来越高，变成了一个大“国王”，周围的家具只到我的脚踝。后来，当我抬起头，我的脑袋能够钻进云彩里。经常跟我玩耍的小兔子玩偶、小熊抱枕，也变得和我一样高，它们和我一起走出家门，俯视脚下的草坪和树木。远处的爸爸妈妈都在仰头看着我，就像我平时仰头看他们一样，我带着我的小动物随从们，一直往前走，走得越来越远……

给爸爸妈妈的话

到了13个月，绝大多数宝宝已经不需要大人搀扶，就能够稳稳站立，并尝试向前走了；有的宝宝甚至走得很稳了，但也有的宝宝还不会走。这都是正常现象，家长不要着急。在宝宝熟练地走路之前，走路姿势可能是东倒西歪的，甚至出现“内八字”或者“外八字”。这些都不要紧，随着他们走路越来越稳，这些现象都会消失。宝宝在认知、语言、情绪等方面的能力也发展很快，不仅能认识方形、圆形等常见的形状，还能分清红色、黄色等常见的颜色。他们还会说爸爸、妈妈、爷爷、奶奶等叠词，以及走、吃、出等单音节词。他们对外界事物的好奇心和探索欲更加强烈，总想用小手去够一够、摸一摸。

## 一、宝宝发展迎来新阶段

### （一）走路需要“学步车”和“学步带”吗?

13个月的宝宝在运动智能上迈出了自己的第一步，开始学会独立行走。行走是宝宝大运动能力发展的一个重要过程。刚开始学习走路的时候孩子很难掌握身体的平衡，经常摔跤，家长应该注意保护好孩子的安全。但摔跤一般是向前跌倒，不会摔得很严重，所以家长也不用过分担心。

很多父母都会用“学步车”和“学步带”来帮助宝宝走路。借助这些器械，宝宝的确能够多“走路”，父母也比较省心省力，但是走路是宝宝的天性，能够自然习得，过分依赖“学步车”和“学步带”，并不利于宝宝平衡能力的发展，反而会使宝宝更加依赖“学步车”和“学步带”。家长不妨在室内铺设软地垫，或者来到户外松软的草坪、地面上，先带着宝宝走路，再逐步放开宝宝，最终让宝宝能独立行走。宝宝学习走路的过程中，父母要在身后护着宝宝，这样他一旦不能掌握平衡，父母就能给予及时的保护。经过反复多次练习，宝宝会逐渐掌握身体平衡的要领，并获得自信。

### （二）在真实情境中发展语言能力

1 岁以前，宝宝处于语言的吸收期，会使用较多的"姿势语言"来表达自己的需求。1 岁以后，宝宝的语言意识和语言能力飞速发展，对于大人的口头指令能够做出积极的反应，也会用简单的语言表达自己的要求和愿望。有的宝宝从能够说单字逐步过渡到说叠词。1~2 岁，宝宝将逐步学会说出完整的句子。这一时期的宝宝不仅愿意模仿大人的语言和发音，也会自己发出有意义的语音，如可以用名词表示他们想要的东西等。他们对于成人语言的理解，往往超出成人的预期。

日常生活中的交流是宝宝学习语言最好的契机，尤其是在真实的情境中学习语言更加有效。比如爸爸妈妈可以描述正在发生的事情："妈妈正在给你冲奶粉，你看这就是奶瓶。"对于孩子日常接触到的事物，父母都可以及时用语言描述出来，让孩子对正在经历和正在看到、听到的事情有深入的理解，进而在情境中自然习得语言。如果使用识字卡片等符号类的材料，需要将真实的事物和卡片对应起来，否则幼儿不仅不感兴趣，还不能真正理解语言的意义。

## 二、喂养有新招

### （一）继续喝配方奶粉

1 岁多的宝宝有的已经不吃母乳了，但是蛋白质仍然是宝宝营养的主要来源。由于 1 岁的宝宝肠胃发育还不完善，所以还不能很好地消化吸收纯牛奶。如果喝纯牛奶，有可能会导致孩子出现腹胀、腹泻或其他情况。一般情况下，纯牛奶适合成人喝或者是 3 岁以上的孩子喝，因此建议给宝宝继续喝适合月龄段的配方奶粉。

### （二）辅食搭配多样化

对于这个年龄段的宝宝，谷类食品成为他们的主食。宝宝的膳食安排要以米、面为主，同时搭配蔬菜、豆制品等，也可以适量添加一些奶制品和鱼类。

谷物可以选择米饭、面条、燕麦等，由于宝宝的肠胃功能仍然较弱，所以要制作得相对软烂和精细。在食物的搭配上也可以多样化，最好能经常更换花样，如小动物造型的小馒头、馅料比较细碎的小包子和小饺子，以及馄饨、花卷等，以增加宝宝进食的兴趣。

蔬菜可以选择菠菜、胡萝卜、土豆等，开始可以为泥状，再逐渐过渡到成型的固体食材，但是要软烂。

水果可以选择苹果、香蕉等，尽量保证多样化，以满足宝宝对不同营养元素的需求。

1岁以后的宝宝也可以逐渐吃肉了，肉要新鲜软烂，可以选择鸡肉、猪肉、鱼肉等肉类。为补充蛋白质，还可以给宝宝提供豆腐、豆浆等豆制品。

无论哪种食物，一定要保证新鲜和卫生，无添加，无污染，以保证宝宝的健康和安全。还应引导宝宝习惯不同食物的口感和味道，定时定量喂养，以宝宝不饿为准，避免过度饮食。注意观察宝宝的大便以及宝宝吃不同食物后的情况，密切关注宝宝是否有食物过敏等情况，以及时调整饮食结构。

### （三）培养独立进食的习惯

很多家长觉得孩子吃饭很费劲，这往往是因为宝宝被从小喂到大，甚至有的家长会觉得孩子没有吃饱，过度喂养，追着喂养。这使宝宝觉得吃饭的事情似乎和自己没有关系，饿了有人喂，没有养成独立进食的习惯，导致出现宝宝在吃饭的时候玩耍、过于投入地看电视、坐不住等情况。

因此在宝宝1岁左右，就要逐步培养他们独立吃饭的习惯。刚开始的时候，宝宝还需要大人喂食，后面宝宝就会自己吃饭啦。在家人一起吃饭的时候，把宝宝也放在桌边，给宝宝准备一个独立的餐椅与小餐桌。如果宝宝还不会用勺子，就将他们的小手洗干净，在干净的餐盘上放一些固体的食物，让他们用手捏着吃。宝宝的小手会越来越灵活，1 岁半以后，可以给他们提供小勺子，逐步锻炼他们自己吃饭的能力，这个过程也锻炼了宝宝的手眼口协调的能力。

# 第二章　到处出现的欣欣

## （14 个月）

“欣欣”是我的名字，这个名字很响亮、很悦耳，每次爸爸妈妈呼唤我的时候，我都会用力挪动我的小腿，快速地走到他们跟前，把小脸凑过去，等待他们的亲吻或者拥抱。

“欣欣是不是醒了呀？”一大早，妈妈柔和的声音传过来。听到妈妈的声音，我爬起来，环顾着四周，晨曦照亮了我的小屋，朝霞给整个世界都披上了柔曼的轻纱。妈妈正用她充满爱意的大眼睛望着我，我从她的眼睛里看到一个小人儿。我指着妈妈的眼睛，眉毛快要拧成一个小问号，心里想：“这个小人儿是谁呢？”“起床吧，宝贝。”妈妈看我的小手依然指着她的眼睛，笑着说：“你是不是看到妈妈眼睛里的小人儿了？这是你啊，妈妈看着你，你就出现在妈妈的眼睛里了！”我就在妈妈的眼睛里吗？我这么大，是怎么钻到她的眼睛里的？还没等我想明白，妈妈已经帮我穿好衣服了。

我用手指了指外面，就往床边爬，妈妈扶着我下了床。“欣欣又开始巡视了。”奶奶笑着说。自从前些日子我学会走路之后，我就像故事里的小国王，经常神气地在屋子里“巡视”。虽然走路的时候我还像一只小企鹅一样歪歪扭扭的，但是我不用借助任何人和任何物体的支持，就能走到屋子的每一个角落。

初冬的阳光照耀着我的身体，将影子投射到洁净的地板上，这个影子有圆圆的脑袋、大大的耳朵，戴着小鸭子的帽子，走起路来还摇摇晃晃的。我蹲下去，影子也蹲下去；我站起来，影子也站起来。妈妈过来了，她的影子也跟了过来。我趴下去，摸着影子，影子和地板一样，冰凉凉的。我又指着影子，疑惑地看向妈妈，妈妈笑着说：“欣欣怎么跑到地板上啦？”好奇怪啊，我不就是欣欣吗？怎么又跑到地板上了？我刚才在妈妈的眼睛里，现在怎么又在地板上？我实在想不清楚，就站住不动了，而影子也不动了。我想给影子一个拥抱，可等我趴到地板上，影子不见了。我起身，影子又出现了。我向另外一个屋子走去，影子也跟着我走。我发现无论我走到哪里，影子都跟着我，就像跟着国王巡视的小随从。

巡视完卧室，我又走到了客厅，我的影子“随从”也跟着我到了客厅。我停在客厅大大的镜子跟前，盯着镜子里的那个小朋友看了许久，他的眼睛大大的，睫毛又弯又长，穿着淡黄色的衣服，一只胖乎乎的小手扶着镜子，另一只小手指着我，用好奇的目光盯着我。我对小朋友笑了笑，他也对我笑了笑；我摸摸他的脸，他也来摸我的脸。他的脸冰凉凉的，和镜子一样光滑。好几个月以来，我都能在镜子里见到这个小朋友，我不止一次地感到疑惑：他怎么总学我呢？我指着他，嘴里喊着“妈妈，妈妈”，把妈妈叫了过来。妈妈过来指着镜子说：“宝贝，镜子里的这个小朋友是谁啊？是不是你啊？”

我更疑惑了，我从妈妈的眼睛里，跑到了地板上，现在又跑到了镜子里，我到底在哪里呢？哪个才是我呢？我摸一摸自己的脑袋，镜子里的小朋友也学我的样子摸一摸脑袋，露出了疑惑的神情。还有一次，奶奶抱着我去妈妈卧室关窗户时，我发现妈妈梳妆台上的镜子里也有个小朋友，我当时很纳闷他是怎么跑到里面的，还把手伸向小镜子后面，想拉住那个小朋友的手。但我把镜子前后找了个遍，也没有找到他。奶奶告诉我，那个小朋友就是我。但我一直也不明白，那个小朋友怎么会是我呢？我不是在奶奶怀里吗？怎么还有另外一个我呢？不过我很喜欢镜子里的小朋友，经常对着他笑，去抱他，去亲他，还会对他说很多话。

现在我看着镜子里的小朋友，似乎明白了妈妈和奶奶的话。原来我无处不在，能进入妈妈的眼睛里，能趴到地板上成为黑黑的影子，但是我最喜欢的还是这个镜子里的小朋友。他比“影子随从”更像我，每天都和我穿一样的衣服，做同样的事情。看着他，我禁不住咧嘴笑了起来。我想和他做朋友，就把小脸贴在镜子上，使劲儿地亲他，恨不能也钻到镜子里面。我还对着他做出各种各样的表情和动作，妈妈看着我在旁边偷偷笑起来。

今天妈妈不上班，她给我讲了很多关于我的故事。比如，我的名字叫欣欣，我 1 岁多了，我有一个粉红色的小床，我屋子里的墙壁是淡黄色的，我有很多玩具，我喜欢出去玩，不喜欢总待在屋子里……这些话似乎让我明白了，我就是欣欣，欣欣是一个了不起的孩子，屋子里的很多东西是属于欣欣的，欣欣是卧室和小床的主人，欣欣有自己的“影子随从”，还有好朋友“镜子欣欣”。说到好朋友，我想起了我的玩偶小妮娜。既然它们都是我的好朋友，那我可以让妮娜和“镜子欣欣”认识一下。我抱着小妮娜走到镜子跟前，咦？“镜子欣欣”也抱着一个和小妮娜一模一样的玩偶。我让小妮娜去亲亲“镜子欣欣”，再去亲一亲“镜子妮娜”，没想到镜子里的欣欣从头到尾都在学我呢。我去摸一摸“镜子妮娜”，又亲了亲它，它和“镜子欣欣”一样，都很光滑，冰凉凉的，我摸不到它的衣服，也感受不到它柔软的脸。妈妈告诉我，这个镜子里的小妮娜，其实就是我怀里的小妮娜。我趴到镜子前仔细地看了看，镜子里也有妈妈、客厅、小桌子，反正我家里有什么，镜子里也有什么。镜子真神奇啊！

当我走进洗手间时，我又发现了一个镶嵌着闪亮钻石的镜子。这个镜子很小，我用双手就能捧起来。在这面小镜子里，也有一个“欣欣”，他正眨巴着大眼睛看我呢。我迫不及待地拿着镜子去找妈妈，告诉妈妈：“欣欣，欣欣。”妈妈点点头，告诉我这个镜子里的也是欣欣。看来我能出现在不同的镜子里啊！

于是我抱起小镜子继续巡视，无论去到哪个屋子，我都看一眼“镜子欣欣”，“镜子欣欣”走得有点累，脸上出现了几颗汗珠。我到了涂鸦的画板前，拿起画笔，一不小心画笔划过了我的脸，“镜子欣欣”脸上出现了彩色的画笔道，滑稽又可爱。我饿了，就去拿水果吃，我边吃边看“镜子欣欣”，没想到“镜子欣欣”也在吃水果，他还流口水了！

我想起来，妈妈总在镜子跟前化妆、涂口红，我也学着妈妈的样子，在镜子前给自己涂口红。一开始，我先给“镜子欣欣”涂，但是他总是乱动，涂好的口红总是会离开他的嘴巴，后来我干脆给自己涂口红，“镜子欣欣”反而乖乖不动了，学着我的样子，这儿涂涂，那儿抹抹，一会儿嘴巴就变得红红的了。我又把小妮娜拿来，给小妮娜涂口红，“镜子妮娜”的嘴巴也变成红的了。我们四个人相对看着，我和“镜子欣欣”都咧着红红的嘴巴笑了。

夜晚降临了，洗完澡的时候，我透过浴室的大镜子，看到了一个光着身子的欣欣，不禁害羞地笑了起来，这个光溜溜的欣欣也害羞地笑了起来。我手里拿着小镜子，小镜子里的欣欣

也在害羞地笑着。我很开心地和“镜子欣欣”们玩了好多游戏，不一会儿，我看到“镜子欣欣”们都开始揉眼睛了，他们应该是和我一样感到困了吧。妈妈带我回了卧室，但是我手里一直攥着那个小镜子。一直到睡觉的时候，我都抱着小镜子，我很想看看“镜子欣欣”是不是也要睡觉了？睡着后的欣欣又是什么样子呢？

### 给爸爸妈妈的话

14 月龄的宝宝身高明显增长，看起来似乎变瘦了，这是因为随着宝宝会走路后，运动量明显增加，他们的身体不再只是横向生长。他们的双腿力量越来越强，不仅走路越发熟练，甚至还能自己蹲下、站起来，保持平衡不摔倒。此时宝宝的词汇量显著增加，大多数宝宝能理解 80～100 个日常用语，有的宝宝会通过手势、动作、象声词与爸爸妈妈交流。宝宝的拇指、中指和食指能很好地配合去做事情。他们对自己的认识也到了一个新阶段。

## 一、帮助宝宝树立自我意识

### （一）父母需要了解婴幼儿自我发展的过程

儿童心理学家迪克逊（Dickson）在 1975 年发表的研究文章中表明，婴儿的自我认知分为 4 个阶段。

1.“妈妈”阶段：4 个月左右，婴儿对妈妈的镜像更感兴趣，会在看到妈妈的镜像后微笑。

2.“同伴”阶段：4～6 个月，把自己的镜像当作自己的一个游戏同伴，还不能认识自我。

3.“伴随行动”阶段：7～12 个月，这个阶段婴儿会随着镜子里的自己做出相对应的动作。

4.“主体自我”阶段：1 岁左右，婴儿能够区分自己镜像的动作和其他婴儿的动作。

当婴儿认识到自己可以使物体或他人以某种可预测的方式发生反应时，他们的主体自我就开始逐渐出现了。

### （二）帮助孩子逐渐认识到"自我"

1岁以后的宝宝，会逐渐认识到"自我"的存在，但是还不能将自己和外界截然分开，例如宝宝还认为自己和妈妈是一体的，妈妈走到哪里，自己就要跟到哪里。但是1~2岁是"物我知觉"逐渐分化的时期，宝宝通常会非常喜欢碰触外界的一切东西，因为他很想感受触摸自己和触摸别的东西有什么区别。他这样做的目的只有一个，就是在进行"物我知觉分化"。这时的宝宝看到镜子里的自己，似乎模模糊糊感到，那个动作和自己总是一模一样的小人儿可能就是他自己。

在这个阶段，父母可以用语言、动作帮助宝宝认识自己，如帮助宝宝识别镜子中的自己，识别自己的影子等。认识自己，是宝宝成长的重要标志。1~2岁，宝宝对外界事物的好奇和不断探索，是宝宝实现独立自主的基础。

## 二、为语言"爆发期"做准备

### （一）多和宝宝说"正确"的语言

这个时候爸爸妈妈要鼓励宝宝多说话，并且和宝宝多交流。不要在意宝宝的语言是否正确，比如是否有语法错误，用词是否不当等，只要和宝宝交流的时候，爸爸妈妈说出的语言语法正确、用词恰当即可。在说话的时候，爸爸妈妈可以放慢说话的速度，咬字清晰。不要刻意模仿宝宝说话的样子，例如咬字不清、叠词很多，避免让宝宝认为这就是"正确"的语言。

### （二）输入是表达的前提

1岁半到2岁是宝宝语言的爆发期，此时他们大脑发展迅速，能理解更多的语言，表达欲望强烈。有的宝宝在1岁半前后突然能说好多话，其实这都是之前语言输入足够多的结果。

首先，在宝宝说话的时候，爸爸妈妈要尽量保持和宝宝同一视线，盯着宝宝的眼睛，专注倾听，这样宝宝会觉得受到了重视，就更愿意表达。其次，爸爸妈妈可以多使用简单句，少使用复杂的句子和宝宝交流，比如说一说今天上班过程中遇到的有趣的事情。再次，多给宝宝读绘本，让宝宝听儿歌、听故事。通过这些方式，宝宝会对故事情节、儿歌的韵律感兴趣，自动地去模仿其中的语言，逐渐积累更多的词汇。和宝宝讲故事的时候尽量做到声情并茂、抑扬顿挫，宝宝会被爸爸妈妈的表情、动作吸引，这样也会增强他们对故事的理解，从而激发他们也去使用语言来表达自己的想法。最后，给宝宝更多表达的机会，有些家庭中由于养护人照护得太细致，往往宝宝还没说出自己的想法，成人就已经满足他的需求了，这样反而减少了宝宝表达的机会，宝宝会觉得没有更多表达的必要。比如在宝宝喝水的时候，爸爸妈妈可以先问问他需要什么，引导他们说出“我要喝水”的需求。语言离不开日常人际交往和互动，需要成人多关注宝宝的需求，给他们表达的机会。

## 三、亲子互动小游戏

### （一）听声取物

1 岁以后的宝宝会逐渐意识到，摇晃物体能发出声音，敲击物体也能发出声音。他们会通过玩手中的玩具，听它们的声音，探索声音和物体之间的关系。这在锻炼宝宝对声音的辨别能力的同时，也能提升他们的思考能力。

爸爸妈妈可以跟宝宝玩听声取物的游戏：拿一个小球放在盒子里，让盒子距离宝宝有一定的距离，先摇晃盒子发出声音，再把盒子放在一个地方，让宝宝去拿盒子，并把其中的小球取出来。

### （二）一起去散步

宝宝在这个阶段喜欢走来走去，更加喜欢拖着东西走，在他们看来，这是一件非常有掌控感的事情。爸爸妈妈可以用废旧的纸箱做出小动物的模型，再用绳子拴着，让宝宝拉着小动物去“散步”。爸爸妈妈也可以拉着一个“小动物”，大家一起去散步。在愉快的氛围中，锻炼宝宝手眼协调、肢体协调能力和下肢力量。

# 第三章 玩具们要旅行

## （15个月）

我已经15个月了。妈妈说，等我再长大一点，就带我真正地出去旅行一次。她告诉我，旅行就是离开自己的家，去不同的地方看不同的风景，吃很多好吃的东西。这听起来好吸引人啊！但是在我看来，只要离开我的宫殿就是旅行了。宫殿外面有很多吸引我的东西，蓝天上飘浮的白云、树林里鸟鸣的声音、和我一样可爱的小伙伴们……当然，除了在家附近旅行，我还坐车去过姑姑家、舅舅家呢。我发现别人的家和我的家不一样，客厅的装饰不一样，好吃的不一样，大人们也不一样。总之，旅行中充满了乐趣，我喜欢旅行。

其实啊，大人们都没有发现，家里的玩具和一些小物件也很想旅行。这不，今天早上，我就帮助它们实现了这个愿望。清早我醒来后，发现整个屋子里静悄悄的。我想下床，喊了几声“妈妈”，一直没有人答应。不过没有妈妈的帮助，我也可以自己下床。我嘴里一边说着“欣欣，下，下”，给自己加油，一边把我的腿从床边滑下去，但是不知道为什么，我的小脚丫怎么都碰不到地面。我看着床和地面之间的距离，突然有点恐惧。这时，我发现了床上的枕头，突然想到了一个好办法。我就又努力爬回床上，拿起枕头扔到地上，再用小脚试探着往下踩，直到我的脚碰到了枕头，才慢慢爬下来。当我下来以后，发现枕头被我踩得翘起来，一副得意而骄傲的神情，仿佛是个帮助我下床的大功臣。我亲了亲它，又把床上的小兔子抱枕揪下来。小兔子在空中开心地打着转，落地后还蹦蹦跳跳了几下，好像笑得更灿烂了。是啊，它总是躺在床上，这次旅行它们既帮助了我，又换了地方，肯定很高兴。

就拿我自己来说吧，一直待在屋子里，时间长了真不好玩，但是到小区里，就能看到小朋友和小动物，还有蓝天白云，还有树木花草。家里的玩具和小物件肯定也不愿意总是待在一个地方。这么想着，我立马打开床头柜的第一个抽屉。它就像一个百宝箱，有能帮我恢复伤口的“魔法创可贴”，有能让我干裂的嘴唇变滋润的润唇膏，有能让妈妈变得更漂亮的面膜，有妈妈睡觉时用的眼罩，还有一串钥匙……它们肯定也在抽屉里待腻了，不如让它们出来看看外边的风景吧！我把它们一个一个都扔到了地上，让它们来一场愉快的旅行。卫生纸拖着长长的尾巴滑行着，似乎对自己的家还恋恋不舍；润唇膏则迫不及待，干净利落地冲到地上；钥匙兴奋不已，从一开始就发出“丁零当啷”的响声，似乎对出去旅行充满了期待。不一会儿，创可贴、书、眼镜盒等都乖乖地躺在了地上，它们看着我，仿佛在说：“我们终于从那个沉闷的抽屉里出来了！”

我又想起来第二个抽屉里也有很多小物件，它们也没有见过外面的风景呢，我要去解救它们！我马上开始行动，很快就完成了救援任务。妈妈进来后吓了一跳，床头柜的三个抽屉都已经被我打开，我的小脑袋还埋在最后打开的抽屉里面，正费力地把里面的东西一件一件地掏出来。妈妈惊呆了，看到我开心的神情，她的表情有些复杂，有一刻，我似乎看到她咬紧了嘴唇。我觉察到她异样的情绪，赶紧不断喊着“妈妈，妈妈”。妈妈紧绷的嘴唇打开了，“扑哧”一声笑了。看来妈妈并没有生气，我只想把所有的小物件都从抽屉里解救出去，于是我继续把剩下的东西一件件掏出去。看着三个抽屉都空了，我感觉很骄傲。这些小物件一定十分想看看更加广阔的世界，我帮它们达成了心愿。嗯，这就是旅行，走出去，看看更大的地方，见见更多的人。

这时，妈妈突然唱起了歌：“欣欣爱动手，就爱掏东西，掏完了东西，还得放回去，我们一起放回去，把东西放回去，我们一起把东西放回去。”歌曲很好听，我情不自禁跟着舞动，但是把东西放回去，我可做不到，它们好不容易出来旅行，我才不放回去。我抱起一卷卫生纸，还拿起一瓶药，把它们送到了更远的客厅。我又拿起眼镜盒，把它放到了窗台上，好让它听到外面小鸟的歌声。妈妈一边跟在我后面收拾抽屉，一边对我说：“宝贝，小物件们出来玩了一会儿了，是不是该回家了啊？要是一会儿找不到自己的家，它们在哪里睡觉啊？总不能睡到大街上吧。”哦，大家都要回家的！我无论去哪里旅行，最后都要回到我的小卧室，抱着妈妈才能入睡。我明白了，小物件们也得回家。可是现在我想让它们再玩会儿，它们好不容易才出来的。我指着外边对妈妈说：“出出，出出。”然后将剩下的小物件都放到了不同的地方。卫生纸来到了爷爷奶奶的房间，钥匙出现在了卫生间的水池旁边。这样，卫生纸就能听到爷爷咿咿呀呀的唱戏声了，钥匙也能听到水龙头哗啦哗啦的流水声了。它们哪里见过这么精彩的世界，那个抽屉多沉闷呀！我看到卫生纸拖着长长的尾巴，悠闲地躺在爷爷的大床上，尾巴随着戏曲的节奏来回飘荡，连我都忍不住坐在旁边听了一会儿戏。而钥匙则按捺不住喜悦，直接跳到了水池子里洗澡。

在我到处解救玩具的时候，妈妈默默地收拾着散乱的抽屉，等到她收拾完了一个抽屉，才对忙碌的我说：“哎呀，这两个大抽屉好空，好寂寞啊！抽屉一直问我，它的孩子们呢？怎么还没有回家？如果它们玩够了就让它们赶紧回来吧。”我跑过去一看，可不，除了妈妈收拾完的那个抽屉，剩下的两个抽屉都空空的。我从来没有看过这么空的抽屉，突然有一种说不出的感觉。奶奶跟我说过，爸爸妈妈都上班了以后，房间里空空的，她就会觉得很寂寞，盼着孩子们早点下班回家。这些抽屉是不是也跟奶奶一样，感到寂寞啊？

妈妈问我：“宝贝，那些小家伙是不是玩够了啊？玩够了得帮它们回到自己的家啊。”我也要像妈妈一样帮助这些小物件回家。我拿起一卷卫生纸，放到一个抽屉里，又拿起一本书放在了卫生纸的旁边。这卷卫生纸原来和钥匙是邻居，但是它现在乖乖地站在书的旁边，似乎并不反感和书做邻居。我又把眼镜盒和另一本书放到了另外一个抽屉里。原来和妈妈一起帮助小东西回家，也是一件很有成就感的事情。收拾完后，妈妈看着我，先是竖起大拇指给我点赞，又略微有些严肃地告诉我："宝贝，以后不能随便让小东西离开家了，那些住在玩具箱里的小玩具才更喜欢旅行呢。"

是呀，还有我的玩具箱呢！那么多玩具，都从来没有出去旅行过呢！吃完早饭，我就来找玩具箱了。装弹力球的箱子首先映入我的眼帘。这个箱子很小，我自己就可以端起来。一想到要解救弹力球，我的心情就无比激动。刚打开盖子，弹力球就一个个跳了出来。它们看起来比我还激动，在地上蹦蹦跳跳，滚得到处都是，有的跳到了床底下，有的蹦到了桌子上面，还有一个竟然直接蹿到了卫生间里。我跑过去的时候，它正躺在浴缸里面洗澡呢。

我又找到了一个装小车的玩具箱，哗地往下一倒，小车都出来了，跑得一个比一个快。小汽车跑到了沙发底下；小火车很长，跑得太着急，被桌子腿卡住了；消防车更是摔了一个大跟头，这可怎么去救火啊！还有最笨的自行车，走了两下就不动了。"别着急啊，我来帮你们。"这么想着，我赶快过去一个一个解救它们。

看着玩具们愉快地旅行，我比自己旅行都开心，撅着小屁股追着玩具跑，一不小心撞到了头。妈妈闻声赶来，看我头上肿起来一个包，她帮我冷敷了一下，又提醒我，在旅行途中一定要注意安全。

小车和小球玩得很尽兴，但是小积木呢？它们不会滚，也没有轮子，就算我把它们解救出来，它们也只能呆呆地躺在地上，真可怜。对了，奶奶不是要带我去户外玩耍吗？我可以把积木带到户外去旅行。这个主意让我很兴奋，奶奶说带一大箱积木有点难，但是在我的坚持下，奶奶还是同意带一小盒积木出去旅行。

我笑眯眯地看着小盒子里五颜六色的积木，它们随着我的步伐在盒子里颠来跑去，颜色好像变得更鲜艳了。刚走到草坪上，我就听到一阵“哗啦哗啦”的声音，原来是一个奶奶把从家里拿的一盒玩具倒在了垫子上面，一个毛绒小熊被甩到了很远的地方。我被玩具散落的声音和姿态吸引了，尤其是它们发出的“哗啦哗啦”的声音非常动听。奶奶把我从小推车里抱出来，我赶忙跑了过去，捡起毛绒小熊就往盒子里放。那个奶奶直夸我：“好棒呀，这么小就知道帮助奶奶收拾玩具了。”听到夸奖，我非常开心，不能让玩具找不到自己的家啊。大家正夸我呢，我又把盒子里的玩具都倒了出来。奶奶说我又开始捣乱了，忙把我拉开，让我玩自己的玩具。

我想到了我的小积木盒子，得赶紧把积木从盒子里解救

出来。在我的帮助下，它们迫不及待地冲向地面，有的积木还轻快地跳了起来。小朋友们都围了过来，有的抓起一块爱不释手，有的还放到了自己的玩具盒子里。小积木得到了很多小朋友的喜爱和赞叹，我心里也很开心。

晚上吃饭的时候，我想知道米饭是不是也想从碗里出来看一看、玩一玩，于是毫不犹豫地就把饭菜抓了出来。妈妈有些严厉地批评了我，告诉我饭菜和玩具不一样，它们可一点都不喜欢旅行。过了一会儿，一阵“叮咚叮咚”的声音吸引了我，原来是妈妈在倒水。晶莹剔透的水流进了玻璃杯里，哦，水的旅行看起来自由自在。趁妈妈去客厅了，我挪动身体，用手推倒了那个水杯，一股清澈的水流顺着杯壁流了出去。听着“叮叮咚咚”的声音，我感觉很满足……妈妈回来后，看着满地的水，皱起了眉头，她严肃地告诉我：“这是喝的水，不能浪费！这些坐上杯子列车的水，它们只想到我们的嘴巴里旅行，帮我们解渴。可不能辜负它们的一片好意啊！”我有些委屈地看着妈妈，妈妈似乎明白了我的意思，说吃完饭带我去玩水。

饭后，妈妈准备了一大盆水，给我套上袖套，让我尽情地玩水。我捧起一捧水就往水盆外面泼，水流一碰到地面，就变了样子，成了一摊水，我找不到它们了，难过得要哭起来了。妈妈说：“宝贝，我来帮你，我们一起让水旅行。”说着，她就去取了几个神奇的玩意，有小碗、水盆、玻璃瓶、小漏斗等。妈妈先是用小碗盛了水，然后将碗里的水缓缓地倒入一个圆形的盆里，水欢快地唱着歌，从一个小屋子进入一个大屋子，一定感觉很新鲜，水的“脸上”都冒了开心的小泡泡。我也学着妈妈的样子，先是用小碗盛了半碗水，又将水倒在大盆里，水流发出“叮咚叮咚”的声音，好听极了！我又将一个小杯子放在水盆里，小杯子先是漂浮着，不一会就咕咚喝了一口水沉到了水底。我将小杯子取出来，里边还有一点点水，我把里面的水缓缓地向碗里倒，水滴答滴答地铺满了碗底。

水的旅行和玩具、小物件的旅行都不一样，它们在旅行中能渐渐变多，也能渐渐变少，并且它们的行动自由而流畅，不受任何阻碍。无论它们乘坐什么样的交通工具，都是那么满足和舒适，仿佛在说，旅行就应该像我们一样，轻松而闲适，自由而知足。

最近几天，家里的容器几乎都被我倒空了，所有的玩具和小物件都出去旅行了一遍。我一直在寻找，家里还有哪些箱子没被我倒空过，还有哪些东西一次都没有出来过。当然，它们的旅行也给全家人带来了“惊喜”，奶奶在穿衣服的时候，找到了爷爷“藏在衣柜里看风景”的老花镜；爸爸在自己的手提包里，发现了妈妈要“跟着他去上班”的口红；妈妈在给我找尿不湿的时候，捉到了爸爸“逃避劳动”的钢笔……尽管每次旅行结束后，我都在妈妈的帮助下让它们回家，但还是有一些不想回家的调皮的小家伙们被我安排到了更加新奇的地方。我也逐渐明白，不论旅行多么愉快，最后我们还是要回家的，毕竟家是旅行的第一站，也是旅行的最后一站，尤其是家里有期待你回去的家人。

## 给爸爸妈妈的话

一眨眼宝宝已经 15 个月了，他们不仅能稳当地行走，有的宝宝还能扶着墙抬起一只脚，还有的宝宝在走路时能够跑动。此时，宝宝上肢力量也进一步增强，手眼更加协调，能够将一块积木搭在另外一块积木上面。宝宝从盒子里拿出来东西知道放回去。还有的宝宝在吃饭的时候，能自己拿起小勺子试着喂到嘴巴里。他们对这个世界的体验更加丰富，探索的欲望越发强烈。

## 一、理解宝宝“捣乱”行为背后的原因

### （一）体验“装满”与“倒空”

12 个月的宝宝通过扔东西来探索空间，而 14～15 个月的宝宝已经对空间的“高度”积累了相当多的经验，此时他们对空间的“深度”有着更浓厚的兴趣。因此这个月龄的宝宝特别喜欢将物品从箱子里倒出来，再装进去，家长要注意，他们这不是在捣乱，而是在一次次重复“倒空”和“装满”的体验中探索“空间”和“深度”的概念，同时也在发展自己对外界事物的掌控感。很多宝宝只喜欢倒空，不喜欢装满，或者在装满的过程中缺乏耐心，毕竟“倒空”比起“装满”更加容易一些，这需要父母多加引导。父母可以亲身示范，并辅以生动的儿歌，引导宝宝把东西放回原处；还可以在家里开辟专门的区域，投放不易损坏的玩具，让宝宝随时充分体验。

### （二）孩子的“捣乱”行为意味着更广泛意义的探索

此时大部分宝宝已经开始独立走路，正式进入了学步阶段。由于下肢力量增强，这个阶段的宝宝除了走路以外，还会开始更为广泛的探索。

对空间的探索：从 7 个月以后，婴儿有了对空间的感知；到了 1 岁以后，

他们对于空间的探索有了更加浓厚的兴趣。如很多孩子喜欢不断地把箱子里的东西掏出来，再放进去，或者将小物品（如小球）放入杯子里，再倒出来或拿出来。这个过程不是宝宝在故意捣乱，而是这样做，宝宝会对“满”和“空”有更加直观的概念。

对因果关系的探索：很多宝宝会一次次把东西扔到地下，再捡起来。通过这样的行为，他们除了探索空间以外，也在了解事物的因果关系。正是由于自己扔了一个东西，地上才发出了响声，于是自己就再扔一次，不断验证。这个时期的宝宝处于感知行动思维阶段，在不断的感知和行动中，他们的思维能力才获得发展。

## 二、关注饮食习惯的培养

### （一）营养均衡，不挑食不偏食

宝宝一般不会去吃自己从来没有吃过的食物，因此在爸爸妈妈给宝宝提供的膳食中，要尽量做到营养均衡。当然每个宝宝都有自己的饮食偏好，例如有的宝宝不喜欢吃蔬菜，有的宝宝不爱吃肉，可以先顺应与尊重宝宝的饮食偏好，暂时不提供他们不喜欢的事物，让宝宝爱上吃饭，后面再尝试改变食物的做法和口味，让宝宝逐渐接受。例如有的宝宝不愿意吃蔬菜，可以尝试将蔬菜榨成汁和面做蔬菜面条或者饺子皮。

### （二）添加辅食要及时，并按照饮食规律

按照宝宝饮食规律及时添加辅食，遵循从软到硬、从流食到泥状再到颗粒状和固体状食物的规律。如果添加辅食不及时，就可能影响到宝宝的咀嚼和吞咽能力发展，宝宝可能会出现挑食和不爱吃饭的情况。爸爸妈妈要观察宝宝吃饭时候的吞咽和咀嚼情况，不要着急，循序渐进，多鼓励和夸奖宝宝，不催促宝宝吃饭，让他们在愉快放松的氛围中进食。遇到宝宝不爱吃饭的情况，家长也不要灰心和轻易放弃，而是及时更换食物，改变一下食物的做法。

## 三、正面引导而非惩罚

正面引导是和惩罚相对应的教育方式，即以积极的、鼓励的方法来影响孩子，尤其是在孩子犯错误，或者做事情没有达到成人的预期的时候，运用非惩罚、非暴力、正向积极的方式来引导孩子。

15 个月的宝宝会对周围的事物充满好奇，而他们的行为控制能力、语言表达能力还正在发展中，所以他们想把事情做好，但往往会事与愿违。这个时候，爸爸妈妈如果能用正面引导的方式对宝宝积极引导，不仅能保护宝宝探索的欲望，也能逐步引导宝宝形成正确的价值观，养成良好的习惯。比如，宝宝想去拿果汁，不小心弄洒了，或许是宝宝对“倒果汁”这个动作感兴趣，所以不要立即呵斥宝宝，或者生气地将果汁拿走，可以拿来一块抹布，温和地对宝宝说：“我们一起来擦干净吧。”还可以拿一个小杯子和少量的水，给宝宝穿上罩衣，让宝宝去特定的区域（如水池旁、卫生间等地方）玩倒水的游戏，满足他们实现这个动作的愿望；并且告诉宝宝，以后想倒水，就需要穿罩衣来这个区域玩耍。

再比如，宝宝将玩具狠狠地摔在地上，爸爸妈妈不要立马很严厉地去批评宝宝，可以拿起玩具，轻轻地放在地上，一边放一边说“我们轻轻地放玩具”，强调“轻轻”这样的动作。如果宝宝还摔玩具，就暂时将玩具拿走，告诉宝宝：“下次你能够轻轻地放玩具的时候，我们再继续玩这个玩具。”

正面引导强调的，是父母在遇到宝宝“捣乱”的时候，能冷静地分析宝宝行为背后的原因，不过分强调宝宝的错误，示范和强化正确的行为。最重要的是尊重宝宝，帮助他们来学习什么是恰当的行为。

# 第四章　受伤也不可怕

## （16 个月）

我已经 16 个月了，好奇心越来越强，能力也越来越强。有一天，我爬到桌子上，拿到了爸爸的口琴，还学着爸爸的样子，把口琴放到嘴边，噘起小嘴使劲儿一吹，没想到发出了“嘟嘟嘟”的声音，把我吓了一跳。一不留神，我没有保持住平衡，脑袋一下子就磕到了桌子上。

突如其来的磕碰不仅给我带来了疼痛，还带来了惊吓，我感觉到自己的心脏在怦怦跳动，似乎要跳出我的身体。这是从来没有过的感觉，我吓坏了，开始大哭起来。奶奶赶紧跑过来抱起我，一边哄我，一边心疼地说：“这个坏桌子，把我的宝贝都给磕疼了。”奶奶还不停地问我哪里疼，头晕不晕……奶奶这一问，我感觉到事情很严重，心里更害怕了。爷爷过来了，说：“孩子磕到是常事，自己没有注意磕了，怎么能怪桌子呢？”爷爷平静的语气让我莫名地安下心来，但是我又觉得爷爷似乎在责怪我，我只是想拿口琴，于是我委屈地看着爷爷。

爷爷拿来了家里常备的医药箱，找到碘伏帮我消毒，奶奶又用毛巾包着冰袋帮我敷着伤处，冰袋凉凉的，减轻了我额头的疼痛。我的哭声逐渐平息，也感觉到心跳得不那么厉害了。爷爷拿起口琴吹了一首爸爸不会吹的曲子。我也想试试，爷爷告诉我，不要那么用力，可以轻轻地吹，还可以先挨着上面的洞洞吹过去。我试了一下，果然比刚才的声音好听。

我忘记了疼痛，自己玩了会儿口琴，爷爷这时说："宝贝能爬上桌子，还拿到了口琴，很厉害。"爷爷一夸我，我觉得刚才的委屈立刻云消雾散了。他又说："但是蹲在桌子上吹口琴就不对了，因为身体很难保持平衡，所以下次要想爬到桌子上拿东西，一定要选有大人在的时候。这次还算幸运，只是把额头磕肿了，严重的话，小脑袋会磕笨的。"我不要变笨，使劲儿点了点头。

不一会儿，爷爷奶奶说要带我出去玩，我太开心了。我摸一摸自己的脑袋，还有一丝丝疼，奶奶说不要紧，只要我不头晕也不吐，就不会有大事。说完奶奶就去卫生间了，爷爷在换衣服。趁着他们还在忙，我跑到客厅的镜子前看自己的脑袋，发现脑袋上鼓了一个大包，有点滑稽。不过刚才奶奶说，过几天我额头上的大包就会消失了。

此时，客厅桌子上的"怕怕"里响起了音乐，这个"怕怕”就是奶奶的手机。有一次我不小心触到了奶奶的手机，手机猛然响起来，把我吓了一跳，从此，我就把这个小玩意儿叫作“怕怕”。“怕怕”响了，可能是有人给奶奶打电话了。我拿起来，学着奶奶的样子按了一下按钮，电话接通了，里面还有人说话呢。我兴奋地拿起“怕怕”就要去卫生间找奶奶，我跑了起来，“扑通”，我摔倒了，脑袋又磕到了茶几上。

爷爷奶奶闻声而来，此时我的额头已经没有知觉了。“啊，宝贝流血了！”我听到了奶奶惊呼的声音，额头逐渐感觉到疼痛，还有鲜红的液体流下来，那是我的血吗？我记得电视里人快要死掉的时候都会流血，天哪，这回我一定会死的！我哭得比刚才更加厉害了。我又感受到了自己剧烈的心跳，甚至觉得呼吸急促。我死死地抓住奶奶的手，我不想死，刚说好要出去玩，我怎么就要死了呢？

奶奶一边责备爷爷没有看好我，一边埋怨自己：“哎，我真是糊涂了，今天让孩子磕了两回，我应该等你换好衣服再去卫生间。人老了，真是不中用了。”爷爷还是那么平静：“流点血怕什么，哪个孩子还不磕两下，不受伤怎么长大呢。赶紧先止血。”爷爷又拿出那个医药箱，找出纱布按在我的额头上；等到额头不流血了，他又在我的伤口四周涂了一些凉凉的药，然后用白纱布为我包扎了起来。奇怪的是，爷爷这回没有责备我。

他看着我说：“嗯，真勇敢，你都没怎么哭，而且，爷爷知道你是怕奶奶接不到电话才跑去找奶奶的，对不对？”爷爷

是在表扬我呢。对啊，我都能接通电话了，好自豪。带着满心的自豪，我牵着爷爷奶奶的手，蹦蹦跳跳地走到了小区里。很多邻居和我们打招呼，也发现了我今天的不同。爷爷奶奶不止一回地解释我受伤的原因，还特意强调我是“因为帮奶奶接电话才磕到了，而且就哭了一下”。每当这时，我就自豪地指着额头上的纱布。

晚上，爸爸妈妈回来了，我赶紧跑到他们跟前，自豪地指着我的额头让他们看。不出所料，他们很惊讶。奶奶说：“这孩子，今天受伤好几回了，我和爷爷没有看好孩子啊。”爷爷也检讨了自己：“都怪我换衣服的时候，没有看好孩子。”只听妈妈笑了：“这宝贝够调皮的啊。再说了，这哪里能怪你们呢，哪个孩子不摔跤呢。”知道事情的经过后，爸爸妈妈都夸爷爷处理得好，还安慰奶奶：“孩子磕磕碰碰在所难免，我们都是这样长大的，您别自责了！”

几天后，我的纱布就拆掉了，光滑的额头上，只留下一道浅浅的印痕。爷爷说，这是我勇敢的勋章。那几天每次出去，我都要自豪地给大家指指我的“勋章”，但是奶奶说，这道印痕很快就会不见的。想到这里，我心里竟莫名地生出一丝淡淡的失落。

## 给爸爸妈妈的话

16个月大时，宝宝对周围人的交谈会非常感兴趣，这也是他们学习语言的良好途径。如果大人在交谈，他们会兴致勃勃地伸着小脖子去倾听，观察大人的表情，甚至在大人欢笑的时候，也情不自禁地微笑。这说明他们的语言理解能力有了显著提升。有的宝宝能从站立到蹲下，再熟练地站起来，因此他们能够做更多的事情了，尤其是看到大人干活，他们就会去模仿。他们似乎变成了小小搬运工，总是喜欢去搬运大的物体，例如家里的纸盒子、水盆等。宝宝还愿意捡起掉落在地上的物品。他们也对爸爸妈妈日常使用的生活用品很感兴趣，比如会反复拉妈妈包上的拉链。他们有了更多想法，因此爸爸妈妈要开始将他们看作一个“大孩子”了。

## 一、关注宝宝意志品质的培养

### （一）如何正确面对宝宝受伤

宝宝学步的时候最容易受伤。随着运动和思维能力的发展，他们对周围事物探索的欲望更加强烈，几乎一刻不停地爬上爬下，摸索个不停，所以难免会磕磕碰碰。下列这些做法可以帮助父母应对这一情况：

1. 将药品、电器等危险品放在孩子够不到的地方

药品、刀具、电器等各种危险物品要放在孩子够不到的地方。由于孩子能够踩着凳子爬上爬下，因此在高处也避免存放此类物品，应放在专门的房间或者柜子里。

2. 家庭地面、桌子尽量铺设软垫或进行软包处理

宝宝在学习走路的过程中，运动能力逐渐增强，磕碰也随之而来，因此

家里地面要铺设软垫，桌面、桌角要有软包等措施，做好家庭中的意外伤害预防，避免宝宝摔倒后被硬物伤害。

3. 父母要冷静面对孩子受伤

在成长的过程中，孩子受伤是很常见的事情。除了家中常备急救箱外，父母要掌握常见的儿童受伤处理方法。在孩子受伤后，要第一时间处理伤口，同时保持冷静。如果父母惊慌失措，无疑将在心理上给孩子增加更多的负担和焦虑。父母冷静的态度来源于日常的预防与急救知识的储备，也来源于对孩子的信任。父母要相信孩子是坚强的，能勇敢面对受伤。

父母还要在孩子受伤时及时安慰和爱抚他们，特别是不能一味要求男孩子必须坚强，不能哭，而应站在孩子的角度与他们共情，理解他们受伤的疼痛，安抚他们的情绪，鼓励、肯定他们以勇敢的态度面对受伤。这样他们会更容易形成冷静、勇敢的性格。

### （二）培养独立性和自信心

1. 在确保安全的情况下多放手

宝宝如果想探索世界，就一定会去经历未知的事物，也一定会经历挑战，甚至有不安全因素，比如宝宝想学会跑，就可能会摔倒受伤。因此，一方面需要让宝宝去经历，另一方面也要提前了解如何应对安全隐患。

1 岁多的宝宝自我保护能力和意识都在发展中，爸爸妈妈带着宝宝玩耍的时候，需要尽可能保护宝宝的安全，但是也可以一定程度上放手。在这一过程中，也许宝宝会经历一点点小挫折，比如伸手去摸烫的杯子，会因为被烫到而大哭。但是正是这种受伤的经历，才让宝宝积累了自我保护的经验，下一次看到烫的杯子，他们就不会去摸了。

放手还意味着，让宝宝去做力所能及的事情。不要小看 1 岁多的宝宝，他们能帮大人拿东西，能自己尝试着拿着小勺子吃饭，这些小事都在锻炼他们自我照顾的能力。自理能力强的孩子对于周围环境更能体会到掌控感，也更容易变得自信。

2. 欣赏宝宝独有的特点

1 岁多的宝宝已经表现出了个体差异，有的宝宝走路早，下肢力量强，有的宝宝小手灵活，有的宝宝很早就能说会道，有的宝宝情绪稳定，有的宝宝能吃能睡身体倍儿棒，还有的宝宝从小就会察言观色……总之，宝宝各有特点，也各有各的发展节奏。因此爸爸妈妈不要总是拿自己宝宝的缺点和其他宝宝的优点比较，而是多看到孩子的闪光点，发自内心地去欣赏和称赞，耐心地等待宝宝成长。

此时，宝宝已经能够听懂爸爸妈妈的赞扬了，也能感受到爸爸妈妈的焦虑。因此，如果宝宝这个时候说话还很少，或者走路还不稳当，爸爸妈妈要理解每个宝宝的不同方面的发展速度都不尽相同，只要多陪伴他们，多和他们交流，多带他们出去走路、玩耍，宝宝自然会在这方面有更好的发展。宝宝的自信心首先来自爸爸妈妈由衷的欣赏和肯定。

## 二、“大心脏”养成情绪稳定的宝宝

### （一）面对宝宝的情绪，父母先冷静

宝宝在这个时候已经有了自己的脾气，还会在不如意的时候闹脾气，比如爸爸妈妈没有满足他们的要求，他们会哭闹、大喊大叫，或者躺在地上。这个时候，我们仍然可以运用“正面引导”的方法，用正向积极而非责怪惩罚的方式来引导他们。

遇到宝宝闹脾气的时候，父母要先保持冷静。保持冷静的前提是意识到宝宝并不是故意的，他们只是由于语言表达能力有限，情绪控制能力弱，才使用哭闹等方法来表达自己的需求和不满。爸爸妈妈情绪稳定，面对问题冷静处理，更容易养成情绪稳定的宝宝。宝宝会观察爸爸妈妈的反应，如果爸爸妈妈呵斥他们，他们可能会因感到害怕而暂时停止自己的哭闹，但是时间久了，呵斥的方法就不管用了，因为他们的需求仍然没有得到满足，问题仍然没有解决。

### （二）正面引导比惩罚更有效

前面我们提到过，正面引导能更好地引导宝宝形成正确的价值观。这个年龄段的宝宝还没有形成正确的价值观，他们并不知道自己的行为是对还是错，他们的行为更多是出于本能的反应。

不要对宝宝的情绪置之不理，有的爸爸妈妈认为，“冷处理”就是任由孩子去哭闹，不要去处理，这个认识是不全面的，要分情况。对于两岁以上的宝宝，如果他一直哭闹，可以暂时让宝宝发一会儿脾气，不理他，等到宝宝情绪发泄完之后，再来处理问题。而对于这个年龄的宝宝，如果爸爸妈妈将他们丢在原地走开，他们会以为爸爸妈妈不要自己了。爸爸妈妈还是要去关注宝宝、关心宝宝，可以先抱抱他们，安抚他们的情绪，使之冷静下来。

不要立刻满足要求。对于不合理的需求，如果宝宝一哭闹就予以满足，宝宝就会将哭闹作为手段，认为只要自己这么做，就能得到自己想要的东西，以后也会如此。

转移注意力。这个年龄段的宝宝注意力维持时间还比较短，如果宝宝想要别人的玩具，而其他小朋友不愿意分享，可以吸引宝宝去玩别的玩具，或者用其他新游戏来转移他们的注意力。

安抚情绪，冷静处理。在宝宝哭闹时，爸爸妈妈可以走到宝宝身边，轻抚他的后背，眼睛注视着宝宝，等待他们情绪稳定下来，或者先抱抱他们，让他们觉得爸爸妈妈是想理解他们的。等到宝宝情绪稳定后，要温柔而坚定地对宝宝说：“这个事情不可以做，我们去玩其他游戏好吗？”

由于宝宝遇到的情况不同，这些方法可能都不奏效，这个时候爸爸妈妈也不要着急，只要把握这些原则就可以，即对宝宝的要求表示理解，不呵斥和惩罚他们，温柔而坚定地表明自己的原则，给宝宝提供其他好玩的玩具或者游戏以转移他们的注意力，帮助宝宝用语言表达出自己的需求等。

# 第五章　我把世界画下来

## （17 个月）

又到了初春时节，窗外聚集了越来越多的小鸟，除了熟悉的喜鹊，还有布谷鸟，它们正不断地用婉转的歌声向我传递着春天的气息。

昨天，奶奶带我去隔壁小区的姐姐家玩。走出我们小区，我看到弯弯曲曲的小路旁边，泛黄的草丛中冒出了星星点点的绿色；从树梢中拂过的风变得温柔起来；蔚蓝的天空就像一幅水彩画，浓郁而明亮的蓝色天空上点缀着洁白的云朵；云朵被暖风一吹，就往远处轻轻漂浮，仿佛蔚蓝大海上的白帆。我被这股涌动的春意鼓舞着，蹦蹦跳跳地前行，比奶奶走得都快。

到了小姐姐家门口，小姐姐的奶奶给我开门的时候，我一眼就认出了奶奶背后的小姐姐。咦，小姐姐和以前不一样了呢，只见她的脸上红一点、绿一朵，难道是草地上的花开到她脸上了？我跟着她进去，发现她家和我家的区别可大了，客厅里铺着几张大大的纸，都快有我的小床大了，旁边是各种各样的画笔、颜料，纸上有各种各样的颜色，小姐姐兴奋地指着纸说："画画，画画。"说完她就不理我了。

我还是第一次见到这么大的纸和这么多的颜料，我用我的小手往颜料上一摸，往纸上一拍，红红的手掌就印在了白纸上，太好玩了。姐姐正在画天空。只见她拿着一个大大的刷子，蘸着蓝色的颜料在纸上刷来刷去，然后天空就在纸上出现了，那些没有涂色的地方就像天空上的白云。我伸手去触摸天空，神奇的是，我红色的小手变成了又绿又青的颜色。奶奶赶紧给我穿上围裙，又给我擦脸上和手上的颜料。

看着天空落在了姐姐的白纸上，我也去找好玩的东西。温暖的春风透过姐姐家的窗户轻抚着我，好惬意呀。我想把风画在纸上，于是拿起蜡笔，一边想着风的样子，一边胡乱涂抹。风来回吹拂，就像长着银色翅膀的仙女小姐姐在飞来飞去。奶奶问我在画什么，我告诉她画的是风。奶奶惊喜地抓住我的小手，赞叹道："多灵巧的小手啊，竟然把风都画下来了。"

我不光要画春风，还要画出整个春天。我挣脱出双手，继续我的"创作"，我的小围裙上、衣服上、裤子上处处春意盎然。但奶奶并没有责怪我，也没有嫌我把衣服弄脏了，回家前还帮小姐姐家清理了被画笔弄脏的地板。回家后，奶奶把我弄脏的衣服和裤子洗得干干净净，还鼓励我有空再去小姐姐家里画画。她在跟妈妈打电话的时候也提到了我画画的事情，两个人在电话里笑了好一会儿。晚上，妈妈带回家一个蓝色的箱子，我猜这个箱子里一定装着神奇的好玩意儿。我想打开看，妈妈有些神秘地告诉我，明天才能给我看。

第二天一早，外面下雨了。我兴奋地趴在窗边，目送妈妈去上班，看雨滴落在树叶上，落在妈妈的伞上。天空灰蒙蒙的，一片混沌，而草地上星星点点的绿色经过雨水的冲刷变得更绿了。我还从草地上发现了一点鹅黄，指着给奶奶看，奶奶说那是野花。

奶奶打开了音乐播放器，动听的音乐在屋子里飘荡，伴随着窗外滴答的雨声，整个屋子有了一种特别的氛围。奶奶跟我说，下雨天就不出去玩了，这让我有点沮丧。奶奶见状，拿出了妈妈昨天带回家的那个蓝色箱子，我迫不及待地来到奶奶身边。原来，箱子里面静静地躺着好多盒画笔，有水彩笔、蜡笔、马克笔，还有一些我以前没有见过的画笔。我拿起绿色的蜡笔，往白纸上一点，一个鲜艳的绿点点就出现了，这不就是我刚才看到的草地吗！我又接着点出一串串碧绿醒目的绿点点，白纸上很快就长出了一大片绿草地。我又拿起一支黄色的马克笔，很快，绿色点点旁边出现了一串黄色的点点。随后，我又拿起其他颜色的蜡笔在纸张上涂抹。很快，纸上相继出现了红色的点点、蓝色的点点，还有绿色的道道，以及黄色的曲线。我仿佛走进了色彩斑斓的春天，那条绿色的道道就是公园里的林荫小道，而红色与蓝色的点点是绽开的艳丽花朵，金黄

色的太阳高高地悬在天空中，照耀着公园里的一草一木……我还画了一条很长的线，奶奶问这条线是什么，我自豪地指指我自己。在我的脑海里，我长得快和太阳一样高了，我从草地上蹦起来，飞到了空中，小手已经摸到了太阳。

我还想试试其他画笔。奶奶拿出一管黄色的黏稠的东西，挤在一个盖子上，我拿手指试着蘸了蘸，这不是妈妈的抹脸油吗？我拿起来就要往脸上抹，奶奶赶紧拉开我的手，告诉我："这是手指颜料，宝贝，不能往脸上抹。"奶奶用手指蘸了些颜料在大白纸上来回涂抹，不一会儿，白纸上就出现了一个棕色的大圆点，这应该是我吃的饼干吧？奶奶又拿出红色的颜料和黑色的蜡笔，在纸上来回涂抹着，不一会儿就变出了一个小草莓，看得我口水都要流下来了。不知道我能变出什么？我的指头蘸了颜料，一会儿竖着涂，一会儿横着抹，一会儿还转着画圈圈。当我的手指在画纸上来回点的时候，神奇的事情出现了：一个黄色的点点盖住了一个蓝色的点点，变出了一个绿色的点点；一个红色的点点盖住了一个蓝色的点点，变出了一个紫色的点点；一个黄色的点点盖在一个红色的点点上，变出了一个橘黄色的点点。我干脆把所有的颜色都涂抹在一个点点上，最后变出一种接近于黑色的点点。

玩了好一会儿，奶奶把我拉到镜子前照了照，一个"小花猫"出现在镜子中，鼻子上有黑点，嘴巴旁边是五颜六色的颜料……样子实在太滑稽了。奶奶哈哈地笑着，我也咯咯地笑着，我用手摸了摸镜子里的“小花猫”。“小花猫”不见了，厚厚的颜料遮住了镜子，我什么也看不见了。急得我拼命在镜子上撕扯，可是什么也撕不下来。奶奶走过来，用湿巾在镜子上擦了擦，“小花猫”又出现了。我惊呆了，这颜料太神奇了。

我继续在镜子上涂抹颜料，“小花猫”又不见了。我仿佛变成了一个魔法师，一个可以让事物消失的大魔法师。我兴奋地挥舞着涂满颜料的双手，奔向客厅，我要让客厅里的东西也变没……幸好奶奶眼疾手快，拦住了奔向墙壁的我。奶奶将一张大白纸贴到了墙上，让我尽情地在上面涂鸦。

我的“涂鸦墙”就这样诞生了。一上午，我用蜡笔、水彩笔、手指颜料和普通颜料，在大大的涂鸦墙上留下了各种各样的痕迹：大小不一的点点、粗细不同的线条……对啦，我的手印也可以留在白纸上，我先是将一个手指印上去，后来干脆将整个手掌“啪”地贴在墙上。哇，我的小手掌变成了绿色，一个绿色的小手掌印就这样留在了墙上！

奶奶也加入了我的创作行列，这可真是太好玩了。奶奶的手掌是黄色的、大大的，我的手掌是绿色的、小小的，我的小手掌依偎在奶奶的大手掌旁边，就像大大的花朵和小小的叶片。奶奶还拿来了一个瓶盖、一块海绵和一个白菜根。她用白菜根蘸着颜料，竟然在涂鸦墙上变出了一朵玫瑰花；她在海绵上抹上不同颜色的颜料，变出了美丽的彩虹；接着她又变出了很多泡泡。奶奶兴奋地一边玩一边说：“这可太好玩了，我小时候可没有玩过这么有意思的颜料。”她玩得比我还开心，都顾不上管我了。我也想变出泡泡，于是拿起一个瓶盖蘸了颜料往墙上按，但是我的力气太小了，只变出了半个泡泡。这时，天气也放晴了，在阳光的照耀下，我变出来的泡泡似乎也在发着光。

雨过天晴，吃过中午饭，我迫不及待地和奶奶出去遛弯了。

此时的天空碧蓝如洗，没有一丝云彩，太阳暖暖地照着大地。我发现，我们在纸上画的画都来到了草地上。你看，草地上的野花变多了，一点点鹅黄变成了一小片鹅黄，远处的迎春花也露出了花苞。奶奶还带我去了小区里的花坛，在那里，各种各样的花都冒出了花骨朵儿，紫色的玉兰花、娇嫩的海棠等互相簇拥着。一抬头，洁白的樱花也冒出星星点点的小花骨朵儿。我相信这都是我用魔法变出的美景，我好想快快长大，拥有更多改变世界的魔法。

晚上妈妈回来，我拉着她的手，带她欣赏我的作品，从桌子到墙上，还有我的罩衣上，到处是我创作的作品。我还拿出很多颜料，在大白纸上涂抹了很久。我把各种颜料都抹在一起，想要画出紫色的玉兰花、娇嫩的海棠、洁白的樱花等簇拥在一起的样子，但是我画出来的样子和我之前看到的花并不完全一样，妈妈估计没有认出来。我就指指窗户外面，又指指大白纸，妈妈似乎明白了，问我：“宝贝是在画外面的春天吗？”

我赶紧点点头，是啊，整个春天都是我从纸上搬出去的，因为我是魔法师。临睡觉的时候，我手里还攥着一管颜料。妈妈说："夜晚降临了，颜料和蜡笔也得睡觉呀。"我让妈妈把蜡笔和颜料放在了我的枕头旁边，这样在梦中我也能继续创作。

## 给爸爸妈妈的话

亲爱的爸爸妈妈，宝宝进入第 17 个月了。此时他们行走自如，有的宝宝还想倒退着走，或者跑起来。宝宝也进入了语言的爆发期，很多宝宝能说出家中常见物品的名字，并能将名字和物品对应起来。有的宝宝能根据自己的需求和当下事情发展的状态表达自己的想法，尽管句子前后顺序颠倒，但是这些丝毫不能减少他们和成人交流的热切愿望。他们对色彩有天生的偏爱，听到音乐的时候，也愿意安静下来仔细聆听，还有的宝宝会随着欢快的节奏摇动身体。他们不仅能认识更多物体，还能按照物体的大小和常见的颜色进行简单的分类。

## 一、宝宝为什么喜欢涂鸦?

### （一）了解宝宝的涂鸦发展阶段

17 个月的宝宝进入拿笔涂鸦（看似乱涂）的敏感期。由于肌肉的发展有一个过程，这个阶段宝宝的手腕灵活度不足，通常使用手臂来控制笔。

在宝宝的成长过程中，他们的涂鸦行为会经历不同的阶段。17～24 个月为涂鸦阶段的初期。这时，宝宝开始尝试画线条，这些线条可能会显得毫无规律，杂乱无章。他们起初会用手掌握笔，无意识地乱画。随着时间的推移，控制笔的能力越来越强后，宝宝涂鸦时不再是无意识的，他们逐渐可以画横向及竖向的线条。宝宝此阶段可能会非常喜欢用笔戳点点，或者对油画棒的包装纸感兴趣，这是宝宝对周围事物充满好奇的正常表现，作为家长，请不要指责批评宝宝。

24～36 个月，随着宝宝手臂和手腕肌肉的发展，他们逐渐能够有意识地控制笔的走向，可以自如停笔，画出圆形等。同时，宝宝对颜色的辨别能力也逐渐提高，可以说出颜色的名称，这时可以让他们自由使用颜料进行创作。可以让宝宝接触手指颜料，在喜欢的地方涂色，随意玩颜料创作。宝宝可能会喜欢在一个地方反复用颜料涂色，甚至把纸画透，这是宝宝探索颜料的正常方式，家长要给宝宝提供足够的纸张、颜料等。（此时宝宝已度过口欲期，一般不再经常把颜料放入口中。）

36个月后，宝宝开始尝试画不规则的图形，甚至可以画出一些自己感兴趣的事物，如动物、车等，但是他们的方向感和对内外关系的认知等还没有建立起来，如在画人时可能会把眼睛竖着排列，爸爸妈妈可以引导宝宝多加观察。

### （二）为什么宝宝喜欢在床单、沙发、桌面上画画?

宝宝正处于好奇和探索的阶段，这包括他们对床单、沙发和桌面等各种事物的好奇。当宝宝用画笔与不同的物质接触时，会产生不同的笔触和感觉，宝宝此阶段就是通过不断尝试和重复来学习和感受的。

家长可以提供不同种类的纸帮助宝宝探索和学习，例如铜版纸、皱纹纸、瓦楞纸等，使宝宝能够借此体验不同的触感和纹理。这样的经验有助于宝宝更全面地了解世界，并促进他们的感知和认知能力的发展。

### （三）怎么教宝宝画画?

为了帮助宝宝更好地画画，建议在这个阶段为他们提供较大的纸张，不要局限于A4纸。同时，不建议让宝宝一开始就在已有的框架内填色，这样做不利于宝宝创造能力的发展。最重要的是，要在宝宝涂鸦时给予陪伴和鼓励，告诉宝宝喜欢怎么画就怎么画，怎么画都好，切忌批评，否则会损害宝宝的自信心哦。

宝宝画画不需要教，也不能教。家长有时会误以为宝宝的画作应该具有明显的形状和较高的相似度，只有这样才是真正的画画。然而，在宝宝0~3岁的阶段，我们应该尊重并遵循他们自身的发展规律，不应该要求他们绘制特定的简单图案，如小兔子、小汽车或轮船等，也不应该根据成人的观点给予他们任何绘画技巧上的指导。一旦引入像与不像的概念，宝宝可能会试图模仿成人的作品，而无法自由表达自己的感受。

此阶段最重要的是保护宝宝的兴趣，培养宝宝画画的能力，而不是追求让他们画出特定的形状或图案。一旦宝宝临摹成人的画，就不能享受自己自由表达的乐趣，无法创造出发自内心的作品。在宝宝画画时，家长需要做的就是安静欣赏，或者在宝宝可以表达的时候问问宝宝画的是什么，然后加以回应，比如："哦，原来你画的是你喜欢的小汽车啊。"这样能够保护宝宝的兴趣和创造力，使他们享受画画的乐趣。

## 二、开始进行排便训练

### （一）尝试脱掉纸尿裤

大多数这个阶段的宝宝还离不开纸尿裤，但是他们已经能听懂大人的话了。有的宝宝在想排便的时候，会用声音、表情、手势等向大人表达，有的宝宝已经能够控制排便了，因此这个阶段可以进行排便训练。

在家中不外出的时候，爸爸妈妈可以尝试先脱掉宝宝的纸尿裤，在家中准备好宝宝专用的坐便盆，或者在卫生间安装儿童马桶，让宝宝逐渐养成去坐便盆或者小马桶排便的习惯。在这个过程中，爸爸妈妈要多观察宝宝的状态，发现宝宝有排便的意向时，就鼓励他们自己去坐便盆或者小马桶那里排便，而不是随意排便。时间久了，宝宝自然就会自主地去固定的地方排便。这个过程中，如果宝宝在有排便意向时，能自主地找到坐便盆或小马桶，就要肯定和表扬宝宝，强化宝宝的这个好习惯。如果宝宝不小心仍然尿湿了裤子、尿在床上或者沙发上，也不要批评宝宝。家长要有耐心，时间久了，宝宝会逐渐形成习惯。

### （二）夜间护理

可以先引导宝宝白天使用专用的坐便盆或小马桶，在白天的习惯逐步形成后，再逐渐在晚上让宝宝脱掉纸尿裤。这个时候需要耐心和付出，有的宝宝已经能睡整觉了，就需要在白天多饮水，晚上略减少饮水量。爸爸妈妈根据宝宝的情况来决定夜间是否需要把尿。有的宝宝晚上还要喝一次奶，那么可以在喝奶前先把尿。夜间把尿与否也需要根据宝宝的睡眠情况来判断，有的宝宝会因为把尿而睡不好，如果把尿已经影响到了宝宝的睡眠，可以晚上先给宝宝穿纸尿裤，等到宝宝大一些再进行夜间把尿。

# 第六章　它们都从天上掉下来了

## （18 个月）

这个世界上，有那么多美好的事物，最吸引我的是高远深邃的天空，镶嵌在上面的日月星辰、彩霞云朵，无时无刻不在变幻着。雨过天晴的时候，天际悬挂着的彩虹更让人心驰神往。第一次看到彩虹像七彩的小桥挂在湛蓝的天空中，我真想飞起来，一直飞到彩虹的顶端，把彩虹摘下来抱在怀里。还有晚霞，同样让人心醉。妈妈说晚霞是太阳在云彩上画的画。这个我也会，我经常拿着我的画笔画东西，但是夕阳的画笔在哪里呢？夜幕降临的时候，明亮的星星在黑暗的夜空里，就像点缀在黑色绒布上的钻石，美丽动人，又像顽皮的孩子眨着眼睛，和我捉迷藏。

今天我又看到“星星”和“彩虹”了，不过，它们不在天上，而是跑到了我家的地板上！吃完早餐，我在玩耍时不经意间发现，地板上有很多“小星星”。我跑过去看这些“小星星”，用我小小的手指头一碾，它们就被我碾碎了，变成了更小的“星星”，还跑到了我的手指上。我用舌头舔了舔手指，想尝尝这些“星星”的味道。嗯，怎么和我刚刚吃过的胡萝卜饼干的味道一模一样？品尝完“星星”，我扭头一看，床边居然出现了几道弯弯的“彩虹”，而且我一把就可以抓住。我把“彩虹”放进嘴里，可这些彩虹不好吃，也咬不动。奶奶发现后严厉地制止了我，原来这是她缝衣服时不小心掉落的线头，不能吃。奶奶要拿走我的“星星”和“彩虹”，这可是我发现的宝贝啊，我不想让奶奶拿走，死死地攥着小手。奶奶从我手里抢过几根“彩虹”，我“哇”地哭出声来，失去它们，我觉得我的世界不完整了。奶奶看我哭得那么伤心，就又把它们还给我了，但是奶奶告诉我这些东西不能放嘴里吃，我点了点头，小心翼翼地将它们放在我的口袋里。一整天我都拿小手捂着口袋，生怕一不小心就掉出一道“彩虹”。

连奶奶带我出去玩的时候，我都用小手捂着我的口袋。忽然，我看到了一片“晚霞”，它安静地躺在那里，在阳光和树影的掩映下，发出淡淡的迷人的红色光芒。我蹲下去把它捡起来举给奶奶看：“霞，霞！”奶奶一时没有听懂，说：“这是一个红色的小纸片，它有点脏了，上面有很多细菌哦，我们一起把它扔到垃圾箱吧！”“不要！”我把小手握得紧紧的，“不要，不要！”这就是妈妈带着我看过的晚霞，是谁把它从天上扯下来，又不小心把它摔成一小块一小块的碎片的？奶奶蹲下

来抱着我说："宝贝，捡的东西上有很多看不到的细菌，细菌会让你肚子疼！""没有！"我将小手藏到背后，这是我好不容易发现的"晚霞"，我才不要扔掉，至于细菌是什么，我才不在意。我很爱惜地将"晚霞"也装进我的口袋里，和"彩虹"放在一起。奶奶只好让我先装起来，回家后先拉着我去洗了手，又用消毒湿巾擦干净了我的"彩虹"和"晚霞"。我怕奶奶把我的宝贝给弄坏了，一直盯着她。奶奶先擦了一根"彩虹"，递给我，我看到彩虹更加漂亮了，这才允许奶奶擦"晚霞"。晚上，妈妈回来了，我赶紧给妈妈看这些宝贝。妈妈也很喜欢，她还找了一个纸盒子，问我可不可以用这个专门放我捡到的宝贝。我同意了，从此不管我去哪里都一定要带着盒子，连睡觉都抱着它。看着"彩虹"和"晚霞"安静地躺在盒子里，形态各异，散发着不同的色彩和光芒，我觉得仿佛拥有了整片天空，很快就心满意足地睡着了。

第二天，在小区的草地上，我竟然又发现了一片小小的"晚霞"。这片晚霞和昨天发现的不一样，它的颜色更加鲜艳，上面还有晶莹的泪珠。它是哭了吗？为什么会哭呢？难道是从天上掉下来，找不到妈妈了吗？它安静地睡在草地上，都没有发现我走近了。奶奶说，这是树上的花瓣，上面是只有在早晨才会出现的露珠。我捡起一片花瓣，小心翼翼地放在手掌中间给奶奶看，但是我不允许奶奶把我的"晚霞"拿走。我把"晚霞"放进我的小口袋里边，用小手紧紧捂着口袋，生怕它掉出来。

再往前走，我突然发现远处有一个发光的东西，比昨天捡到的“星星”更亮。我快步走过去，蹲下身就把它捡起来，奶奶赶忙跟过来，她说：“这是块玻璃碴子，很危险！宝宝要是不扔掉，那我们就在这里等着，一直等到宝宝把它扔掉才能走！”我抬头看着奶奶，她是生气了吗？奶奶为什么要生气呢？这不是天上最亮的那颗星星掉落了吗？我才舍不得扔。看着奶奶严肃的神情，我一时觉得很难过，“哇”的一声哭了起来。“不扔，不扔掉……星星，星星。”奶奶继续抱着我说：“其他事情奶奶都可以依着你，但是这个小玻璃不行，一定要扔掉，它会割伤你的！”我更加难过了，边哭边说：“不要扔掉！”奶奶实在没办法了，又和缓地说：“宝贝喜欢小星星是吗？可这个不是小星星，是玻璃，玻璃能把人的手划破，会流血，会疼的。”奶奶又指着远处，说：“哇，宝贝你看，旁边的小河里好像也有小星星，我们一起去看看啊。”

果然，在潺潺流淌的小河里，铺满了“星星”。奶奶告诉我，这里的“星星”是捡不起来的，因为它们是阳光照耀在河面上形成的，这些话我似懂非懂，奶奶不知道，但我知道它们就是晚上我看到的星星，正在河里嬉戏呢。这可是我的小秘密，因为来到爸爸妈妈身边之前，我就生活在星星们中间呢。只不过爸爸妈妈一叫我，我就迫不及待地跑向了他们身边。现在看着这些“星星”，我真想回一次星星乐园，和它们一起玩耍。

这个时候，一位漂亮阿姨带着一个胖乎乎的小男孩走了过来，阿姨热情地和我们打招呼："你们在干什么呀？"奶奶说："我家宝宝捡了一路宝贝，你看他的小口袋，都快装不下了，刚才差点捡了一个玻璃碴子……"那是星星，才不是玻璃碴子呢，我大声抗议着："星星，星星。"哼，那就是一颗星星！阿姨看我非常委屈，便从她的包包里掏出奶酪，放到我手里。看见奶酪，我心情稍微好了一点。咦，阿姨包包里竟然有一片洁白而松软的"云朵"！可是云朵不是在天空中吗？怎么会跑到阿姨的包包里？我嘴巴里念叨着"云朵，云朵"。阿姨解释说："哎呀，这不是我缝被子用的棉花吗？怎么跑到我包包里去了！一定是我家宝贝干的，这淘气的孩子！"看我喜欢，阿姨慷慨地把它送给了我。看着从天上掉下来的"云朵"，我有点紧张，双手捧着它，小心翼翼地放到了口袋里，用小手捂住口袋，生怕它又要回到天空中。

口袋里揣着"晚霞"和"云朵"，我哼着儿歌蹦蹦跳跳地回了家。奶奶让我先去洗手，她拿着消毒湿巾给小口袋里的东西"洗洗澡"。现在我的宝贝匣子里面已经有很多宝贝了，除了从天上掉下来的"星星"和"彩虹"，还有下雨后捡到的光滑的石子、散发着香味的松果、不同颜色的花朵和叶子……我把整个花园装在了里面！打开宝贝匣子，我又把今天捡到的"晚霞"与"云朵"放了进去，它们是这个家族的新成员。和“星星”“彩虹”一样，它们也是从天上掉下来的。我想，天空那么高，它们一定经历了漫长的旅程，才掉落在花园里。

爸爸下班回来看到宝贝匣子里的新成员，调侃我说：“家里多了一个‘收集垃圾的小孩’！”妈妈说：“才不是呢，我们的宝贝是在收集他自己的‘宝贝’呢。”妈妈说得对！傍晚，我抱着小匣子来到阳台上，拿着手里的小“晚霞”，再看看天边的晚霞，心里特别满足。晚上，宝贝匣子里的那个小士兵要睡觉了，他可以躺在轻柔的“云朵”里，“晚霞”正好可以成为他的被子。晚霞和云朵从天上飘下来，是不是就是想和小士兵相遇？

给爸爸妈妈的话

宝宝已经1岁半了，已基本脱去了婴儿期的稚气，成了真正意义上的幼儿。他们在大运动、精细动作、语言能力、认知能力、情绪和社会性方面发展迅速。很多宝宝可以熟练地行走和爬台阶，有的宝宝甚至开始尝试跑和跳。他们愿意尝试自己做事情，例如用勺子吃东西、涂鸦、搭积木等。他们对事物的认识更加深入，除了认识常见的物品，还能认识身体部位，指认家庭成员。他们对成人的话理解得更精确，不仅能听懂夸奖，还能理解否定性词语。宝宝的情感更加丰富，但是语言表达和控制能力有限，有时会发脾气扔东西，看到别人伤心难过，他们还会有同情、安慰的反应。

## 一、对宝宝“特殊爱好”予以支持

这个月龄的宝宝会对周围环境中的微小事物充满兴趣，常能捕捉到身边细微的变化，也愿意收集自己发现的细小的物品。从9~10个月开始，随着宝宝手指的分化，他们会喜欢去抠洞洞，这个爱好会一直持续到1岁多。

### （一）了解宝宝的细微事物敏感期

1. 大部分宝宝在18个月左右进入细微事物敏感期，他们会对孔洞感兴趣，还会对生活中常见的小石子、头发丝、小蚂蚁、瓶子盖等这些细小事物感兴趣。为了帮助宝宝发展，可以买一些适合的小玩具给他们玩，同时注意多加看护，比如不要让他们把手指伸进插座、插排中等。

2. 宝宝从9个月起就对小豆子等物品感兴趣了，9~18个月期间，还非常喜欢往嘴里放物品，因为他们正处于口欲期，尝试用嘴巴去学习和认知事物。此时可以让宝宝多用手操作，例如拧瓶盖、串珠子等，发展宝宝的手眼协调能力。当宝宝的动手能力发展得越来越好的时候，就会大大转变用口去品尝和学习的方式了。一定要注意，不要让宝宝误吞小珠子。

### （二）宝宝为什么喜欢孔洞？

美国发展心理学家罗伯特·范兹（Robert Fantz）曾经通过实验研究婴儿的视觉偏好。实验的过程就是让宝宝仰卧在观察箱里，实验人员给宝宝不同的视觉刺激，同时观察记录宝宝注视哪些视觉图案的时间更长，以此判断宝宝更喜欢哪些图案。

在实验展示的众多图案中，研究人员发现宝宝最喜欢的是人的面孔，或者是类似面孔的物体。哪怕是刚出生几分钟的新生儿，就已经会用眼睛和头来追随视觉刺激运动，而且表现出对人的面孔的偏爱。这一定程度上表明，宝宝从出生起就对孔洞等感兴趣。随着年龄增长，宝宝动手能力逐渐发展，会自己用手进行探索。

### （三）如何满足宝宝发展需求，同时避免伤害

爸爸妈妈可以用安全孔洞玩具满足宝宝的探索欲望。绝对的禁止不等于绝对的安全，如果宝宝喜欢把手指放到细小的孔洞中，建议爸爸妈妈在保证安全的前提下，满足宝宝对孔洞的探索欲望。宝宝展现出对孔洞好奇的时期，也是培养宝宝感受空间能力、培养精细动作发展能力的关键时期。爸爸妈妈可以把握这个机会，为宝宝发展空间能力打下良好的基础。

家长可在陪伴之下鼓励宝宝做多种尝试，在安全的环境下鼓励宝宝去做他想做而不敢做、某些其他宝宝不被允许做的事情，以增加宝宝的自信，帮助宝宝获得勇敢的力量。

## 二、宝宝的“捣乱”行为变得更“高级”了

### （一）推倒积木

此阶段的宝宝除了对孔洞感兴趣以外，还非常喜欢推倒积木，而不是搭高积木。家长将积木搭高后，宝宝会乐于将它推到，因为他们喜欢看积木突

然倒塌散落一地时的场景。他们的“捣乱”行为变得更加“高级”了，这说明他们已经不仅仅通过行为来探索事物之间的关系，还在这个过程中不断重复、观察和演练。这是宝宝探索学习的过程。

爸爸妈妈遇到这种情况，要有耐心，可以用语言和宝宝沟通。比如：“宝宝是不是特别好奇积木倒了的样子啊？那我们可以先一起将积木搭起来，看看是搭起来高，还是推倒高？”并求助宝宝一起帮忙搭建积木。如果宝宝总是将大人搭建好的积木弄倒，大人也不要着急，不要强化宝宝这个行为，而是和宝宝再一起搭建，让他们观察积木被推倒前后的高度变化。一般情况下，24个月以后的宝宝就会变得喜欢搭建积木了。

### （二）翻各种容器

此时宝宝还喜欢翻各种容器，包括箱子、盒子、妈妈的包、爸爸的抽屉，甚至垃圾桶，这也是出于宝宝的好奇心。宝宝觉得容器里有很多好玩的东西，所以非常喜欢把全部物品从里面倒出来。和以前不同的是，宝宝已经对事物的外部特征有了初步的认识，爸爸妈妈可以借此机会逐步引导宝宝将东西掏出来后，再将东西放回去。告诉宝宝每个物品都有自己的“家”，用完后都要放回去。

等到快两岁时，宝宝对事物的特征有了更深的认识，再引导宝宝将物品分类归位。例如，当宝宝去翻抽屉的时候，爸爸妈妈可以引导宝宝认识抽屉里的物品，有的抽屉是放书的，有的抽屉是放衣物的，用完后，衣物要回到自己的“家”，书也要回到自己的“家”。

### （三）玩食物

这个年龄段的宝宝在吃饱饭后会喜欢用手去玩他的食物，例如用手搓、攥食物，家长要明白宝宝这是在感知食物的质地。

他们正处于感知动作思维的阶段，他们对事物的认识最先是通过触觉、嗅觉、听觉等感觉通道习得的，这也是他们学习的主要方式。爸爸妈妈可以给宝宝准备一些面团让他们揉搓，或者让他们自己吃一些固体食物，例如橘子、香蕉等，他们会通过闻气味、看颜色、摸水果皮等来观察感知食物。在这个过程中，宝宝的手眼口协调能力增强，感知觉也得到发展。

还有更多促进1岁半宝宝感知觉发展的方法，主要是带着他们去感知更多的事物。比如，春天去触摸小溪的流水，闻一闻花香；夏天去户外看绿叶，听鸟鸣；秋天去观察树叶的变化，摘果子；冬天去摸一摸雪。带着宝宝去玩沙子、玩水，会让他们更开心，这时他们的感知觉也会更敏锐。当然，这些活动都要在保证宝宝安全、健康的情况下进行。

# 第七章　高高的世界

## （19个月）

作为小国王，我有一个庞大的王国，我的房间就是我的宫殿，客厅、卧室、卫生间都是我的领地。而最近，我又发现了一个我可以独自巡视的新领地。妈妈爸爸的大床紧挨着的那面墙上，有一扇大大的窗户。我非常喜欢这扇大窗户，以前妈妈总是抱着我，透过窗户观赏外面的风景。现在我自己可以爬到窗边欣赏外面的景色了。

大大的窗户外面是另外一个世界。碧绿的柳枝被微风吹拂着，优雅地跳着舞。草地上不仅有飞舞的蝴蝶，还有摇曳的野花，星星点点地点缀在草丛中。枝头的小鸟叽叽喳喳地向我问好，我含糊地喊着“鸟，鸟”，试图和它们交流。外面的世界真热闹，不像我的宫殿，总是一副老样子。小床安静地躺着，衣柜也默不作声，各种玩偶都沉默不语，就算是会说话的机器小狗，也总是发出同样的叫声，我早就腻了。而窗户外面的世界却充满生机，每阵风带来的花香味也不同，小鸟每天说着不同的话，在天空中自由地飞行。

这个不一样的世界深深地吸引着我。每当我指着窗台，奶奶就会过来抱起我，让我站到窗台上看外面的风景。今天奶奶一大早就在厨房忙活，留我自己在卧室玩玩具，当然她还开着厨房门，可以远远地看着我。看奶奶忙着自己的事，我索性自己爬上床，想到窗台上去看风景。但是怎么上去呢？这还是我第一次自己站到窗台附近。

窗户旁边有一个小沙发，紧紧地挨着窗户，我尝试着先把脚踩到小沙发上，再爬到窗台上，但是我试了好几次都没成功。这时候奶奶进来了，帮我爬上了窗台。我在窗台上缓缓地站了起来，这种感觉太美妙了！我扶着栏杆往窗外看去，外面那个精彩的世界喧闹地显现在我眼前。我感觉自己一下子变高了，个头已经超过了窗外的那棵大树，仿佛一伸手我就能采下天空中的白云。小鸟飞过来，对着我叫个不停，仿佛在说："你什么时候长这么高了啊？！"那些柳树的枝条被风吹来拂去，要是没有窗户挡着就拂到我脸上了，我甚至觉得脸痒了起来……

我想尝试着摆脱奶奶扶着我的手，就扭着屁股说："不要！"奶奶说："宝贝很容易从窗台上摔下来的，我扶着你才更安全啊，奶奶不在身边你可不能自己爬窗台！""啊啊啊啊，啦啦啦……"我嘴里哼着自创的歌曲，小手拍打着窗户，根本听不见奶奶在说什么，我只想看外面的世界。

奶奶虽然感觉有些无可奈何，但还是温柔地把我抱下窗台，然后拿来了一个小娃娃，把它放在窗台上，再把小娃娃从窗台上拨弄下来。我被娃娃掉到地上“噗”的声音吓了一跳，定睛一看，娃娃的胳膊都掉下来了，我赶紧摸了摸我的胳膊。奶奶说：“你看，宝贝，小娃娃从窗台上摔下来就会这样，你要是摔下来，该多疼啊。”我似懂非懂地看着娃娃，呜哩哇啦说了一些安慰它的话。

但是即便这样，也仍然无法打消我想探索这个新世界的愿望！

第二天早晨一起床，我就爬上了窗台，不管谁劝我，我都不肯下去。我在这里吃饭和吃水果，风把食物的香味带到了外面，窗外的小鸟聚集得比平时都多，它们肯定羡慕我有这么多好吃的。觉得屋子里热了，我就爬到窗台上用小脸贴着玻璃凉快凉快。我还对着窗户咿咿呀呀地唱起妈妈教我的儿歌，这样声音会变得非常动听，还有回音呢。更重要的是，这样外面的世界也能听到我的歌声，我的歌声能在更大的世界里飘得更远。而且当我唱歌的时候，窗前的柳条都会和着我歌曲的节奏来回摆动，为我伴舞。

奶奶在旁边一直扶着我，有点累了，就对我说：“你这么喜欢外面，奶奶带着你出去玩就可以了，不用老是站在这么危险的地方。”奶奶不懂，她带我出去看到的外面的世界，和我在窗台上从高处看到的世界是完全不同的。我从窗台上能看到树干的顶部，能看到小假山的最高处，还能看到窗户外来来往往的人都变成了比我矮的小矮人。在窗台上，云彩离我很近，仿佛我一踮脚就能碰到，如果只是我自己走在外面，哪能碰得到天上的云彩呢。

不过自从“小娃娃”事件发生后，每次站到窗台上我都小心翼翼的，小手一直扶着窗户前的栏杆。作为一个聪明的小国王，我当然知道该怎么做才能安全地看到外面的世界。

爸爸妈妈知道了奶奶的担忧，他们也觉得我总是爬到窗台上不够安全，为了解决这个问题，他们还开了个小型家庭会议。

第二天一大早，爸爸妈妈拿来很多垫子，将垫子摞得高高的，周围还铺了软垫子。这么高的垫子，我根本爬不上去，爸爸抱起我把我放到了垫子最上面。天哪，坐在上面以后，外面的世界更清晰了！高度一点都不亚于站在窗台上面，更重要的是，屋子里的世界也发生了变化，屋子里的物件都变小了。我俯身看着爸爸、妈妈和奶奶，他们都比我矮了很多。开始我还有点害怕，但是不一会儿，妈妈也爬上垫子，坐在了我的旁边，这下我可安心多了。屋子里的东西都仰视着我，应该对我充满了尊重和崇拜。毕竟，哪个小国王能像我一样有这么高的宝座呢?

垫子上下颠伏着，仿佛漂浮在大海中，而我变成了乘坐轮

船出海巡游的小国王了！妈妈之前带我去儿童游泳池玩耍时，曾将我放在一个橡皮小船上面漂浮，第一次漂浮的时候我有点害怕，第二次就觉得特别好玩了。水会推着小船向前走，偶尔还会有溅起的浪花把我推向更远处。这个垫子和小船很像，只不过这次是妈妈在推动“小船”。我感觉客厅的墙和家具都在随着波浪的涌动上下漂浮着，窗户外的小树和假山似乎也在随波漂荡，远处花园里的小花朵也摇着小脑袋向我致意……

“坐船”坐久了，我有点晕。奶奶说要带我去户外，我心里也惦记着花园里那些摇着脑袋的小花朵，就同意了。出门一看，花密密麻麻的，花枝也很高大，我根本找不到刚才是哪几朵花在冲我微笑了，我有点沮丧。这时，我看到花园旁边有个小滑梯，赶紧跑了过去。我顺着台阶走上去，站到了滑梯的最高处，这下我终于找到那几朵小花朵了！我觉得紫色的花朵最高，应该是花仙子故事里的花仙子姐姐，矮的那几朵黄色和粉色的花肯定就是花仙子妹妹了，她们簇拥在一起，都微笑着问候我。我从滑梯上滑下来的时候，发现花仙子们的笑脸逐渐被挡住了，慢慢地，我只看得到她们的绿色枝干了。我再次爬到滑梯上时，又见到她们的笑容，似乎在问我：“一眨眼的工夫，你跑到哪里去了啊？”“我在滑滑梯。你们在和我捉迷藏吗？”我在心里与她们对话。我一边想着，一边不停地滑滑梯，跟她们玩捉迷藏。

远处还有一个小小的攀爬架，一些哥哥姐姐们爬得很高。是不是他们在高处，都能看到我发现的那个新世界啊？我也想爬上去。我努力地手脚并用往上爬，奶奶在我身后保护我。爬到一半的时候，我又有了新发现：假山旁边的那条小溪，像一条镶满了钻石和金子的项链，围绕在假山周围。我看得入神了，直到奶奶喊我，我才从上面下来。下来后我马上跑到小溪旁去找那些钻石和金子，但是我只看到了荡漾的水波。太奇怪了，钻石和金子被谁拿走了吗？可是刚才从高处还能看到它们呢？为什么现在世界又变得不一样了呢？于是，我又爬到攀爬架上，哇，那些钻石和金子又出现了！我明白了，从高处能发现其他地方没有的东西呢！

## 给爸爸妈妈的话

这个月龄的宝宝运动能力更强了，有的宝宝已经会跑了，尽管他们有时候会摔跤，但是如果不是特别疼，他们还能站起来继续往前跑。他们在跑步的过程中，体验到控制自己身体的乐趣。很多宝宝能扶着栏杆上台阶了，还喜欢往高处攀爬。宝宝的上肢力量也更强，能将手中的物品扔出去，尽管扔物品时还没有固定的方向，但是随着年龄增长，他们的大脑神经逐渐发育成熟，肢体控制和手眼协调能力增强，就能逐渐将物品扔到想扔的方向了。宝宝也越来越会照顾自己了，会自己用杯子喝水，吃饭的时候也能尝试自己用勺子吃东西。宝宝的手部精细动作进一步发展，能双手脱袜子，还能尝试拉开衣服上的拉链。

## 一、宝宝“爬高上低”好处多

宝宝到了 18 个月左右，就到了特别喜欢爬上爬下的阶段了。攀爬是宝宝的天性，在与自然的亲密接触中，他们能更加释放与生俱来的天性。

### （一）为何宝宝喜欢攀爬?

从 8 个月开始，宝宝就喜欢攀爬。这是因为爬高能让他们站在更高的地方观察世界，通过攀爬，他们能看到自己喜欢看、想要看的事物。

攀爬是宝宝想要认识世界的一种表现。例如，他们在家总喜欢爬椅子、爬沙发，或者在桌子上爬，家长一般会认为孩子这样很淘气，其实这是他们肢体运动发展表现出的特点。逐渐地，家长就会发现宝宝的胆子越来越大，从需要家长扶着攀爬，发展到自己掌握攀爬的技能，可以独立攀爬，并且宝宝会不厌其烦地反复爬上爬下，直到自己累了才会停止。

### （二）了解攀爬的好处

1. 促进宝宝身体协调性的发展。攀爬运动需要全身各部位——手、脚、眼睛、躯干等的协调运作、全面配合才能完成。

2. 发展空间能力。攀爬时的高度变化，可以给宝宝的前庭觉带来不一样的体验和感觉，从而促进宝宝空间感的发展，有助于宝宝今后在新环境中多感官同时处理信息。

### （三）促进攀爬能力发展的亲子游戏

1. 带着宝宝上下楼梯。

2. 可以在家里把被子或者靠垫等较软的物品堆叠起来，让宝宝攀爬。

3. 对于胆子小还不敢攀爬的宝宝，家长可以用自己的手臂扶着宝宝腋下将其举高，逐步锻炼宝宝的胆量。

## 二、宝宝认知能力飞速发展

### （一）按照事物的外部特征分类

这个月龄的宝宝已经开始了解物品的外部特征，例如大小、颜色、高矮等。家长可以将生活中常见的物品拿出来，让宝宝通过观察、触摸等方式，了解不同物品的相同点和不同点。可以将具有相同特征的物品放在一起。让宝宝去观察、触摸。例如，吃完饭后，可以告诉宝宝碗口和碗底都是圆圆的，碗和碗可以摞在一起；筷子是长长的，可以放在一起；毛绒玩具摸起来是毛茸茸的，要放在一起；塑料玩具摸起来是光滑的，也可以放在一起。还可以将红色的积木与黄色的积木放在一起，让宝宝去寻找红色的积木。久而久之，宝宝会学会将物品分类。在家里，玩具要按照类别收纳。玩完玩具，让宝宝和自己一起分类归位，这个过程也是宝宝了解不同玩具特征的过程。

### （二）学习比较

除了归类，还可以引导教宝宝比较铅笔、瓶子、杯子的高矮、颜色、大小。归纳和比较是认知能力发展的重要标志。刚开始，宝宝只能比较物品的外部特征，即显而易见的、肉眼能看到的特征。等到宝宝接近两岁，他们还能通过事物的内部特征来比较，如比较物品的轻重、粗糙与光滑，直到了解物品不同的功能与用途。

爸爸妈妈开展这样的认知能力游戏，一般每次5~10分钟。需要在宝宝感兴趣的状态下进行，否则就会变成枯燥的训练。当宝宝表示不愿意参与时，家长不要勉强。

## 三、助力宝宝语言的“爆发”

### （一）多和宝宝说完整的简单句

1岁半以后，大部分宝宝在语言发展上都有很大的进步，他们从能说单词到能说简单的句子，尽管这些句子结构很简单，甚至有时候句子顺序颠倒，语法不正确。这样的句子我们称为“电报句”，例如“妈妈来”“奶奶给”等。这个时候，爸爸妈妈可以多和宝宝说完整的简单句，向宝宝示范正确的语言，同时不要刻意去纠正宝宝发音或者表达上的错误，多鼓励，多交流，以促进宝宝的语言发展。

### （二）利用多种语言材料学习语言

朗朗上口的儿歌对宝宝有很大的吸引力，其句子短小、重复性高、韵律性强，是很好的宝宝学习语言的素材。爸爸妈妈不妨多给宝宝读儿歌，营造良好的语言氛围，让宝宝感受语言的魅力。爸爸妈妈还可以多和宝宝一起读绘本。在读绘本的时候，给宝宝提一些简单的问题，让宝宝试着回答。带宝宝出去的时候，也可以有意识地给宝宝读一读街道上商店的牌子或者交通标识上的字。

### （三）“刺激”宝宝多说话

语言是人际交往的重要工具，只有在真实的交往情境下，语言才能发挥作用。因此，爸爸妈妈可以带着宝宝去孩子们聚集的地方玩耍，多引导他们和同龄人在一起。宝宝年龄还小，还不能主动和同龄人交往，一开始爸爸妈妈可以陪着宝宝在旁边玩耍，宝宝看到比自己大的哥哥姐姐玩游戏、互动，就会观察和模仿。时间久了，爸爸妈妈可以再引导、帮助宝宝去和别人交流，表达自己的愿望。如果宝宝想玩其他小朋友的玩具，爸爸妈妈可以带他们去其他小朋友跟前，帮助他们和小朋友商量：“你好，我可以玩一下吗？”宝宝看到爸爸妈妈这么说，就能对语言交流有更深的理解，下一次遇到这样的情况，他们会模仿爸爸妈妈的做法。在家庭中，也要多给宝宝表达的机会，家人可以多和他们聊天，多谈论日常生活中刚刚发生或者正在发生的事情。如问问宝宝：“出去看到了什么？”“今天去商店看到的新玩具是什么颜色的？”“邻居家哥哥养的小狗是怎么叫的？”无论宝宝能否清晰地表达，他们的小脑袋都在思考和学习，会逐渐对当下发生的事情有更深的了解，逐渐学会如何用语言表达自己的想法。

# 第八章　变大与变小

## （20 个月）

时值盛夏，太阳正爬向天空的最高处，知了在不停地叫着，好像在为太阳呐喊助威。妈妈带着我在小区里的树荫下乘凉，树荫下凉风习习，炽热的太阳一点也晒不到我。别的小朋友也在他们妈妈的陪伴下，来到树荫下。我和小朋友一边玩耍着，一边分享我手中的零食。食物的碎屑纷纷从我们手中散落下来，吸引了许多蚂蚁。它们来回穿梭着，兴高采烈地把碎屑运到洞里。我蹲下来，仔细地观察这些小蚂蚁。

很久以前，我就注意到了这些蚂蚁，每次看到它们我都会用我的小手指着它们，兴奋地喊叫。它们爬得很快，有时候会爬到我的脚边，吓得我赶紧往后退，妈妈安慰我说：“别害怕，宝贝，这是小蚂蚁，是益虫，只要不让它们爬到你的身上，它们是不会伤害你的。”

我嘴里说着“蚂，蚂”，蹲下来仔细地打量着它们。它们排着整齐的队伍，嘴里叼着一点点饼干屑，努力地朝着洞口爬去。其中一只蚂蚁有其他的两倍大，我指着那只超级大的蚂蚁对妈妈说：“大，大。”妈妈笑着说：“是的，宝贝，你观察得好仔细啊，这只蚂蚁是最大的。”我兴奋地站起来跺跺脚，接着去观察。我又发现了几只很小的蚂蚁，几乎看不清它们的眼睛。它们也都在忙碌着，但是它们身上没有背饼干屑。妈妈也注意到了，就指着这些小蚂蚁说：“宝贝，你看这些蚂蚁好小啊，它们跟你一样，是蚂蚁宝宝呢。”我咯咯地笑出了声。

只见小蚂蚁们排着整齐的队伍，一个一个地把饼干屑搬到洞穴里。洞穴里是什么样子的呢？我也想去它们家里看看。这时候，又有一群蚂蚁钻进洞口，我想跟着这些小蚂蚁进去，就伸出手指头尝试着往蚂蚁洞的更深处探索，但怎么也伸不进去，蚂蚁洞太小了，而我的手指头太大。我的小手指头突然疼了一下，好像是被蚂蚁咬了，我拿出手指，哇哇大哭起来。妈妈赶紧帮我揉了揉手指，告诉我：“蚂蚁一般是不会咬人的，肯定是感觉到了危险才会咬你的，以后可不要随便去捅蚂蚁窝了。”

观察了一会儿蚂蚁，我的双腿蹲得发酸，就站起身来。起身的一瞬间我发现自己的影子变大了，我指着影子说：“大，大。”妈妈看着我指的影子，对我说：“宝贝，妈妈给你变一个魔术啊，你看妈妈的影子现在是这么大的对吧？接下来我能让它马上变大，还可以再让它变小。”说着妈妈站了起来，还张开了双臂，妈妈的影子果然变大了，随后妈妈又蹲下，把双臂抱在胸前，她的影子真的又变小了！

真好玩，我也要把自己的影子变大和变小！我学着妈妈的样子，抱着胳膊蹲下，影子果然变小了，然后又站起来张开双臂，影子立马又变大了。我一直重复着这两个动作，影子也在相应地不断变化。妈妈走过来站到我的身后，我发现妈妈大大的影子把我小小的影子给盖住了，妈妈挪开自己的身体以后，我小小的影子又出现了。

我乐此不疲地和妈妈玩这个变魔术的游戏，早就忘记了看蚂蚁，直到肚子咕咕叫了，我才站起身和影子再见。妈妈说等明天上午我们再出来继续玩这个游戏。

回到家里，奶奶正在做午饭，我和妈妈一起来到厨房帮忙。奶奶准备包饺子，馅儿已经拌好了，她正在揉面团呢。她一手用筷子搅和着面粉，一手拿着杯子往面盆里面倒水。一开始面粉都是散落的小疙瘩，被她揉一揉、团一团，小疙瘩就都聚集到了一起，变成了一个大大的面团。我也想试一试，就到奶奶身边去拿她的面团。她从大面团上揪下一个小面团递给我，让我揉面团玩。

妈妈也和我一起玩了起来。她拿着一个小面团，把小面团放在面粉里来回滚，小面团逐渐变大了。我也拿着自己的面团在面粉里滚来滚去，面团像一个胖嘟嘟的小娃娃，淘气地在面粉里来回扑腾，飞起来的面粉一会儿就把我变成了大花脸。

奶奶将面团搓成长条，拿起刀，干净利落地将大长条切成了好多小段。她又拿起一小段，揪下一个一个的小面团宝宝。我看得入了神，这些长条从那么大又变得这么小了。我学着奶奶的样子，拿起自己的小面团就开始揪。不一会儿，我也揪出来了很多小面团宝宝，只是它们大的大，小的小，没奶奶揪的面团漂亮。

妈妈说这是我自己揪的面团宝宝，一定要单独包饺子。妈妈用我揪的面团宝宝擀皮，擀出的饺子皮和奶奶擀的一点都不一样，大小差异很大。接着妈妈用我制作的面团宝宝包饺子，包完的饺子也是大小不一的。但我很有成就感，开心地拍着手。妈妈拿出一个小锅，她说我的饺子用这个小锅煮。

开始煮饺子了，大饺子和小饺子先后下锅，它们像大大小小的白色小鱼在锅里穿梭。我指着小饺子说："宝宝，宝宝。"小饺子就是大饺子的宝宝，妈妈听了以后笑着说："大人吃大饺子，小朋友吃小饺子。"但是吃饭的时候，奶奶怕我吃不饱，就夹了几个大饺子给我。可是我就喜欢吃小饺子，我觉得我是宝宝，所以一定得吃饺子宝宝！

吃完午饭后，我睡了一个比饺子更香甜的午觉。醒来后，妈妈拿出橡皮泥，继续跟我玩变大变小的游戏。妈妈揉出很多小泥团，然后又将小泥团和在一起。小泥团就像一个个小宝宝，身体挤在一起，逐渐互相融合了，看不出谁是谁，变成了一个大泥团。我也拿着几个彩泥宝宝往一起揉，不过我的力

气很小，它们只是挤在一起，还不能互相融合，等我再使点劲儿，它们就慢慢地变成了一个大彩泥团。

我将不同颜色的彩泥宝宝放在了一起揉。一开始，它们身体的边界还非常清晰，不一会儿它们就互相融合了，黄色的彩泥宝宝身上粘上了红色，逐渐变成了橘黄色。我想起了之前涂鸦的经历，不同颜色的点点一混合就变了颜色，我就又去寻找其他颜色的彩泥。找到后，我用小手撕下一点点彩泥，放在我小小的手掌上面，然后又找到别的颜色的彩泥，使劲儿把它们往一起揉搓，它们的身体边界模糊了，逐渐融合在一起。

玩到这里，我来到妈妈身边，和她紧挨着，使劲儿和她挤着，嘴里说着“变，变”，这样我和妈妈的身体也会融合在一起了吧？妈妈抱着我，给我看她手里的橡皮泥，有三个彩泥宝宝，分别是绿色、蓝色和灰色的。妈妈轻轻把它们捏在一起，并没有使劲儿揉搓，三块彩泥合在一起，界限很分明。妈妈说：“宝贝，我们生活的地方是一个大大的地球，而我现在用橡皮泥做了一个小小的地球。”看着我似懂非懂的样子，妈妈拿着这个“小小的地球”，带着我来到书房，指着一个大大的球告诉我：“这是地球仪，你看它们是不是很像啊？”

真的很像，那个大大的地球仪就像彩泥小地球的妈妈一样。我把它们挨着放在一起，想看看它们是不是也会融合在一起。妈妈告诉我，它们的材质不一样，大地球是塑料做的，小地球是橡皮泥做的，所以不能融合到一起，如果都是橡皮泥做的，才有可能融合在一起。妈妈说的我还不能完全理解，但是我明白，很多东西都是有大有小的，甚至有比大东西更大的东西，就像我们生活的地球，它已经很大了，但是还有比它更大的地球，只是这个更大的地球在哪里呢？我不时地看看地，又看看天，想找到这个更大的地球。

给爸爸妈妈的话

宝宝已经20个月了，随着运动量的增加，他们的身材比例更加匀称。有的宝宝跑起来很快，还能从走变为跑，又在跑的过程中慢慢停止，这表明他们的身体控制能力增强了。有的宝宝还尝试着向上跳，或者从台阶上跳下来。他们的小手更加灵活，双手能配合做事情，比如自己就能脱鞋和脱袜子，将不同形状的积木放到不同形状的洞洞里。他们的记忆力更强了，曾经去过的地方和玩过的玩具都能记得，能区分不同物品之间的显著差异。此时宝宝的词汇量有显著增长，由于宝宝发展有个体差异，有的宝宝还在说叠词，有的宝宝开始将两三个词放在一起说。对此爸爸妈妈不要着急，只要继续和宝宝多交流，让宝宝在良好的氛围中自然地提升对语言的吸收、理解和表达能力即可。

## 一、在日常生活中潜移默化学习

生活经验是宝宝学习和成长的最好土壤，生活中的体验、操作能更好地激发宝宝的探索欲和思考欲。

### （一）对比大小、高矮

20个月的幼儿，能根据物体的外部形状来辨认物体，并且对物体的外部特征有了初步的了解，比如他们能分出物体的大和小、高和矮。随着生活经验的增加，他们还能在一堆不同大小的物体中挑出较大的那一个和较小的那一个。

认识大和小、高和矮是幼儿认知水平发展的标志，也是幼儿学习比较、分类等数理逻辑的基础。这表示他们已经具备初步的抽象思维，即能抽离出事物的具体形状，找到事物显著的抽象特征。家长可以从日常生活中能够见到的物品入手，引导宝宝来认知事物的大和小。例如，在吃水果的时候，可以问问他们，想吃大的还是小的？挑选衣服的时候，也可以比比大小。还可以把爸爸妈妈的鞋子与宝宝的鞋子放在一起比比大小等。

### （二）关注有变化的、新奇的事物

幼儿进入第 20 个月，由于大肢体动作得到进一步发展，他们能走到更远的地方，爬到更高的地方，手臂也更加有力，能拿起更多的东西，因此探索欲望进一步增强。随着认知能力发展，他们也会更加关注到有变化的事物，新奇的、能变化的事物更能吸引他们的注意力。

父母同样可以在生活中引导孩子关注那些有变化的事物，这会为他们日后的思维能力发展奠定基础，提升他们对事物的观察力。例如，在家里做饭的时候，可以让孩子多加观察。比如，面粉加水搅拌后经过按、揉等方式，能变成面团，面团还会被擀成面饼，最后切成面条；下雨后，带着孩子去院子里观察树叶上的雨水，看天空中的彩虹；下雪的时候，拿一点雪到温暖的地方，看雪是怎么融化的。这些都能让孩子通过观察事物的表面现象去探究事物的因果关系，为培养他们的逻辑思维和科学探究能力奠定基础。

## 二、手巧才能心灵

### （一）精细动作与大脑发育的关系

儿童心理学家皮亚杰（Jean Piaget）说："儿童的思维是从动作开始的，切断动作与思维的联系，思维就不能得到发展。"动作发展包括大运动和精细动作发展，动作发展不仅能促进思维能力的发展，还和大脑发育息息相关。

有一个成语是"心灵手巧"，它揭示了手部精细动作发展和大脑发展之间的关系。医学研究发现，人的手布满了人体最敏感的神经，人完成各种动作的基础是反射弧；手作为感受器受到刺激后将冲动传导至大脑的神经中枢；大脑对刺激做出反应后，大脑本身所在功能分区的神经元之间的连接会加强，大脑得到发展。

### （二）日常支持手部精细动作发展的小游戏

这个月龄的宝宝手指功能分化得更加精细，拇指和其他四指能熟练地握起笔，左右手可以很好地配合做事情。在家中，爸爸妈妈可以和宝宝一起玩一些小游戏。

玩面团：捏面团可以充分锻炼宝宝手指的灵活性。不同发展水平的宝宝都可以用不同的方法来玩捏面团，可以用手掌团，可以按压，可以互相搓，还可以用手指捏。家人在做饭的时候，可以利用剩余的面团和宝宝玩。时间久了，宝宝也会观察家人和面、包饺子的全过程，逐渐参与进去。橡皮泥和超轻黏土因为色彩鲜艳、质地不同，也是很好的材料。

搭积木：搭积木不仅能促进宝宝手部精细动作发展，还能锻炼宝宝手臂的控制力量，促进思维能力的发展。20个月的宝宝已经能搭3~4块积木，甚至更多。他们还不能事先在头脑里设计好自己要搭什么，更多是边搭边想，而且他们更多是往高处搭，一旦底下的积木不稳当，上面的积木就会掉下来。在这个过程中，爸爸妈妈可以多陪着宝宝搭积木，用语言而不是动作引导他们，告诉他们如何将下面的积木放得更稳当，如何能搭得更高。

涂鸦：这个时候的宝宝仍然停留在涂鸦阶段，但是他们的小手已经能将画笔控制得更好，从随意乱涂到能够画出点点与线条。爸爸妈妈可以给宝宝不同的笔，如蜡笔、水彩笔、粉笔等，让他们来画。对于宝宝的画作，家长要保持欣赏的态度，和宝宝交流，他们就算说不出画的是什么，也能说出用了什么颜色。甚至有的宝宝会脑洞大开，说自己画的是某种物品，对于他们的“抽象派画作”，只要家长不断欣赏，宝宝就会更愿意去尝试涂鸦。在这个过程中，他们对画笔的控制能力、上肢的力量、手指的协调能力会不断增强，他们的想象力和语言表达能力也在同步发展。

# 第九章　给小妮娜洗澡

（21个月）

今天我要给我的布娃娃妮娜洗澡，这可是一件大事情。

妮娜有着大大的眼睛、弯弯的睫毛、粉红的小嘴，还有微微上翘的鼻子。如果你不小心摔她一下，她就“哎哟，哎哟”；如果你挠她的胳肢窝，她还会咯咯笑个不停。自从妮娜来到我家，我对她就爱不释手，吃饭、睡觉、上厕所、出去玩，都会带着妮娜，除了我洗澡的时候，因为我不愿意弄湿妮娜。有一次，妈妈提出要给妮娜洗澡，我哭了好久，妈妈怎么跟我商量我都不愿意，我担心妮娜被洗干净后，就不是原来的模样了。我也不允许任何人动我的妮娜，甚至妮娜的衣服都不能换，妮娜的发型也不能变。

但是今天，我决定给妮娜洗澡。

这还要从昨天说起。昨天我和往常一样，一边躺在浴缸里让妈妈给我洗澡，一边和我的小鸭子、小船玩。浴缸里都是泡泡，把小鸭子给包围了，渐渐地，小鸭子的整个身体都被泡泡

包裹住了。我拿起小鸭子，学着妈妈给我搓澡的样子搓了搓它的身体，没想到小鸭子黄色的身体变得更鲜艳，眼睛更明亮，小嘴巴也更鲜红了。妈妈说，这是因为我给小鸭子洗了个澡，小鸭子变干净了。这下子可激起了我的兴趣，我不仅洗干净了小鸭子，还把小船、小鱼、小乌龟等所有陪我洗澡的小伙伴都给洗干净了，最后还搓起了自己的小脚丫。

今天一大早，我发现妮娜的脸蛋上有蜡笔的痕迹，衣服上还有一些污渍，就拉着妈妈的手来到卧室，嘴里说着“洗，洗，妮娜”。妈妈马上明白了我的意思，决定和我一起给妮娜洗澡。

妈妈先是帮我给妮娜脱掉了衣服，把妮娜背后的电池取了出来，又拿来了一条毛巾、一个水盆和一小瓶盖的洗衣液。妈妈说妮娜的衣服脏了，她先教我怎么给妮娜洗衣服。妈妈拿来一件我的上衣，和妮娜的衣服一起放在水盆里。她洗我的衣服，我洗妮娜的衣服，我学着妈妈的样子揉搓，不一会儿就累得满头大汗。我跑去喝了一口水，等回来时发现，妈妈已经帮我把妮娜的衣服给洗干净了，妮娜的衣服和我的衣服都被挂在了阳台上，还散发着阵阵清香。

我们开始给妮娜洗澡了。在给妮娜洗澡之前，妈妈告诉我因为妮娜很久没洗澡了，所以需要在水里泡一会儿。我想起来妈妈给我讲过的绘本《小熊洗澡》，上面说洗澡是有顺序的，比如洗澡之前要做好护理：准备好毛巾，将长长的头发绑起来，避免洗发水进到眼睛里……在妈妈的协助下，我把妮娜的头发给绑了起来，又找到一个创可贴把妮娜的眼睛给盖住了。妮娜已经准备好去洗澡了。

给妮娜洗澡真是一个漫长的过程，还没有给她洗干净我就饿了，妈妈喂我吃了一点东西，我也给妮娜喂了一点东西，我想她一定也很饿。在洗澡的过程中，我还给妮娜放了我最喜欢的儿歌，并且把平时陪我洗澡的小伙伴们都放在了妮娜的旁边陪着她。

终于洗完了，妈妈去给小妮娜拿新衣服，我突然想起我洗澡后必不可少的大事：抹爽身粉。我爬到浴室的凳子上，从柜子里拿出了爽身粉。我把妮娜的身体上上下下抹了个遍，几乎用了半盒爽身粉，这下妮娜应该很舒服了吧。

妈妈进来了，看着满脸是爽身粉的我和白白的妮娜，笑得弯下了腰。妈妈笑什么呀？我去镜子前一看，原来我干净的小脸蛋变成了一个大花脸。妈妈帮忙清理了我和妮娜身上的爽身粉。清理后，妮娜重新变干净了，但爽身粉的香味留在了她的身上，妈妈夸我特别会照顾妮娜。

晚上，我抱着干干净净、香喷喷的妮娜，舒舒服服地躺在我的小床上，哼着妈妈常唱的儿歌，一会儿便和妮娜一起进入了梦乡。

给爸爸妈妈的话

21 个月的宝宝开始学会表达情感，不仅仅对父母，而且像小动物、自己喜欢的玩具等，他们都会通过抱一抱、亲一亲等表达自己的喜爱，这说明宝宝情感更加丰富和复杂了。宝宝照顾自己的能力飞速发展。如果渴了，宝宝自己就能拿着杯子喝水。感到热了，宝宝自己也能摘帽子，尝试脱衣服。宝宝喜欢往高处爬，还愿意从高处往下跳，爸爸妈妈要注意安全防护。宝宝开始关注大自然中的变化，如昼夜交替和月亮的阴晴圆缺等。宝宝到了晚上知道要回家睡觉，看到星星、月亮也会用小手去指指。

## 一、“有样学样”的小大人

### （一）模仿能力是思维能力发展的表现

婴幼儿的模仿能力从几个月就开始出现了，当一个 6 个月的宝宝看到妈妈的嘴唇在动，自己也会下意识地动嘴唇。1 岁以内，宝宝的模仿仅限于一些简单的动作，如拍手、挥手、点头等。1 岁以后，随着幼儿认知能力和身体机能的发展，他们的模仿能力进一步发展。宝宝会从语言、行为、情绪表达等方面全方位模仿父母和周围环境中的成年人。

这个月龄的幼儿模仿的动作更加复杂和形象，这说明他们的观察力和思考能力增强了。因为幼儿在模仿的过程中，不仅需要做动作，还需要观察和思考，需要形象思维和动作协同，将头脑中对成人行为的“印象”用动作表达出来。

### （二）对模仿中的负面行为进行冷处理

随着幼儿年龄增长，他们会积累更多的生活经验，接触更多的人和事物。如果小区里有人骂脏话，幼儿不小心听到了去模仿，这个时候要进行冷处理，因为幼儿的模仿是没有价值判断的，他们缺乏辨别是非的能力，父母不要刻意去纠正，只要用正确的行为替代错误的行为就可以。对宝宝的负面行为和语言进行冷处理，这些行为和语言过一段时间就自然消失了。

### （三）保护幼儿正确模仿的兴趣和积极性

父母要积极创造条件，保护幼儿模仿的兴趣和积极性。例如，带孩子去动物园，听动物的叫声，观察动物的体态和姿势，并引导孩子模仿。带孩子听音乐，听儿歌和故事，看绘本，模仿其中角色正确的语言、行为等。这不仅能促进幼儿观察能力、思维能力、记忆能力等方面的发展，也顺应了他们的天性。

同时在日常家庭生活中，营造有利于儿童发展的环境，如早睡早起、家庭成员之间和谐共处、少看电子产品、不吃垃圾食品等。父母良好的言行和积极的生活方式是一面最好的镜子，能够无形中影响到幼儿。

## 二、“吃喝拉撒”的那些事儿

### （一）宝宝会“偏食”吗?

爸爸妈妈最担心的是宝宝偏食导致营养不均衡，影响身体发育。大多数宝宝都有饮食上的偏好，生来就什么都吃的宝宝很少见，但是饮食上的偏好不等于“偏食”。每个宝宝都会对第一次尝试的食物味道有一个适应的过程，暂时出现不想吃某种食物的情况，也是正常的现象，爸爸妈妈先不要急于下结论。

宝宝饮食习惯的养成和家庭中的饮食习惯有重要的联系，家庭中要尽可能做到营养均衡，每顿饭都有肉有蔬菜，并且五谷杂粮和蔬菜水果尽可能多样化。宝宝如果对第一次品尝的食物表现出抗拒，下一次可以改变食物的做法与口味让宝宝品尝。

在保证安全的前提下，邀请宝宝一起进厨房。这个月龄的宝宝已经可以做一些简单的事情，下次进厨房做饭的时候，可以给宝宝一些菜叶子让他们帮助择菜，或者给他们一些面团让他们揉搓。宝宝对于亲自参与的事情会充满期待，积极性更高，也会更加珍惜自己动手得来的劳动成果。

### （二）排便训练有新招

1 岁半以后，很多宝宝在家中已经不穿纸尿裤了，家里也备有宝宝专用的坐便盆或者小马桶。这些无疑对宝宝的排便训练有很大作用。随着宝宝逐渐长大，他们逐渐能说出“尿尿”“便便”等语言，也知道要去坐便盆或者到小马桶上去解决大小便了。

1 岁半以后的宝宝晚上通常还需要父母把尿。对于睡眠容易受到影响的宝宝，可以先穿着纸尿裤。随着月龄增长，他们控制夜尿的能力也会增强。根据宝宝个体发展的情况，晚上给宝宝断掉半夜喂奶的习惯后，一般在 1 岁半到 2 岁之间要对宝宝进行夜尿控制训练。可以尝试让宝宝白天多饮水，晚上睡觉前少喝水，脱掉纸尿裤，晚间睡觉中途不再叫醒宝宝，看宝宝能否控制夜尿。如果宝宝还会尿床，就继续把尿；如果宝宝不再尿床，说明宝宝已经可以控制夜尿了。此时，宝宝也能尝试自己去脱裤子，当然更多时候还需要爸爸妈妈帮忙，但是宝宝会逐渐学会自己脱裤子。

对宝宝来说，控制夜尿这件事是一件了不起的事情，他们会增强对事物的控制感和获得成就感。久而久之，宝宝在外出时也可以脱掉纸尿裤了。

### （三）让宝宝睡一个好觉

宝宝已经初步养成了固定的作息习惯，如果宝宝很困却睡不着，或者一到了夜晚就精力充沛不睡觉，爸爸妈妈也会很着急。我们可以从以下几方面考虑，排除并克服影响宝宝睡好觉的因素。

奶睡：宝宝是否从小养成了奶睡的习惯？即必须喂奶才能睡着，甚至一哭就得喂奶。如果是这种情况，就要戒掉这个习惯。喜欢吃奶睡的宝宝夜尿会比较多，影响睡眠。在戒掉奶睡习惯的时候，刚开始宝宝会因不适应而哭闹，这是因为喜欢奶睡的孩子往往需要更多的安全感。可以多增强亲子之间的陪伴，尝试入睡前用拥抱宝宝、读绘本故事等来逐步替代奶睡。

作息不规律：考虑宝宝是否白天睡得太多，超过了 3 个小时，或者白天的运动量不够，少于1小时，这些都会影响晚上的睡眠。吃饭、运动和睡眠三者（吃、睡、动）是互相影响的，如果吃饭晚或运动量少都会影响睡眠。下午睡得太多，也会影响夜晚的睡眠。

照护不当：有的爸爸妈妈在睡觉前会过度安抚宝宝，比如抱着他们来回走动，或者必须给他们唱歌等。这容易让宝宝过度依赖这些方式，导致无法独立入睡。要想宝宝睡觉好，全家人都需要早点入睡，营造良好的睡眠环境。只要家里安静，灯光变暗，爸爸妈妈给宝宝洗澡、讲绘本，宝宝就知道该入睡了，会逐渐养成独立入睡的习惯。睡觉前爸爸妈妈可以躺在宝宝身边，适当安抚、抚触（按摩）或唱儿歌、讲故事，但是尽可能不要让宝宝对此有所依赖。

# 第十章　好朋友和一家人

## （22个月）

我的好朋友就住在我家隔壁，他眼睛大大的，一笑起来嘴角微微上翘，发出一串串银铃般的声音，特别可爱。他奶奶经常带他到我家和我一起玩耍，每次见到他，我都很兴奋。我们一起分享水果，分享食物，也一起玩玩具。高兴起来时，我们连嘟囔带比划地聊着天，也手舞足蹈地唱着儿歌。当然了，我们也有发生矛盾的时候，每当不开心的时候，我们便噘着小嘴不理对方，我还会藏起我的玩具不给他玩，他也抓起他的玩具紧紧抱住。每当这个时候，奶奶们总是哈哈大笑着批评我们，很快就化解了我们的小矛盾。

我的好朋友已经两天没来我家玩了，我无聊地在客厅里逛来逛去，突然发现奶奶正趴在地上费力地找东西，原来是她的一只鞋子不小心被踢到了桌子底下。这可难不倒我，我灵巧的小身体很轻松地就爬到了桌子底下，一下子就拿到了她的鞋。

奶奶夸我说："欣欣真棒啊，帮鞋子找到了它的好朋友。"哦，原来鞋子也有好朋友啊。我仔细一观察，可不，鞋子的好朋友和它长得几乎一模一样，它们还总待在一起。幸亏有好朋友，否则鞋子每天都在重复着同样的工作，多枯燥啊。它们一起走路，一起在鞋柜里休息，一定也有小矛盾。

这么想着，我便打算去鞋柜里一探究竟。鞋柜里有很多鞋子：妈妈漂亮的高跟鞋整齐地站在那里，鞋面上镶嵌着漂亮的钻石，我猜它们一定会经常比比谁的钻石更闪亮。奶奶的布鞋上绣着花，这只鞋的花瓣挨着那只鞋的花瓣，组成了一朵完整的花——看来好朋友是不能分开的，否则鞋上的花就没办法开放了。我又看看爸爸的鞋，爸爸的皮鞋没有什么花样，只是静静地躺在那里，也难怪，爸爸经常出差，走的路最多，所以他的皮鞋是最累的，这两个好朋友都累得不想说话了吧。我又看看我的鞋，走路的时候，这双鞋的鞋底会亮灯，晚上我穿着它们走在小区里，两只鞋亮闪闪的，为我照亮了前行的路。

我又环顾四周，发现原来家里有很多东西都有好朋友，比如吃饭用的筷子和小碗。筷子们不仅长得一模一样，还形影不离。虽然我还不会使用筷子，但是我见过大人用筷子吃饭。在他们的手中，为了夹起饭菜，两根筷子彼此靠得紧紧的，谁也离不了谁。而小碗就更不用说了，它们有一大群好朋友，在碗柜里亲密地待在一起。我们一家人吃饭的时候，小碗们也都一起来到餐桌上，或是"叮当叮当"地交流着，或是沉默地听

着我们一家人交谈。等我们吃完饭，它们会在洗碗池一起洗个澡，再次回到碗柜里休息。

我正想着，“叮咚”，客厅的门铃响了，我跑去开门，原来是新搬来的邻居来我家做客。邻居爷爷摸了摸我的头，邻居奶奶抱了抱我，还来了一个新朋友壮壮，他和我握了握手。他们刚坐下，我和壮壮就互相盯着看，我忍不住想去摸一摸他帽子上的小熊耳朵，他则害羞地躲在他爷爷怀里，目不转睛地看着我。奶奶拿出了茶具给他们泡茶喝。我最喜欢看奶奶泡茶了，每次奶奶泡茶，都像在进行一场魔法表演，我看得直发呆。

茶具里最大的是茶壶，它有一个大大的肚子，里边藏着很多秘密。我猜，它应该是茶具家族里的“茶壶妈妈”。上次妈妈泡茶，把含苞待放的玫瑰花放到了“茶壶妈妈”的肚子里，又倒入了冒着蒸汽的开水，神奇的事情发生了：花朵绽开了，水也变成了淡淡的粉红色，花香扑鼻而来。而这次，奶奶则是将碧绿的茶叶放到了它的肚子里，水一倒进去，茶叶就像一条条小鱼，随波摇曳，又逐渐沉在壶底，形成了一幅美丽的图画。过了一会儿，奶奶小心翼翼地将茶水倒给“茶杯宝宝”们，“茶杯宝宝”们大口大口接着，很快就喝了一肚子水。

我想起来自己也有一套小茶具！之前我对茶壶妈妈和茶杯宝宝很感兴趣，总想去摸一摸，有一次差点被烫着，还差点把它们打碎，所以妈妈特地给我买了一套结实漂亮的小茶具，让我自己玩。

我兴冲冲地跑回房间，拿出我的茶具展示给邻居爷爷奶奶看。不出所料，他们都赞美了我的茶壶，我非常自豪。壮壮也坐不住了，马上过来和我一起用小茶壶玩倒水的游戏。我的茶杯宝宝个子高矮不同，它们一个比一个高。妈妈告诉我，这是茶壶一家人，就像我们家一样，有爸爸、妈妈、爷爷、奶奶，还有我，每个人的身高都不相同。

我和壮壮都想倒水，就去抢那个最大的茶壶，壮壮手快，先拿到了。我一下子就不开心了，这是我的玩具啊，我都很久没玩了，应该我先玩的。我哇地哭了起来，奶奶过来安慰我说："你可以帮助壮壮摆杯子呀，欣欣摆的杯子可是最整齐的，还能让茶杯从大到小排好队，可棒了。"听奶奶这么一说，我赶紧止住哭声，向大家展示了一下我高超的摆茶杯技能，大家都夸我摆得整齐，连壮壮都在拍手呢。

我们开心地玩了好久，奶奶笑着说我又多了一个朋友。我也发现和壮壮一起倒水、轮流摆杯子，比我一个人玩有意思多了。邻居爷爷奶奶送给我一个新玩具，那是一个小房子，房子上面开着不同形状的窗户。圆圆的窗户和方方的窗户我都认识，还有一个我不认识的奇怪窗户，它有三个尖尖的角，奶奶说那是三角形的窗户。邻居爷爷奶奶还给了我一个盒子，盒子里装着不同形状的木片，奶奶说它们是形状宝宝。她先拿起了一个圆圆的木片，把它放进了圆圆的窗户里，木片一下子就不见了。我从窗户里看，发现它正躺在房子里睡觉呢。于是我也拿起一个木片往圆形的窗户里塞，但是怎么也塞不进去，我急得都要把木片给弄折了。奶奶笑着提示我说："宝贝，你拿的是方形的木片，但这个窗户是圆形的，你觉得它们是好朋友吗？"

奶奶又拿起一个圆形的木片，对我说："你看，这个木片才是圆形窗户的好朋友，你可以试着把它所有的好朋友都找出来。"听到好朋友这个词，我明白了，很快就找到了好几个圆形宝宝。我又模仿奶奶的样子，把它们塞到了圆形窗户里，这下圆形宝宝们不孤单了，它们都进屋子里了。接着我又找到了方形宝宝，往三角形的窗户里塞，塞到一半卡住了，方形宝宝似乎在说："有点疼啊，我进错窗户了。"在奶奶的帮助下，我才把方形宝宝救出来，将它放到了方形的窗户里。等到只剩下三角形的时候，不用奶奶说，我就明白该怎么做了。很快，所有的形状宝宝都进到屋子里去了。打开小房子的门，我发现形状宝宝们又全都混在一起了，但是这个难不倒我，有了之前的经验，这次我很快就将不同的形状宝宝们分别挑选了出来，又把它们塞到了相应的窗户里，让它们安心回家了。

下午，奶奶说带我出去玩沙子，我好期待呀，打算拿上妈妈给我新买的那套沙具。还记得上次玩沙子的时候，我很羡慕小区里的鹏鹏，他有一套神奇的玩具，有绿色的小铲子、小桶和漏斗，尤其是那个叫作漏斗的东西，简直太神奇了。它有敞口的宽阔的嘴巴和一个细长的身体，如果你把沙子从它的嘴巴灌进去，沙子就会通过它细长的身体再流出来。我羡慕地伸手就要去抢鹏鹏的漏斗，鹏鹏紧紧攥着漏斗不给我，他眼看着要哭了，幸亏奶奶及时拉住我去别处玩了。

现在我也有这样一套神奇的玩具了！它们是“沙具一家人”，每个家庭成员都是蓝色的，而鹏鹏的“沙具一家人”是绿色的。看着奶奶拿出了我的新沙具，我高兴得要蹦起来了，等不及要去沙坑里边玩了。沙坑里已经有很多小朋友在玩耍了，每个小朋友都拿着不同颜色的“沙具一家人”，有粉色的，还有黄色的，除了颜色不同，我们的沙具几乎长得一模一样。我在想，它们到底算是沙具好朋友呢，还是沙具一家人呢?

不一会儿，我们就开始了玩沙比赛，看谁淘到的宝贝多。我提着我的蓝色小桶，拿着小铲子，撅起屁股使劲儿地铲沙子，把小桶装得满满的，再把小桶里边的沙子往漏斗里倒，一股细沙顺着细长的管子流了下来，沙漏里居然留下了几个宝贝，有棕色的小石头，还有灰色的小石头。我把石头挑出来拿给奶奶看，这可是我从沙子中间淘出来的宝贝！我淘到的石头越来越多，奶奶给我装到了一个塑料袋里。

旁边小女孩的粉色漏斗里出现了一个漂亮的宝贝，奶奶说那是贝壳。我也想找贝壳，就拿着自己的小铲子去铲沙子，然后倒进漏斗里边。经过不懈的努力，我的漏斗里也终于出现了贝壳。这个贝壳虽然比小女孩的贝壳小，但是它们长得很像，应该也是好朋友吧。我小心翼翼地用小手攥着贝壳，一刻也不愿意松开，生怕把贝壳给弄丢了。不一会儿，我就积攒了好几个贝壳。

回家后，看着我的沙具一家人，我心里特别满足，真是收获满满的一天！我收获了贝壳和它的好朋友，还有石头和它的好朋友。奶奶给它们清洗和消毒后，放进了我的“宝贝箱子”里，我的“宝贝一家人”多了新成员。说实话，宝贝一家人是成员最多的一家人了，有贝壳、石子、干花、木棍、纸片、玻璃球……不知道以后还会有哪些新成员加入呢？

## 给爸爸妈妈的话

22 个月的宝宝跳得更好了，有的宝宝还能尝试单脚跳。对于还不会跳的宝宝，可以让他们多走、多跑、多上台阶，这样他们的下肢力量会越来越强，身体协调性也会日益加强，在某一个时刻就会尝试跳跃。此时，宝宝已经能用语言表达很多东西了，包括自己的情绪与想法，比如高兴与悲伤的情绪，自己饿了或者想上厕所等。他们能叫出自己的昵称，有时候还会反复称呼自己的昵称以引起爸爸妈妈的注意。除了大小、高矮，他们还初步理解了前后、上下的意义。宝宝的自我照顾能力进一步提高。比如，在爸爸妈妈的引导下，有的宝宝能自己独立吃完一顿饭。再如，他们困了知道要去床上睡觉。除了家人，宝宝还开始关注小区的同伴、周围的小动物、公园的花朵与鸟叫等。

## 一、宝宝开始关注更广范围的人与物

### （一）发展幼儿的乐群性

22 个月左右，幼儿开始展现出乐群性的特质。乐群性是指幼儿喜欢和同伴一起玩耍，喜欢参与群体活动。尽管 2 岁左右的幼儿还不具备分享和主动与同伴合作的能力（真正的合作和分享行为通常要等到 4 岁左右才会逐渐发展出来），但是他们的生活空间已经开始逐渐扩大，从家庭向社区延伸，他们关注的人开始增多，从对母亲及近亲属的依恋发展到对同伴、邻居等周边熟悉的人的关注。这个阶段是发展幼儿乐群性的良好时机，家长可以通过鼓励和引导幼儿多参与小区内的社交活动，与同龄小伙伴一起玩耍，接触更多的人，帮助幼儿感受周围世界的多样性。虽然 2 岁左右的幼儿并不会主动与同伴交往，但他们可以与同伴一起游戏、玩耍，在成人的引导下与其他小朋友进行交换玩具等互动。这个过程可以帮助幼儿模仿、等待和观察，为以后建立同伴关系和社交互动打下基础。另外，家长还可以邀请邻居和亲戚家的同龄幼儿来串门和玩耍。

### （二）喜欢大自然中的事物

对于大自然中的事物，宝宝最先关注的是小动物，然后才是植物。如果在小区里看到邻居在遛狗，宝宝会对小狗的叫声、形态充满好奇。虽然小狗走到自己身边的时候，他们一开始似乎还有些害怕，但是通过观察会发现他们按捺不住对小狗的好奇和喜爱，有的宝宝会开心地跺脚或者跟着小狗跑。他们的认知能力和记忆能力迅速发展，能认出很多动物，并且能叫出动物的名字，也很愿意去模仿动物的叫声。爸爸妈妈可以带着宝宝去动物园、农场等能够喂小动物的地方，例如带着宝宝给小兔子喂喂胡萝卜，给小矮马喂喂青草等，这不仅能让他们感受到小动物生命的活力，还能培养他们对小动物生命的热爱。

公园里的青草、盛开的花朵都是有生命的，爸爸妈妈带着宝宝去郊游的时候，多带他们近距离观察草的颜色、闻一闻花香，告诉宝宝它们也是有生命的，不要随意将花朵摘下来，也不要践踏小草，这些都能让宝宝更加热爱大自然。

## 二、幼儿认知能力有了质的发展

### （一）同类事物有规律

2 岁左右的幼儿能认识 4 种以上的颜色，并对常见的形状有了更深入的理解，能够从物体的形状、颜色、大小中总结规律，找到相似、同类的物品。这种能力的发展反映了他们认知能力的提高。2 岁以前，幼儿通过感知觉体验事物；2 岁以后，幼儿会基于以往的生活经验，开始对事物的外部特征进行概括，学会对事物进行分类，比如他们能从一堆物品中将相同颜色、相同形状的物品挑选出来。

在日常生活中，家长可以多引导幼儿进行简单的分类，比如在整理玩具的时候将颜色相同的玩具放到一起、帮助家人摆放鞋子、在家长的帮助下将家里大小不一的书籍进行摆放等。这些活动都可以促进幼儿认知能力的提高。

### （二）事情发生有缘由

宝宝开始理解事情的发生都是有原因和有结果的。比如，将杯子扔到地上，杯子会被打碎；头上的包是因为昨天跑步不小心磕的等。这表明宝宝的认知和思维能力有了更深入的发展，他们能将前后发生的两件事情的因果联系起来。

爸爸妈妈平时可以和宝宝多聊天，尤其对于他们感兴趣的事情，可以多聊聊原因和结果。比如，宝宝的衣服小了，要告诉宝宝是因为他们个子长高了，而个子长高，是因为他们吃饭吃得好；今天肚子有点疼，是因为早上喝的水有点凉了，那以后就不能喝凉水，否则肚子还会疼。宝宝会逐渐理解自己的行为都是会引起一些结果的，再遇到类似的事情，宝宝也会愿意听从爸爸妈妈的建议。

### （三）理解、联想更顺畅

0～3 岁的宝宝处于感知动作思维阶段，他们需要通过直接感知和实际行动来探索世界。比如，大人告诉他们冰是凉的，他们必须亲自去触摸，小脑袋才能明白“凉”这个词的意义。同样，大人说柜子里的东西要拿到外边，他们无法理解，要先自己钻到柜子里，再钻出来，然后才能理解“里”和“外”的含义。也就是说，宝宝的思维离不开他们对于具体事物的感知。

接近 2 岁的宝宝，由于有了更多生活经验和感知操作经验的积累，逐渐发展出更深的理解力与想象力。也就是说，很多时候他们不再需要去亲自感知操作，脑海里就会出现相应的想象。比如，大人拿着图画书说“这个苹果很好吃，好甜”，宝宝脑海里可以想象出“甜”的味道，甚至不自觉流下口水。这个阶段爸爸妈妈可以多给宝宝读有丰富画面的绘本，并且尝试让宝宝说一说绘本里发生了什么。这种“看图说话”的过程除了可以锻炼他们的观察能力和语言表达能力，也是在培养宝宝的想象力。如果宝宝还不能表达太多或者想象太多，只要让宝宝多观察，爸爸妈妈多和宝宝讲述就可以啦。爸爸妈妈也可以多和宝宝聊一聊已经发生的事情，以及明天将要做的事情，这对他们的思维能力发展也是有好处的。

# 第十一章（上） 妈妈的小花园

## （23个月）

我已经23个月了，越来越喜欢这个世界了，哪里都想去，什么东西都想摸一摸。最近，我偶然间发现家里有一个神秘的角落，那是妈妈的“秘密基地”——阳台小花园。我经常看到妈妈拿着一个小容器在那里进进出出，那个小容器可以喷洒出阵阵水雾，妈妈告诉我那是“喷壶”，是用来给花浇水的。每次，我都站在一旁静静地看着妈妈浇水，她的手轻轻一按，轻柔的水雾就洒向花朵，她的脸上总是洋溢着幸福的微笑。妈妈还会对我说：“宝宝，这些小花也需要喝水，就像你一样，喝足了水它们会变得更茁壮、更水灵。”奶奶说，这是妈妈的小花园，小花园里的每一朵花都像我一样需要被呵护。

有一次，妈妈拿着毛巾轻轻擦拭着一盆花的叶子，她温柔地看着那盆花，好像看着自己的另外一个孩子。我赶紧跑过去抱住妈妈的腿，我才是妈妈最爱的宝宝，叶子不是！妈妈看着我紧张的样子，便抱起我说："要给叶子擦去灰尘，花仙子才能呼吸啊。"她接着说："每一朵花里，都住着一位花仙子，花的模样不同，花仙子也不同呢。"我用我的小手扒拉着花瓣，想找到花仙子，妈妈拉住我的手说："这样是找不到花仙子的，等到你长大了，花朵也长大了，花仙子就出来了。"看着我迷惑的表情，妈妈指着一朵花说："宝贝你看，这朵花叫白玉兰，有着大大的花朵，晶莹似雪，片片精巧的花瓣，就像她的裙子；再看这朵花，它是茉莉花，你闻闻，它很香，它的叶子是椭圆形的，它穿的裙子层层叠叠的，像不像百褶裙？"可不是，我一靠近茉莉花，一股我从来没有闻过的清香便飘了过来，让我感觉很愉悦。这些花形态各异、婀娜多姿，真像不同的仙女姐姐。而且我还有一个发现，就是当妈妈看着这些花的时候，眼睛里就闪烁着小星星，她看我的时候也是这样。我经常融化在妈妈温柔的眼神里，这些小花一定也和我一样，喜欢妈妈凝视它们的样子吧。

妈妈闲暇的时候，就会站在阳台上久久地欣赏这些花，也会花很长时间去照顾它们，给它们喝水，看看它们长没长高。每当妈妈浇水的时候，我都想过去和妈妈一起，但是奶奶总是说："不要靠近那里。那里有水，你会滑倒的。"奶奶不懂，每次看到妈妈专心地照顾这些花的时候，我内心都有一种说不出的感觉，担心妈妈再也不爱我，只爱这些花了，不过这种说不出的感觉更多的时候被好奇心盖过了。每次看到妈妈拿着小水壶，对着小花盆，手一动，水就喷洒出来，我都会觉得："哇，太神奇了！这好像公园里的喷泉呀！要是有一天，我能像妈妈一样拿着这个漂亮的小水壶给花浇水，那该多神气啊！

有一天，妈妈带回来了一种和其他花都不一样的植物。我听到她跟奶奶聊天说："这是多肉，给多肉浇水，跟别的花不太一样。给别的花浇水只要把水倒进花盆里就可以了，给多肉浇水，需要把整个花盆全都浸泡在水里，就像是给多肉洗澡。"于是，妈妈准备了一个很大很大的盆子，接满水，再把装着多肉的小花盆一个个放在里面。妈妈说这样就能让多肉喝饱水了。妈妈说了那么多，其实我没听懂几句，但听到"洗澡"两个字，我兴奋不已。之前给洋娃娃妮娜洗澡，让我开心了好久，我当然不能错过这么好玩的事情啦！所以我迫不及待地也想给多肉洗个澡。也许洗澡的时候，我就能找到多肉里边的仙女姐姐啦！

妈妈和奶奶都去忙活别的事了，机会来了！我迅速跑到妈妈的小花园，踮起脚尖，拿起一个多肉花盆就往大水盆里扔。但我没有发现，水盆里根本没有水，"咣当"一声，花盆头朝下栽了下去，花盆里的多肉摔了出来，土也撒得到处都是。奶奶闻声过来，看到一地狼藉，表情立刻严肃起来："宝宝！你怎么把花弄坏了！"我被奶奶严肃的面孔吓到了，"哇"的一声大哭起来。我以为妈妈听到我的哭声，会立刻过来安慰我，帮我跟奶奶解释一下，我是在帮多肉洗澡呢！可是妈妈怎么迟迟不来？我哭得更厉害了！

奶奶继续说道：“宝宝，妈妈辛辛苦苦养的花，你怎么能这样破坏呢？”一听奶奶竟然这样误解我，我更加伤心了。这时，妈妈终于过来了，我立马扑到妈妈的怀里，想让妈妈抱抱我。妈妈抱住我，轻轻地帮我擦了擦眼泪，然后安抚我说：“宝贝，别难过。奶奶是觉得你这样做很危险。要是你在水多的地方滑倒，伤到自己该怎么办？况且，小花离开土壤就会枯萎了，仙女姐姐也不能跳舞了。”

我还是很难过。“妈妈，妈妈……”我边哭边喊。

妈妈捧着我的小脸柔声说：“宝宝不哭了，你刚才那样做，确实伤害到了多肉呢。你看现在多肉多疼呀，它从它的家里掉出来，万一再也回不去了怎么办？”

听到妈妈这么说，那种说不出来的感觉又来了。我才是妈妈的孩子，这些花不是妈妈的孩子，为什么妈妈总是在关心那些花呢？！就算是最漂亮的仙女姐姐，也不应该比得上我在妈妈心里的位置呀！只有我才是妈妈最爱的孩子！我用手搂住妈妈的脖子，哭得更厉害了：“呜呜呜……花花，花花，浇水，浇水！”

“妈妈知道了，你是想给花花浇水，只是不小心没有拿住花花，对不对？”妈妈这样说，看来她是理解我的。

妈妈接着说：“宝贝，要不这样，妈妈给你也准备一个小花盆，你在里面栽上属于你的多肉，然后你负责给它洗澡，妈

妈帮助你好不好？”

可是我已经长大了呀，妈妈为什么要给我小花盆？“不要不要，呜呜呜……我要大花盆！我要浇水！”

妈妈把我抱到水盆边，说：“你看，是不是因为这个花盆太大了，宝宝才拿不住的？而且就像奶奶说的，这里的地上有水，很滑，你会摔个大跟头的。”

“呜呜呜呜……”那种说不出的感觉又来了，我觉得妈妈不爱我了，她只想着保护她的花朵，一点儿都不信任我，也不愿意满足我的愿望。我不知道自己哭了多久，只记得妈妈没有再说话，她静静地抱着哭泣的我，轻轻地抚摸着我的小脑袋。哭着哭着，我感觉自己的眼皮越来越沉重，渐渐疲惫地进入了梦乡。在梦中，我觉得有人把我抱了起来，可是我没有力气睁开眼睛查看。

不知道过了多久，当我再次睁开眼睛，看到妈妈就在我身边，我奶声奶气地喊：“妈妈！”妈妈摸摸我的头，轻声说：“宝宝醒了呀！快让妈妈亲亲你！”妈妈的眼睛里又亮起了小星星，我立刻融化在了她温柔的眼神里。

我的目光不经意间掠过了妈妈的“秘密基地”，突然想起了妈妈的多肉。我连忙问道：“花花，花花？”妈妈点点头说：“妈妈已经把花花种回花盆里了，它不会枯萎了！”说着，妈妈带我走进她的小花园。果然，地面已经变干净了，花花也种回到花盆里了。这时，奶奶也过来了，她亲亲我的脸说：

“对，花花不会枯萎了，它回花盆里了。宝宝，奶奶要向你道歉，对不起，奶奶刚刚不该说你搞破坏。妈妈跟我说了，宝宝是想帮助妈妈给花花浇水。奶奶有点着急了，不要生奶奶的气啦。”我看了看奶奶，发现奶奶的眼睛里也闪着温柔的小星星。于是，我用我的小手分别牵起奶奶和妈妈的手，说道：“奶奶乖，妈妈乖。”我又指着小花园说：“仙女姐姐，乖。”只要仙女姐姐好好的，我就放心了，因为我爱妈妈和奶奶，也爱仙女姐姐。我也明白了，妈妈虽然爱仙女姐姐，但是妈妈最爱的还是我。

## 给爸爸妈妈的话

亲爱的爸爸妈妈，宝宝已经23个月了，他们的各种能力正在迅速增强，同时也表现出了更加强烈的探索欲望。尤其是接近2岁的孩子，会越来越觉得自己长大了，就更想探索这个世界。教育学家蒙台梭利（Maria Montessori）说过："儿童对细小事物的观察与热爱，是对已无暇顾及环境的成人的一种弥补。"此时的孩子对事物的观察更加细微，常常关注到细节，并且可以更加惟妙惟肖地模仿大人的行为，比如穿妈妈的鞋子、拿扫把扫地。此阶段的孩子也进入"淘气""麻烦"的阶段，对父母来说，如何应对孩子犯错误变得尤为重要，因为这是建立亲子关系的关键时期，也是孩子建立信任感的关键时期。

## 一、宝宝情绪发展的新阶段

### （一）宝宝更关心爸爸妈妈是否爱自己

这个年龄段的孩子，容易分不清父母的教育与父母的爱之间的区别，他们往往会把父母对自己犯错时的教育，误解为父母不爱自己了。他们很在意爸爸妈妈的表情、动作和声音，而对于爸爸妈妈为什么生气还不能理解，他们还会觉得：因为爸爸大声和自己说话，所以爸爸不爱自己了；因为妈妈的表情严肃，所以妈妈不爱自己了；因为妈妈抱了邻居家的小朋友，没有抱自己，所以妈妈爱邻居家的小朋友胜过爱自己。

2岁的孩子正处于信任感和安全感建立的关键期，因此对于孩子的错误，大人需要用正面引导的方式来应对，而不是直接"惩罚"或者"吼叫"。当父母发脾气或者吼叫孩子的时候，孩子的情绪会被压抑，他们会感到非常紧张和害怕，认为家长在意的"事物"（如文中的植物）比自己还要重要，认为家长爱其他物品胜过爱自己。如果孩子经常处于被责备的状态中，会影响他们信任感和安全感的建立，进而影响他们与周围人的交往。

### （二）宝宝喜欢听到表扬

随着宝宝自我意识的发展，接近2岁的宝宝已经有了自尊心，他们更愿意听到爸爸妈妈的表扬。爸爸妈妈的拥抱、亲吻以及给小礼物等行为，更能让宝宝开心不已。

宝宝对于自我的认识，往往来自周围成年人对自己的评价。如果我们总是说宝宝害羞、宝宝运动能力不强等，宝宝就会认为自己就是这样的人。因此，多给宝宝正向积极的评价，有利于宝宝形成良好正向的自我意识。

日常要多看到宝宝行为的闪光点和真正进步的地方，表扬要具体实际。结合宝宝做的事情，来表扬宝宝做事情的细节，往往对于他们的行为塑造更有效。例如，可以说“宝宝今天自己将鞋放到了鞋柜里，宝宝真勤快”“宝宝将地上的垃圾丢到了垃圾桶里，宝宝真懂事”等。不过表扬应真诚、客观，如果无论宝宝做得如何，爸爸妈妈都只会说“你真棒，你真聪明”，那表扬就会流于形式，宝宝也会无所适从。

## 二、宝宝“犯错”怎么办？

### （一）区分“犯错”和“探索”

成人要区分清楚宝宝的某些行为，到底是孩子“犯错”了，还是孩子出于好奇的心理而有的探索行为，只是大人没有读懂。有时，孩子看似在犯错，实际上是在相应的敏感期内做出的尝试或探索。2岁左右的孩子好奇心越来越强烈，模仿能力也在增强，他们很想参与大人的事务，认为大人能做的，自己也能做。孩子对自己感兴趣的事情有自己的处理方式，不会按照大人的思维逻辑行事，这时家长可能会认为孩子在“捣乱”或“不听话”，甚至会带着情绪看待这种行为，做出责备、吼叫等不明智的反应。正确的方法是，只要孩子没有危险，家长要给孩子探索的空间和机会，并且仔细观察孩子的行为，反思其背后的原因。注意不要随意评价和指责他们的行为，否则会大大降低孩子自主探索的能力，导致孩子形成不敢探索、不敢做主的行为模式。

### （二）了解此阶段儿童喜欢做的事情

1. 非常喜欢让家长反复阅读自己喜欢的绘本。

2. 不喜欢与亲密的家人分开。

3. 对物品的完整性和完美性有所坚持，例如香蕉折断后会变得不开心，不穿妈妈新买的鞋子而只穿旧的，物品被破坏后心情失落等。

4. 非常喜欢独立完成某些事情，不希望大人帮助他们。

### （三）宝宝更关注在“犯错误”“搞破坏”中的体验感

宝宝的“搞破坏”，更多是出于对事物的好奇心和探索欲望。比如，文中的宝宝只是因为看到了水壶进水、喷水以及给多肉洗澡的好玩与神奇，感到这样做非常有意思，才想尝试自己去浇花，并没有过多去想自己的行为是否会伤害到植物。通过这些操作，他们增强了自己的动手能力和想象力。如果重视孩子的体验和成长，父母应该努力想想，看看有没有更好的办法，既让孩子不破坏环境，又能支持他们的探索。如开辟一个专门“搞破坏”的区域，来支持孩子的探索行为；或者在宝宝玩耍结束后，和宝宝一起来收拾环境。如果宝宝的“搞破坏”会影响公共环境，或者违背大原则，爸爸妈妈还是要坚持原则，将事情会导致的后果给宝宝讲清楚，帮助宝宝想想有没有其他可替代的游戏。

## 三、尊重宝宝的个体差异

### （一）宝宝的生长发育有差异

还有一个月宝宝就2岁了，爸爸妈妈看到了宝宝更多的发展与变化，也对宝宝充满期待，同时也很容易将自己的宝宝和别人的宝宝做比较。有的家长发现自己家的孩子长的个头没有别人家孩子高，就担心是不是营养不够；还有的家长羡慕别人家宝宝在1岁半的时候就能控制排便，而自己的宝宝还在穿着尿不湿，所以很焦虑、担忧。其实，宝宝们的生长发育是由每个人的发展进程决定的，每个宝宝都有自己的节奏，需要综合考虑遗传、家庭环境、喂养习惯、个体差异等方面对宝宝生长发育的影响。爸爸妈妈需要充分尊重宝宝的独立性，并且为宝宝生长发育尽可能提供良好的照护、丰富的刺激，同时要耐心等待，给宝宝发展的时间与空间。爸爸妈妈也要不断学习，充分了解这个年龄段宝宝发展的一般规律，再观察自己宝宝发展的状况。若是宝宝的某项指标十分滞后，也可以及时去医院的儿童生长发育科或者相应科室进行咨询。

### （二）宝宝自身发展的不均衡性

具体到每一个宝宝，他们在各个领域的发展不是同时进行的，有的快一些，有的慢一些，不存在完全全能的宝宝。有的宝宝语言发展很好，但可能大运动发展慢一些；有的宝宝爱运动，但是手部精细动作可能弱一些；还有的宝宝特别会察言观色，但是胆量小，这些都是正常的。每个宝宝的天生气质类型不一样，家庭教养环境不同，他们在集中精力发展一种能力时，有时候就没有精力去发展其他方面。

爸爸妈妈要充分了解自己的宝宝，在现阶段宝宝感兴趣的地方支持、鼓励他们。如果宝宝特别喜欢走，从走这件事情上获得了自信，每天总是在不停地走，不愿意坐下来，就要顺应宝宝的发展需求，让宝宝多多练习走路。等到宝宝走得很熟练了，他们自然会关注到自己其他方面的能力。这个时候，爸爸妈妈再逐步去引导宝宝其他方面的发展，比如引导他们安静下来，给他们读一读绘本或者和他们去搭积木。爸爸妈妈需要有全领域发展的理念，在实践中可以一步步来。对于宝宝暂时发展较慢的地方，不要以为那是他的弱项，更不要焦虑，可以找准宝宝的兴趣点，在发展宝宝现有擅长的能力的基础上，再逐步引导宝宝对其他方面的兴趣。

# 第十一章（下） 洞洞里的秘密（23个月）

我已经快两岁了，好奇心越来越强烈了，一片叶子、一块石子、一块果皮、一粒米饭、一只蚂蚁……对我来说都有着无法抗拒的吸引力。

这不，今天一大早我就有了新发现。清晨的阳光铺洒在我的被子上，温柔地抚摸着我，我伸了个懒腰，睁开双眼，立刻被一个神奇的景象吸引了。在我淡蓝色的小床旁边，竟然有一排小洞洞，它们整齐而乖巧，像一群忠实的小伙伴等待着我的到来。咦，我以前怎么从来没有留意过它们呢？仔细想了想，我想起来这些小洞洞里，曾经装饰着一些能摇动、能发出欢快声响的玩具，但随着我渐渐长大，这些玩具不再吸引我了，小洞洞也渐渐变得寂寞起来。我用小手去抚摸这些小洞洞，没想到我的手指头竟然能伸进去，从小洞洞另一端露出来。我又将另一只小手的手指从小洞洞那端伸进去，居然能勾住这只小手的手指。我将小脸贴近小洞洞，透过洞洞往外看，哇，我们全家人都在洞洞里呢！先是爸爸走过来，盯着我看了一会儿，拍了拍我的脑袋，然后是爷爷匆匆走向卫生间，后来奶奶又进来了。我想要去摸一摸洞洞里的他们，但我的小手抓了半天，结果什么都没有抓到。一不小心，我的小手指从对面穿过了小洞洞。哎哟哟，好疼啊！我差点戳到自己的眼睛。幸运的是，我下意识地闭上了眼睛，眼睛没有受伤。但我还是感觉到了疼，忍不住流出了眼泪，大哭起来。妈妈着急地跑过来，帮我揉了揉眼睛。确认我没有受伤后，她又匆匆忙忙去上班了。

早饭后，奶奶在刷碗。门铃响了，但爷爷奶奶都没去开门，看来只有我听到了门铃声。我记得只要有人按门铃，奶奶就会先在那个叫作“猫眼”的洞洞里看一会儿，想到这里，我走到门边想去看猫眼洞洞，但是它太高了，我根本看不到。这时爷爷走了过来，他抱起我，让我从猫眼的小洞洞往外看，里边竟然有一个小小的快递叔叔正微笑着看我们呢。爷爷一打开门，咦，快递叔叔又变大了，这个猫眼洞洞太神奇了。

我想让爷爷也进到洞洞里。爷爷走到门外，按了一下门铃，奶奶抱起我一看，爷爷果然在这个猫眼洞洞里，而且真的变小了，等我一开门，爷爷又变大了。真好玩！我又让奶奶出去试试，奶奶站在门外按门铃，爷爷抱起我从猫眼往外看，里面真的有一个很小的奶奶呢。我想自己去试试，我拉着奶奶出去按门铃，爷爷用手机拍下了猫眼洞洞里的我们。我和奶奶在洞洞里都变得很小很小。我又跑到小床那里，透过小床的洞洞看了看爷爷奶奶，但这次他们没有变小，看来猫眼洞洞和小床的洞洞不同，它能把人变小又变大。

爷爷奶奶和我正坐在沙发上休息，卫生间里传来了哗哗哗、轰隆隆的声音。我满心好奇地闯了进去，发现是洗衣机发出的声音。洗衣机上也有一个大洞洞，但是这个洞洞被一个透明的圆形门挡着，我隔着洞洞一看，里边的衣服裹着泡沫正在哗哗旋转，一圈圈的波纹跳动着，热闹得像正在举行舞会呢。奶奶说："这是洗衣机在洗衣服。里边是一些脏衣服，过一会儿，从这个洞洞里掏出来的就是干净的衣服了。"果然，等奶奶打开门，从洞洞里掏出的衣服就变得干干净净。原来衣服要变干净，只需要在洗衣机的洞洞里跳舞。我也想试试，但是家里没有脏衣服了，奶奶说可以把我的毛绒玩具洗洗，于是我就把毛绒小狗、小兔子、小熊都放进了洞洞里。它们在波浪里旋转着，好像在游泳，又好像在冲浪。不一会儿洗衣机停止了转动，我从洞洞里拿出了我的毛绒玩具，好干净，还带着一股香味呢。洗衣机的洞洞就像一个儿童乐园，玩偶都能进去跳舞，那我能进去跟它们一起玩吗？我想钻进去，但奶奶说不行，那很危险，只有衣服能放进去，如果我想把自己变干净，只能去浴缸里。我想起来在浴缸里，我也能游泳和冲浪，但是我还没有跳过舞，我今晚要试试，一边冲水一边旋转跳舞，会不会更好玩。

我还发现在家里的墙壁上，有很多洞洞都被堵住了，只有在爸爸妈妈用电脑的时候才能打开那些洞洞。他们会拿着一根长长的电线，把电线的脚插到洞洞里，这样电脑就能打开了。我跑到书房，往爸爸的书桌上爬，想去看看那些洞洞里有什么。爷爷赶忙过来阻止了我。他告诉我，这个洞洞是电源插座，千万不能用小手去摸，否则我可能会触电，非常危险。看着爷爷严肃的眼神，我吓得不敢动了，但是我还是很好奇，这些洞洞里有什么呢？爷爷便耐心地给我讲，这些洞洞里，有一种叫作“电”的东西，电能让所有的电器工作，但是它又很危险，不能直接用手去触摸，否则就很危险。

这样说来，这个“电”不就是一种吃人的怪物吗？这是个坏洞洞，怪不得爸爸妈妈要把它的嘴给堵上。想到这里，我有点讨厌这个洞洞。但是“电”似乎也不全是坏的，它还能让电脑播放动画片。好复杂，我的小脑袋瓜真的想不明白。爷爷看着我迷茫的表情，告诉我：“电是一种动力，它太强大了，对于人来说是不能触摸的，但也因为有了电，家里的所有电器才能被打开，我们的生活都离不开电。”这么说来，“电”这种怪物也很有用呢。

爷爷拿出一把钥匙，说要给我看一个好东西。他带我来到他的卧室，找到一个小皮箱，上边挂着一把小小的锁，锁上有一个小小的洞。我对着小洞洞看了会儿，里边除了黄色的锁芯，什么都看不到。我使劲儿拽那把锁，发现根本拽不开，只

见爷爷拿起那把小钥匙，将钥匙对准洞洞，向右一旋转，咔嚓一声，小锁打开了，真是太神奇了！这个神秘的箱子里有好多证书，爷爷把里边的证书都拿出来翻给我看，每个证书上都有一张照片，有的是一个年轻的哥哥，有的是一个帅气的叔叔，最后我才看到了爷爷的照片。除了爷爷，那些人都是谁啊？我正纳闷呢，爷爷告诉我，这些都是他，有十几岁的他，有三十几岁的他，还有现在的他。

嗯？我头脑有点混乱，这些哥哥、叔叔这么年轻，怎么会是我的爷爷呢？爷爷接着说："爷爷以前也是一个小孩，后来慢慢长大，变成了照片里的哥哥，又变成了照片里的叔叔，最后爷爷变老了，就成了现在的爷爷。"

我似乎听懂了，不过，在所有的照片中，我最喜欢现在的爷爷，我抱着爷爷的照片亲了亲。爷爷很爱惜地将这些证书收好后，拿起那把黄色的小锁把箱子锁上。我这才发现锁上还有一个洞洞，锁头弯弯的铁棍必须穿进那个洞洞里才能锁上，但要想打开锁，钥匙必须穿进底下的洞洞。我透过那些洞洞往里看，什么都看不到，又拿小手去抠了下，什么都抠不出来。锁上的洞洞和其他洞洞不同，它们锁住了很多宝贵的东西和秘密，锁住了爷爷的很多故事，但是只要有了钥匙，就能打开这些秘密，了解这些故事。希望爷爷下次继续讲给我听。

这些天，我迷上了洞洞，不只是家里的洞洞，还有小区里下水道盖子上的洞洞、蚂蚁窝的洞洞、树上的洞洞、沙坑里的洞洞……下雨的时候，我看到雨水哗哗地从洞洞流到了下水道里，院子很快就没有积水了；天晴的时候，我看到蚂蚁成群结队地往洞洞里运送食物，看起来小小的洞，却能藏下那么多的蚂蚁和食物；我还看到有些老树上面有树洞，这些洞洞就像大眼睛一样看着我，仿佛在告诉我："我是树的爷爷，我年轻的时候就是小树苗啊。"

我不仅发现了很多洞洞，还能自己造出许多小洞洞。我用小手戳沙坑，沙坑会立刻出现洞洞，而洞洞一被灌满水，就消失不见了。吃早餐的时候，妈妈把刚烤好的面包端上来，我忍不住先用手指戳了一个洞洞，戳了洞洞的面包似乎比原来的面包更好吃了。我好喜欢洞洞世界，它们神秘莫测，又充满惊喜。我好想把自己变小，这样我就能钻进所有的洞洞里，打开所有的秘密，和蚂蚁共同分享食物，去树洞里找找啄木鸟爱吃哪些虫子，再跑到沙洞里去探险……

给爸爸妈妈的话

23~24个月的宝宝即将迈入新的发展阶段，他们的运动能力更强了，比如能慢慢地上下楼梯，虽然有的宝宝对于上下楼梯还有点胆怯，需要成人更多引导。他们的词汇量也爆炸式增长，有时候会“语出惊人”，突然说出一长串话，有时候又自己嘟囔着说一些成人听不懂的话。他们越来越有主见了，会坚持去做自己想做的事情，这说明他们已经有了“自我意识”。他们的小手更加灵活，不仅能搭积木、玩拼图、捏橡皮泥，还能画出直线、曲线和半封闭的线条。这个阶段，他们不仅发现了自我，还发现了外界更广阔的空间和世界。这会使他们逐渐脱离开家庭这个小“世界”，去探索更大的世界。

## 一、探索空间和孔洞

### （一）对空间的好奇

宝宝从七八个月会爬开始，就对空间充满了好奇。“视崖实验”中，这么大的宝宝爬到床边的时候，会敏锐地感觉到床边距离地面的距离，这说明他们对空间有了一定的敏感度。1岁以后，宝宝对里、外、上、下有了更多探索，经常在柜子里爬上爬下，或是上下楼梯，或是攀爬到沙发与桌子上面、藏到床底下。这是他们在通过自身的感知不断探索空间的奥秘。

空间敏感期一直会持续到6岁甚至更大。在这个过程中，宝宝通过探索了解空间的概念，并且随着年龄的增长，他们的认知水平不断提高，探索的方式也不断升级。育儿专家孙瑞雪在《捕捉儿童敏感期》中指出：“儿童通过抛洒、移动物体探索空间，感知他和物品、空间之间的关系，把里面的东西取出来，把外面的东西塞进去，是幼儿认知空间的最初过程。”

### （二）神秘的孔洞

宝宝对于孔洞的探索从未停止过，1 岁多的宝宝喜欢抠洞洞，2 岁左右的幼儿仍然对孔洞充满好奇。由于生活经验所限，2 岁左右的幼儿对自己身体上的洞洞，如鼻孔、嘴巴等充满好奇，也会对家庭中常见的有孔、有洞的东西产生兴趣，他们总想把手指伸进洞里去抠一抠。他们还会对孔洞充满想象，如果一时兴起，他们甚至会忘我地尝试把脑袋也伸进去，想努力看一看那个洞洞里到底有什么。

有学者指出，“儿童对某种事物的特殊感受性，会一直持续到这种感受需求完全得到满足为止”。在这期间，成人可以积极引导幼儿寻找、观察常见的孔洞。例如，从了解身体的孔洞开始，让孩子去触摸自己和成人的鼻孔、嘴巴，以形象的语言告诉孩子鼻子、嘴巴的用途，以及如何爱护它们：鼻子用来嗅味道和呼吸，不能随便去抠；嘴巴是吃东西的，哪些食物可以吃，哪些不能随意塞到嘴巴里。

对于家庭里常见的孔洞，家长可以告诉他们这些孔洞是用来做什么的。对于电源插座等，家长要重点跟宝宝强调不能随意摸上面的洞。日常使用中要设置安全措施，如将电源插座放置在高处。家长还可以和孩子玩孔洞游戏，例如在纸张上挖出小孔，让孩子透过小孔看世界。家长还可以挖出不同形状的孔，如圆形的孔、方形的孔、三角形的孔等，让他们体验从不同的空间观察事物的感觉，也让他们对形状有初步的感知。

## 二、好习惯助力成长

### （一）宝宝要怎么刷牙

现在可以给宝宝刷牙了，要选择儿童专用的软毛牙刷和含氟少的儿童牙膏。为了引起宝宝刷牙的兴趣，不妨带着宝宝去买牙膏和牙刷，可以让他们自己选择款式与颜色。宝宝还不会自己刷牙，爸爸妈妈可以带着宝宝一起刷牙，先给宝宝做示范，再让宝宝自己试一试。通常情况下，宝宝不能一下子学会刷牙，但是一定要让他们亲自尝试，这样他们会认为刷牙是自己的事情，而不是爸爸妈妈的责任。宝宝刷一遍，爸爸妈妈可以帮助宝宝再刷一遍。

如果将刷牙作为枯燥的、必须完成的任务，宝宝就会厌烦，可以将刷牙变成好玩的游戏。刷牙前可以给宝宝读一读关于刷牙的绘本，和宝宝一起唱刷牙有关的儿歌，还可以演绎刷牙故事。比如，爸爸妈妈穿上白色的衣服，装扮成牙齿的样子，衣服上贴上“蚜虫”的图片，让宝宝去帮助爸爸妈妈把“蚜虫”摘下来。这样情景化的游戏有助于宝宝直观了解刷牙的重要性，也能提高他们刷牙的积极性。

### （二）自己洗手

告诉宝宝，每次出门回来、吃饭前或者便后都要洗手。爸爸妈妈要鼓励宝宝自己去洗手，让他们自己打开水龙头，抹上洗手液，洗完手再关上水龙头，最后自己去擦手。不要小看洗手这件小事，这不仅关系到良好的卫生习惯的养成，也能让宝宝在洗手过程中知道自己的事情自己做，培养他们的独立意识。

遇到宝宝在洗手时泡泡冲洗不干净的情况，爸爸妈妈可以帮助宝宝多冲洗几遍。还有很多宝宝会在洗手的过程中不断玩水，忘记了要把手擦干，爸爸妈妈可以将水龙头的水开得小一些，告诉宝宝不能浪费水，等到宝宝稍微觉得满足后，再关上水龙头。还可以告诉宝宝，之后会给他专门安排玩水的地方和时间，这样就能帮助宝宝顺利完成洗手这件事了。

# 第十二章　我喜欢晚上

## （24个月）

“宝贝，天快黑了，要回家了，咱们和小朋友们说再见吧。”奶奶把我从小区的沙坑里抱出来，边说边和我一起收拾着沙具。

听到这句话，我心里有一种莫名的哀伤。哦，又要天黑了，又要说再见了，我有点想哭。我的好朋友壮壮和妞妞像往常一样，过来和我拥抱了一下，这是我们之间的告别仪式。孩子们和家人都回家了，小区里顿时安静下来。

奶奶拉着我的手往家里走。夜幕缓缓降临，小区里的路灯一盏盏地亮起来，月亮也挂在了夜空中，照着奶奶的大影子和我的小影子，皎洁的月亮和远处的路灯交相辉映，我都有些分不清哪个是路灯，哪个是月亮了。

走进电梯里，我哭了出来，我不想回家，也不喜欢晚上。

奶奶抱起我，一边拍着我的背安抚我一边进了家门。和我一起洗手、换衣服后，奶奶就去厨房和爷爷一起做晚饭了。我在客厅里无聊地玩着玩具，等待着爸爸妈妈回来。

手里的积木不小心掉到了地上，咣当一声特别响亮，我愣住了。此时，门口传来了窸窸窣窣的声响，好像有什么东西在外面走动。天黑了，门口会是谁？肯定不是爸爸妈妈，他们往常是在晚饭做好后才到家。是大灰狼吗？对，就是跟踪小红帽的那个大灰狼。大灰狼有着尖尖的獠牙和绿幽幽的眼睛，它把小红帽的奶奶吃了，还要吃掉小红帽。我不敢想下去，哇地哭了出来。

奶奶赶紧过来，抱着我问我怎么了，我用小手指着门口，呜咽地说："响，狼，狼。"奶奶说："哪里有什么狼啊，不信我打开门看看。"奶奶打开了门，一阵风吹来，奶奶说："应该是楼道里的窗户没关，所以有风的声音。城市里的大灰狼都被关在了动物园里，大山里才有狼，而且大山还距离我们很远呢。宝宝不要怕。"

我稍微平静下来，顺着阳台看向窗外。天空已经完全变黑了，什么也看不清。白天，云朵在蔚蓝的天空中自由舒展，有时候像甜甜的棉花糖，有时候又变成温柔的小绵羊。从阳台的窗户往外看，能看到很多树，还有飞来飞去形态各异的小鸟：喜鹊每天都开心地叫着，啄木鸟一刻也不停地捉虫子，小麻雀轻巧地飞来飞去……而此时，云朵已经被漆黑的天空吞没，阳台上只能看到黑乎乎的树影，树上似乎藏着什么小怪物……我不喜欢晚上，晚上太可怕了！想到这里，我把头埋到了奶奶的怀里，小手伸着要去拉窗帘。

我听到了钥匙开门的声音，是妈妈回来了！我挣脱了奶奶的怀抱，跑向了门口。妈妈的神色有一点点疲倦，头发还有点乱，难道她在回来的路上，碰到了那只仓皇逃窜的大灰狼？还是她也被树上的怪物吓了一跳？看到我，妈妈露出欣慰的笑容，我指着门口对她说："狼……"还没有等妈妈明白过来，奶奶已经讲了刚才的事，把妈妈逗得哈哈大笑。"哪里有什么狼啊，大灰狼只在故事里才出现，何况，你是这么勇敢的小勇士，大灰狼看到你才会害怕呢。别忘了，你有魔法棒，还有孙悟空的金箍棒，这些都能把大灰狼赶走啊。"对哦，妈妈说到这里，我突然一点都不害怕了，还隐隐约约有种自豪感。"还有，如果有一只大灰狼晚上来找你，那它不一定是想吃掉你，可能是向你求助呢。""嗯？什么是求助？大灰狼除了吃小红帽，还会做别的事情吗？"看着我疑惑的表情，妈妈笑着说："你知道吗？有坏大灰狼，也有好大灰狼，也许这只大灰狼，是晚上找不到自己的家了，它又饥又渴，需要喝一口水，吃一点食物，才来敲门的。"我似懂非懂，觉得大灰狼有点可怜，好像它也不那么可怕了。

吃完饭，接下来是看绘本、洗澡和睡觉的时间了。我莫名地感到一阵难过，特别是妈妈说要带我去卧室睡觉的时候，我说什么也不肯去。我可一点都不困，我还想继续玩，我还有很多游戏没有玩呢。

爷爷正在洗手间洗漱，哗哗的流水声让我想起了那只绘本里的大鳄鱼。它现在肯定就藏在洗手间的浴缸里，等爷爷洗漱完，它会悄悄爬过来藏到我的床底下。它张着可怕的大嘴，能吞下整个房子，如果我被它吞掉，就只能永远待在它的肚子里了。它的肚子可没有客厅这么亮，像外面漆黑的夜一样可怕……

“妈妈，鳄鱼。”我哭着叫妈妈，“打鳄鱼。”妈妈看着我，扑哧笑出声来。她拿出那本《我的床底下有一只大鳄鱼》绘本，里面讲到小女孩苏菲的床底下有一只名叫卡尔的大鳄鱼，但是她一点都不怕它，反倒是鳄鱼卡尔有点胆怯。他们一起做游戏，变戏法，鳄鱼卡尔还给苏菲做了美味的鸡蛋饼！鳄鱼卡尔就这样一直陪着小女孩苏菲玩耍，直到苏菲睡着，鳄鱼卡尔才像一只老鼠一样偷偷地溜走了。

妈妈不断重复那句话：“像只老鼠一样，偷偷地溜走了。”妈妈还做出“偷偷地溜走”的动作，由于奶奶刚刚拖过客厅的地，地面很滑，妈妈做这个动作的时候，差点滑倒，一家人都被她逗乐了。

不过，就算大灰狼和大鳄鱼都不可怕了，我还是不喜欢晚上！

我心里有股莫名的烦躁，我想大喊大叫，想出去玩，但是夜晚太寂静了，哪怕出现一点点声音我都会被吓到。我拉着妈妈的手，指着阳台，说：“宝宝，不喜欢黑。”妈妈点点头，然后打开阳台的窗帘，柔声对我说：“你看，夜晚多美啊。”此时，夜空已经不似刚才那样漆黑，星星出来了，一闪一闪地眨着眼睛，圆圆的月亮——天空中最大最圆的宝石，散发着温柔的光芒。在星空之下，整个城市熠熠生辉。远处有彩色的霓虹灯，妈妈说那里是我们经常购物和游玩的地方。而近处，一排排整齐高耸的楼房，每个窗户都亮着灯，每盏灯看起来都不一样。妈妈说每个窗户里都是一个不一样的家，每个家里都有爸爸妈妈、哥哥姐姐，或者其他小朋友。妈妈还说，我的好朋友们说不定也正在阳台上欣赏夜景呢。

“妈妈，大灰狼、鳄鱼，去哪里？”“大灰狼和鳄鱼啊，它们不住在城市，只住在属于它们的家。它们的家在山里，在水里，或者在地球的某一个角落，它们也和自己的爸爸妈妈在一起。”“妈妈，小鸟，哪里？”“它们和自己的爸爸妈妈躺在温暖的鸟窝里。”看来晚上大家都在家里和爸爸妈妈在一起。

“有些事情在晚上做会更有意思，比如在浴缸里航海。”对，我要去航海。自从这个月奶奶和妈妈把我从充气小船里转移到大浴缸里，我就变成了最伟大的船长，可以战胜水怪、巨浪和海盗，拯救美人鱼。对，我要带上宝剑。我去玩具筐里找到小宝剑，拎起来就冲进浴室。奶奶已经帮我调好了水温，我扑通一声就跳进浴缸里，开始打水怪、抓海盗。我玩得大汗淋漓，这个时候再洗个澡，别提有多舒服了。

我已经忘记了夜晚来临时那种孤单的感觉，泡完澡往卧室走的时候，我还留恋地看了看阳台外面美丽的星空。

回到卧室后，我躺在床上，发现头顶竟然出现了一小片星空。难道爸爸妈妈会变魔术，把星空搬到了我的卧室吗？我很好奇，站到床上，想去摸那片星空。妈妈示意我躺下来，她指着旁边一盏小小的灯，告诉我卧室的星空是通过这盏小灯投影上去的。我把手放在小灯上方，没想到我的小手变得好大好大，印到了天花板上，把星空都遮住了。

我躺在温暖的被窝里，依偎着爸爸妈妈，看着头顶的夜空。我想，大灰狼应该已经吃饱了，和爸爸妈妈睡觉去了吧？水怪也有妈妈，它被我打败后，会和妈妈告状吗？美人鱼估计已经被王子接回了家，而陪苏菲玩耍的那只鳄鱼，又像老鼠一样偷偷地溜走了吗？要是苏菲的屋子也有像我屋子这样的星空，估计鳄鱼就舍不得走了吧。

夜晚真美好，我开始喜欢晚上了。

给爸爸妈妈的话

宝宝已经2岁了，运动能力逐渐增强，神经系统的功能逐渐发育完善，能双腿跳起来，还能叠6~7块积木。宝宝对外界的好奇心越发增强，他们的独立性也更强，愿意自己去做事情，比如自己去翻书，用勺子吃饭。此时宝宝的牙齿已经长出16颗左右，身高继续增长，但是比起1岁时候的增长速度会有所减慢。宝宝的语言能力进一步发展，能够用简单的语言表达情绪，比如害怕、开心等。宝宝对白天和黑夜的变化感知更加明显，尤其是随着生活经验的增加，他们会出现对黑夜的恐惧，害怕陌生人，害怕绘本里讲过的鬼怪、大灰狼，害怕影子，害怕一个人待在屋子里等。这些都是正常现象，标志着他们的心智更加成熟，情感发展趋于复杂和高级。

## 一、宝宝害怕夜晚怎么办？

到了2岁，宝宝有了更加丰富的想象力，往往会将绘本、动画片里的形象移植到现实中。在天黑的时候，这种想象会更加突出。爸爸妈妈可以通过以下做法，让孩子逐渐克服恐惧，喜欢黑夜。

### （一）在日常互动中避免用恐惧的形象、情境

日常生活中，成人要避免对宝宝说“你再不睡觉，大灰狼就来了”这样的话语，有时候这些话能暂时起到作用，但是会潜移默化加深他们的恐惧感。避免给孩子看暴力、血腥或有妖魔鬼怪形象的动画片及电影。很多绘本会出现“大灰狼”“大鲨鱼”等形象，成人要多用好玩、游戏的口吻和孩子讲述这些形象。避免长时间将孩子自己一人留在阴暗的空间里，家人离开孩子的时候，要给他们说清楚，自己很快就会回来。

### （二）增强夜晚生活的趣味性

夜晚对孩子来说，可以是温馨多彩的。在晚上，由于一天的疲累，孩子往往更加需要父母的安抚，而有的孩子觉得白天没有玩够，晚上精力会比较充沛。这时候，成人需要根据孩子的个体情况安排夜晚生活。对于需要陪伴的孩子，爸爸妈妈可以通过阅读绘本、听轻音乐、做手工等方式来安排夜晚生活。对于精力充沛的孩子，可以做一些独属于夜晚的活动，比如去院子里看星星、在浴室里玩浴缸游戏（可以在浴缸里放置干净的充气小船、小鸭子、小鱼等，与他们游戏）、在卧室和爸爸妈妈玩枕头大战游戏等。这些安排都可以让夜晚生活变得不一样，也能让孩子们更加期待夜晚的到来。

### （三）引导孩子说出恐惧，告知某些现象的真相以帮助他们克服恐惧

当孩子感到恐惧的时候，首先，大人要安抚他们，帮助孩子把心里的恐惧说出来并认真倾听。他们往往会因为语言表达受限，而不能说出真实的恐惧的感觉，此时成人可以加以引导，比如问他们："你是因为害怕才哭的吗？"当孩子在家长的帮助下将恐惧感说出来，并得到安抚后，他们的恐惧感就会消除一大半。

其次，增加孩子的生活经验，帮助他们去了解自己所恐惧的对象的真相。例如，一些孩子害怕大灰狼，可以带他们去动物园看看真实的狼，将狼的特点、生活习性等讲给他们听。一些孩子害怕晚上的黑影子，可以在卧室里和孩子玩影子游戏，或是在太阳底下，让孩子观察自己的影子。如此他们就会逐渐明白，这些自己所恐惧的对象也是寻常的动物或者是自然现象，恐惧感会逐渐消失。

## 二、提供多元化的、促进宝宝发展的玩具和材料

### （一）选择适当的绘本

为他们选择适当的绘本，让宝宝在阅读中成长。宝宝七八个月时，爸爸妈妈可以开始给他们看布书、洞洞书、发声书、立体书等；1 岁以后，给宝宝选

择图多字少或者只有图没有文字的绘本，让宝宝多看图，多观察和倾听；1 岁半以后，可以给宝宝选择文字简洁易懂，句子短小精悍、重复性强，故事情节简单的绘本，让宝宝在富有韵律、不断重复的句子中逐渐习得说简单句的能力；2 岁左右，很多宝宝开始说“电报句”、简单句，具备了初步的共情能力和更强的理解能力，可以给宝宝选择有一定故事情节、图画丰富、文字较少的绘本。

在给宝宝读绘本的过程中，家长要多和宝宝互动，观察宝宝的兴趣点和情绪，有时候宝宝会因为绘本中的小动物找不到妈妈了而露出难过的表情，这正说明宝宝的情感更加丰富，初步具备了与他人共情的能力。重复读同一本绘本，也是这个阶段宝宝喜欢的方式。他们在重复阅读中不断观察绘本中的图画细节，回味有趣味的情节，获得阅读的兴趣，学习词语和句子。

### （二）拼图和积木

拼图和积木都是益智类玩具。对于 2 岁的宝宝来说，玩拼图和积木不仅能锻炼宝宝的精细动作、手眼协调能力，也能提升他们的观察能力、认知能力、思维能力。2 岁宝宝一般能拼出 4~7 块拼图，但是也存在个体差异。爸爸妈妈可以给宝宝选择大块的拼图，注意拼图需要边缘光滑，图案简单。在和宝宝一起拼拼图的时候，家长要有耐心，给宝宝更多时间去观察拼图的线索，例如相似的线条、图片等，不要在宝宝还没有观察充分的时候，就告诉宝宝应该怎么拼。

这个年龄段的宝宝已经不仅能将积木垒高，有的还能横向连接积木，试图进行围合。爸爸妈妈可以给宝宝选择质地轻、大而软、色彩鲜艳的积木。这样也能在宝宝搭建积木的时候保障安全。爸爸妈妈可以多和宝宝一起玩拼图和积木，观察宝宝的状况，多用语言引导宝宝。在宝宝遇到困难或者进行不下去的时候，为他们提供思路，多鼓励和肯定他们。

### （三）厨房类玩具、娃娃家庭类玩具、小车类玩具

迷你小厨房、仿真蔬菜、仿真水果、仿真锅灶等，都是这个时候宝宝爱玩的玩具。平时他们看到爸爸妈妈、爷爷奶奶、姥姥姥爷在厨房做饭，会一直暗

地里观察和模仿。如果给他们提供厨房类玩具，你会看到他们拧开“煤气灶”，往“锅”里倒“油”，拿着“铲子”炒“菜”，简直和大人一模一样。厨房类玩具能让宝宝充分展开模仿，提升他们的观察能力、手眼协调能力、思维能力等，还能让他们充分体验到成就感。

如果家中空间宽敞，可以投放娃娃家庭和小车等玩具。如果给宝宝提供布娃娃和娃娃的衣服、浴缸、梳子等，宝宝会像妈妈照顾自己一样照顾布娃娃，比如给布娃娃洗脸、梳头，还会像模像样地给娃娃洗澡。有的孩子还特别喜欢玩小车，那么爸爸妈妈平时带着宝宝上街的时候，可以给宝宝介绍消防车、公交车、小汽车、救护车、警车等不同类型的车，还可以给他们购买一些玩具车。

# 宝宝来了

2~3岁

王慧 著

泰山出版社·济南·

**图书在版编目（CIP）数据**
宝宝来了. 2～3岁 / 王慧著. -- 济南 : 泰山出版社, 2025. 4. -- ISBN 978-7-5519-0911-2
Ⅰ. TS976.3-49
中国国家版本馆CIP数据核字第20254JE160号

BAOBAO LAILE 2~3 SUI

宝宝来了 2～3岁

**策　　划** 胡　威
**责任编辑** 王艳艳　任春玉
**封面插图** 李　虹
**装帧设计** 路渊源

**出版发行** 泰山出版社
社　　址　济南市泺源大街2号　邮编　250014
电　　话　综　合　部（0531）82023579　82022566
出版业务部（0531）82025510　82020455
网　　址　www.tscbs.com
电子信箱　tscbs@sohu.com
**印　　刷** 山东通达印刷有限公司
**成品尺寸** 170 mm × 240 mm　16开
**印　　张** 10.75
**字　　数** 198千字
**版　　次** 2025年5月第1版
**印　　次** 2025年5月第1次印刷
**标准书号** ISBN 978-7-5519-0911-2
**定　　价** 52.00元

# 前　言

0～3 岁是人一生中发展最快的阶段，从蹒跚学步到跑跳自如，从牙牙学语到流利表达，从懵懂无知到精灵古怪，宝宝在动作、语言、认知等方面飞速发展。脑科学研究表明：婴儿的大脑发育迅速，每秒钟形成 100 多万个新的神经元连接。神经元之间的连接依赖于早期的生活经验，婴幼儿在早期得到的感知觉经验、外界刺激、人际互动都会影响到大脑神经突触之间的连接，而这些早期的神经突触连接成为日后大脑发育的基础，甚至会影响到孩子的身心健康、终生学习与适应能力。

0～3 岁也是人一生中最特殊的阶段。婴幼儿认识和了解世界的途径和成人不同，其主要途径是感知觉。婴幼儿对客观世界的认识是由感知觉开始的。在此基础上，婴幼儿才能构建起记忆、想象、思维的城堡，逐步深入去探索世界的奥秘。成人眼中平常的事物，对于孩子来说，不仅是五彩斑斓、妙趣无穷的，更是惊奇不已、影响一生的。初尝美食的味觉盛宴、雨后小径的泥土芬芳、清晨鸟鸣的悦耳动听、清风拂面的温柔触碰、夜幕降临的星空璀璨，这些早期丰富的体验不仅能让他们在视、听、嗅、味、触等感知觉方面飞速发展，还能影响他们大脑神经突触之间的连接，让他们可以更有智慧地去认知和探索世界。

这个阶段的宝贝还将经历独特的心理发展历程。8 个月的宝贝每天都黏着妈妈，是因为他们到了“母婴依恋”的关键期。在此期间，母亲和主要养护人充分陪伴，才能帮助孩子建立起安全感。2 岁多的宝贝频繁地说“不”，不是想和大人作对，而是他们进入了自我意识萌发期，想通过说“不”来表达自我，证明他们有和大人不一样的想法。他们还有一些不同寻常的行为，如有的宝贝喜欢撕纸或抠洞洞，有的宝贝喜欢将东西反复扔在地上，还有的宝贝要把所有的玩具都放到嘴巴里品尝一遍。他们独特的行为不是在故意和大人捣乱，而是在表达他们的主体性，揭示了这个年龄段旺盛的发展需求。

如何读懂这种需求，并给予宝贝最好的支持？这不仅需要了解婴幼儿的发展规律，还要有适宜的方法和他们进行互动。大人先要变成孩子，站到他们的视角去观察、理解他们，再变回父母，站在成人的角度去支持他们。父母经过了变回孩子再变回父母的历程，才能真正帮助宝宝成长，给予他们现阶段最需要的爱。

《宝宝来了》就是描述了这样一个历程。本书采取"书中书"的形式，在每一章的故事部分，以第一人称视角展现宝宝的天性，通过童话式的故事，描绘宝宝0~3岁的成长历程。每一章节都围绕一个宝宝可能遇到的情景展开，捕捉宝宝成长过程中最真实、最生动的瞬间，展现他们内心世界的困惑和思考，让父母变成宝宝，感受宝宝如何理解和感知世界，从而实现对宝宝的爱与尊重。本书在写作时尽可能集合众多普遍性和个性化的育儿现象与问题，相信每个父母都能从书中获得有针对性的启发。需要注意的是，文学化的描述不可避免带有想象，而且书中"文学化"的宝宝有时会有超越现实中同年龄段宝宝的想象与思维能力。因此在阅读时，父母们不要将书中宝宝的想象与思维能力刻意和自己的宝宝做对比。

在每个故事之后，都附有系统、详尽的育儿知识。作者依据本年龄段宝宝的生理和心理发展特点，梳理了众多家长关心的育儿难题与困惑，并提供具体可行的育儿建议，指导家长尊重宝宝的主体性，关注宝宝的情感与人格成长，给他们足够的空间去探索与成就自我。希望父母能够从更加理性的角度来审视育儿，成为更好的父母。

本书写作的3年，恰似一个婴儿成长的3年，等到书稿完成，仿佛看到一个婴儿从呱呱落地成长到将要上幼儿园的阶段，心中充满了喜悦。生命是最神奇的现象，而爱是浇灌生命最重要的营养，每个家庭都能在孩子成长的过程中发现爱，分享爱，传递爱。本书饱含着宝宝对周围事物的热爱，也渗透着浓浓的亲情。愿每一位读者，在成为宝宝又成为父母的历程中，体会到对家人、世界和万物的爱，同时也能被爱滋养，再把这份爱传递给最需要的小宝贝们。

在此，感谢泰山出版社社长与各位同仁在本书写作过程中提出的宝贵意见，也感谢写作过程中江虹老师、王海燕老师、李兵兵老师的支持！

王 慧

2025 年 1 月

# 目录

# 第一章（上） 无所不能的我

## （25个月）

两岁生日的时候，我收到了很多礼物，其中我最喜欢的是舅舅送给我的那套《葫芦娃》绘本。

从那以后，每天睡觉前妈妈就给我讲葫芦娃的故事。葫芦娃们都很厉害，每一个人都身怀绝技。他们虽然看起来比我大不了多少，但是打起蛇精和蝎子精的时候，一点都不含糊：喷水、喷火、吹出风暴……最终团结一心救出了爷爷。

我也想当葫芦娃。妈妈带我去商店买了葫芦娃的衣服和装饰。商店里有个金色小葫芦特别神奇，它可以发光。当看到这个闪闪发光的金色葫芦时，我兴奋得把小手都拍红了，从此它成了我的专属法宝。我穿着葫芦娃的衣服，拿着小葫芦，在小区里人最多的地方走来走去，觉得自己和葫芦娃一样能干！每次在小区里玩耍完，我都会自己收好玩具，把它们放回我的小推车里。当我推着小推车的时候，我就会把小葫芦小心翼翼地放到玩具包里，使劲地向前伸直双臂去推车。这时我的葫芦娃小披风就随风飘起来，吸引着小朋友们的目光。那些在推车里坐着、时不时还哭闹一下的小朋友，知不知道葫芦娃的存在呀？知不知道我也和葫芦娃一样拥有神奇的能力呀？这样想着，我一边推车一边说：“葫芦娃，都不怕！”奶奶笑着附和道：“我家宝宝是葫芦娃里的推车娃。”

我可不仅仅是推车娃，我可厉害着呢，我能做和水娃、火娃一样的事情。那天，我穿着葫芦娃的衣服，拿着我的葫芦法宝和水枪，在小区里四处巡逻，寻找妖怪。忽然，灌木丛里边发出簌簌的响声，是不是蛇精出现了？我指着灌木丛对妈妈说：“妈妈，妖怪。”妈妈说：“你不是有法宝吗？快用你的法宝打败它！”嗯，一定是蛇精！我拿着葫芦法宝对着灌木丛大声喊：“站住！”里边的声音更响了，我有点害怕，转身就扑进妈妈的怀抱里，妈妈拍拍我的肩膀说：“不要怕，蛇精来了也不怕，咱们用水枪把它赶跑。”我拿起水枪对着灌木丛不停射击。不一会儿，灌木丛中的声音就没有了。我太高兴了，拽着妈妈过来看，告诉她我把蛇精打跑了。妈妈夸我：“宝宝真厉害，是真正的葫芦娃！”我挥舞着水枪骄傲地喊：“我是水娃！”

回到家里后，我一边大声嚷嚷着“火娃！”一边拿起爸爸的打火机，准备施展火娃的本领。妈妈发现后赶紧制止了我，告诉我玩火危险。她说：“水娃有水娃的本领，火娃有火娃的本领，你有你自己的本领。宝宝的本领一定不比火娃差。”

桌子上摆着妈妈刚给我买的蜡笔，我随手拿起一支蓝色的蜡笔，轻轻一画，一道浅蓝色的线就出现在了白纸上。我又拿起一支黄色的蜡笔，点了很多点点。爸爸过来，笑眯眯地看了一会儿，问我：“宝贝，你画的是什么啊？”“是妖怪。”

前几天晚上，爸爸带我去看星空的时候，有一颗星星掉下来了，我问爸爸：“那是不是妖怪？”爸爸蹲下来，告诉我：“那不是妖怪，而是一颗流星。宇宙中有很多的星星，每颗星星都有自己的生命。如果一颗星星不小心闯入了地球的大气层，和大气层摩擦，就会发光，成为流星。”我明白了，流星就是星星掉下来走过的路，我画的这条线就是流星来到地球的痕迹。于是我指着我的画说：“这是天空，这是星星，那是路。”爸爸开心地说：“宝宝真厉害，能画出星星走过的路，比葫芦娃还厉害！”那当然了，我能用手指蘸着颜料在大白纸上点出妈妈喜欢的梅花，还能用油画棒勾出动物园里的大老虎，只是大人们都不会欣赏。当我画画的时候，大人们总会问我在画什么。在我看来，我想画什么就能画什么，而且我画出来的就是我想画的。

下午刚下过雨，妈妈要带我去看雨后的风景。我想去当水娃，就披上披风，拿着水枪和妈妈出去了。走到小区的滑梯那里，我就爬上去玩了起来，完全忘记了要当水娃的事。妈妈赶紧帮我把披风解下来，以免我滑倒。我一岁多的时候就会滑滑梯了，而且滑得还很棒！我会从滑梯最滑的部分慢慢走上去，再倒着滑下来，别提有多刺激了。这次我又熟练地从滑梯最低处走上去，旁边有个小弟弟仰着头很崇拜地看着我，两只大大的眼睛忽闪忽闪的，好像在问我是不是会魔法。看着越来越远的小弟弟，我第一次觉得，我长得可真高。等到了滑梯最高处再滑下来，感觉像从云端降落下来一样，威风极了。

对了，我还要去当水娃呢，我重新披上披风往前走。雨后的公园里空气清新，积水在地面上形成了一滩一滩的小水洼。远处一个大哥哥扔了一个石子进去，溅起了一圈圈水花。大哥哥在打妖怪吗？难道水里也藏了一个小妖怪？我跑过去，使劲地踩踏着积水，积水四处飞溅，我得意地想："看我多能干，妖怪被我赶跑了。"此时我的眼神瞥过旁边的小弟弟，内心感觉无比自豪，心想："这么有难度的事情你肯定不会做吧！"四溅的积水差一点就溅到在旁边玩耍的几个哥哥姐姐身上，他们灵活地躲开了，不约而同地叫了出来，齐刷刷地看向我。

"就是那个小不点干的！他可真能耐，差点就溅我一身水！"一个小哥哥喊起来。听到他的"夸奖"，我的下巴高高昂起，得意洋洋地目视前方，想跑过去再踩一次水。

妈妈过来把我拉到一旁，很严肃地盯着我说："这样做是不对的，虽然踩水很好玩，但是这样容易把水溅到别人身上，水里的泥巴会把衣服弄脏的。"妈妈好像在责备我，这有些出乎我的意料。我可是干了一件了不起的事情，连小哥哥都夸我很"能耐"，妈妈应该夸奖我才对。我不服气地说："水娃打妖怪！"妈妈指着地上的泥点点说："这些泥点点要是溅到了

别人身上，衣服是不是会变脏？”我点点头。不但没有得到夸奖，还被说了一顿，我有些沮丧，于是对妈妈说：“不打水里的妖怪。”妈妈这下明白了，她摸摸我的头说：“水里没有妖怪，那是风吹起的涟漪。一会儿小哥哥小姐姐需要你帮忙的时候，你再去帮助他们好不好？水娃打妖怪也是为了帮助别人。”

哥哥姐姐在不远处忙忙碌碌地搬运石块、树枝和叶子，准备给小狗垒一个小房子。他们一边忙碌着，一边商量着房子的样子，热闹极了。我想帮助他们，拿着石块往上面放，却被他们制止了。他们指着不远处的几块石块，说可以让我帮着运。于是我跑过去，两只手用力搬起一块石块，递给哥哥姐姐们。我又往返好几次，运了好多石块，哥哥姐姐们纷纷夸奖我，我得意地转头看了看妈妈，发现她正在旁边给我拍照呢！妈妈也夸奖了我，她说我是最能干的葫芦娃。

不一会儿，一个小房子就搭好了。房子很漂亮，里面还铺着一些树叶和棉花。哥哥姐姐们要把自己家的狗牵过来，让小狗住在这个房子里。于是我就在这里待着，一边欣赏这个房子，一边等他们回来。等了好久，一个哥哥终于把他家的小狗牵来了，可是小狗死活不肯钻到我们垒的房子里，我大声告诉小狗：“这是房子，你的房子！”小狗摆摆尾巴，跑得更远了。于是我着急地跑回家，把我的毛绒兔子和玩具小狗都带了过来，我要让它们住到新房子里。毛绒兔子兴奋地看着我，仿佛等不及住新房子了，我安抚着它说：“你稍等一下，马上就可以在新房子里玩了。”等到把它们都安排进去，已经中午了。妈妈说，毛绒玩具也会饿的，等到我们下次出来玩，再请它们住新房子，我满意地点点头。能干的小葫芦娃也饿了，该回家吃饭了。回去的时候，我经过了灌木丛，里面好像又有响动，是不是蛇精又出现了？我正想施展我的魔法，结果妈妈眼疾手快，一下子就抱起了我，一溜烟跑回了家。我的计划失败了，真遗憾！

给爸爸妈妈的话

宝宝已经2岁了，他们成了一个独立的“小大人”，不仅能自己拿着勺子吃饭，自己用水杯喝水，还能自己上厕所。日常生活中，他们还尝试着帮助爸爸妈妈做事情。他们与家人的沟通越来越多，几乎完全能听懂爸爸妈妈说的话，并在交流的时候尝试说一些简单句，喜欢哼唱儿歌，听到音乐也会有节奏地摆动身体。他们的运动能力越来越强了，不仅能慢跑，还能跳跃，也喜欢扔球。此时他们最喜欢玩耍了，能玩的游戏越来越多，比如捉迷藏、滑滑梯、荡秋千等。他们的模仿能力变得惊人，能模仿大人的很多语言和行为。爱听故事，还能和故事中的人物共情，看到电视里感人的画面，小眼睛里也会有泪花。这个阶段也是宝宝智力、认知、情感和社会性发展的黄金时期。

## 一、宝宝为何“无所不能”

### （一）保护宝宝无所不能的心理感受

2岁以后，随着语言、认知、行为能力的提高，宝宝的心理发展迎来一个新的阶段，他们不仅在很多事情上跃跃欲试，还会认为自己无所不能。父母要为这个阶段的宝宝提供更多的机会去尝试，帮助他们发展自信心，增强他们的探索精神，促进他们的能力发展。

宝宝在能力增强的同时，会感到自己对周围世界的控制加强，加上对自我有了进一步的认识，所以甚至会觉得自己无所不能。由于有父母的照顾，他们遇到的问题一般都能得到解决，这会使他们产生一种幻觉：自己可以得到世界上的一切东西，也能掌控一切。在这种心理状态下，他们更愿意探索这个世界。此时，父母要保护他们勇于探索、感觉可以胜任一切的良好心理状态，这能促使他们发展出更多的能力，充分体验独立做事情的成就感。

### （二）正确对待独立性和依赖性共存的现象

父母会发现，2岁以后的宝宝，在独立性增强的同时，依赖性也增强了，甚至有的宝宝在前几个月还能离开妈妈，此时却出现了非常黏妈妈的情况。这是因为当他们探索空间增大的时候，遇到的实际困难也会增加，感觉自己无所不能的宝宝就会在现实中受挫。

当宝宝靠着自己的力量独立完成了一件事情，爸爸妈妈不妨夸奖和肯定宝宝，和宝宝共同享受做成一件事情带来的喜悦。如果宝宝受挫了，爸爸妈妈也不要说“你看你还不会”“我说你不行吧”这类的言语，而是肯定宝宝去尝试的行为本身，比如可以说：“虽然宝宝还没有将第三块积木放上去积木就倒了，但是我看到宝宝已经搭了两块了，这就很棒了，爸爸和你一起再搭一次吧。”

此时，父母的陪伴、鼓励和支持将帮助他们更好地度过这个时期，逐渐认识到现实中的危险和自己能力的范围，从而做出适当的探索行为。父母可以用他们能听懂的语言，帮助他们了解现实中的危险。比如，宝宝想捡起打碎的玻璃杯时可以对他说：“宝宝想把碎了的玻璃杯捡起来，但是这个会划破宝宝的手，这件事情只能妈妈来做，宝宝帮助妈妈拿垃圾桶吧！”爸爸妈妈还可以在遇到宝宝做不到的事情时，给他们一些具体的帮助，支持他们尽量自己去做，来让他们增强能力，增强自信，这样也会使他们逐渐减少对家长的依赖。

## 二、了解宝宝思维能力发展的过程

### （一）2～3岁时宝宝仍处于直观行动思维阶段

思维的产生、发展意味着宝宝认识过程的形成，思维的影响还渗透到情感、社会性及个性的各个方面。按个体思维发展的水平可将思维分为：直观行动思维（思维主体在对客体的感知中、在自己与客体的相互作用的行动中进行的思维）、具体形象思维（思维主体依赖事物的形象或表象以及它们的彼此联系而进行的思维）和抽象逻辑思维（思维主体用抽象的概念或词汇，根据事物本身的逻辑关系来进行的思维）。

0～3 岁的宝宝主要处于直观行动思维阶段，其特点是思维过程依赖于直接感知。这个阶段的宝宝的思维取决于他们看到或者感知到、探索到的事物，例如宝宝看到水就要玩水，看到别人玩球也要玩球。一旦动作停止，对该动作的思维也就停止了。这个时候，如果成人请一个 2 岁的宝宝把放在桌子中央的玩具拿下来，宝宝事先没有任何“想”的表现，而是马上去“拿”。他伸长胳臂、踮起脚尖，但是拿不到；不经意间扯动桌布，桌子上的玩具移动了一点，他会马上用力拉桌布，玩具就到了手边。宝宝最早的思维就是这样依靠感知和动作进行的。

### （二）绘画过程中的“直观行动思维”

这个年龄段的宝宝一边做，一边感知，一边思考，这样的特点也体现在绘画方面。在画画时，他们往往不知道要画什么，当成人问：“你在画什么？”他们往往会说出自己想画的事物，或者自己生活里常出现的事物，例如早上吃了饼干，宝宝就会说自己画的是饼干。

因此，成人不要着急让宝宝说自己画的是什么，也不要从外观去判断宝宝画的像什么，更不要去追求宝宝绘画的技能，只要支持他们多涂鸦、多画就可以了。宝宝从玩颜料、信手涂鸦到画道道、点点、圈圈的过程中，不断发展手部控制能力，对色彩和颜料材质的变化会有更多感知。随着生活经验的丰富和思维能力的发展，他们自然会逐渐发展出更多的绘画技能。

### （三）爸爸妈妈如何支持宝宝思维能力发展

对于处于这个阶段的宝宝，爸爸妈妈要多让他们感知和探索，只有让他们更多去触摸、倾听、闻、看，他们的思维才能得到更好发展。爸爸妈妈也要让他们多运动，多操作，多动手，只有提供更多操作和探索的机会才能让他们在做中思考。例如，给他们提供海绵和石头，让他们一边触摸，一边告诉他们，海绵是软软的，石头是硬硬的；与他们一同搭积木，让他们知道垒高是什么意思。给宝宝解释一件事情的时候，尤其是宝宝从来没有看到过和做过的事情，仅仅靠语言是不够的，最好配以行为的示范、形象的画面，让宝宝能更好理解。

# 第一章（下） 我和他们都不一样

## （25个月）

最近我发现了一个秘密，就是我和谁都不一样！

事情的起因是这样的：一天早上，我正在照镜子，突然，我发现自己脸上有一个小黑点，我就用小手去抠，竟然没有抠下来。一开始，我以为是我吃火龙果粘上的黑籽，于是就去找妈妈帮我擦掉。妈妈说这是一个黑痣，是我出生的时候就有的。

我看了看妈妈，妈妈的脸上没有黑痣；我又去找爸爸，发现爸爸的脸上也没有。我有点伤心，为什么别人都没有？我找到了一个湿毛巾，想把这个小黑点擦掉，擦了半天，还是没有擦掉。我想起妈妈化妆的时候，会用一种粉饼让脸变得白白的，我就跑到妈妈的化妆台前拿起粉饼就往脸上涂，结果涂了半天也没遮住这个小黑点。

我很生气，跑到妈妈的身边，指着我脸上的小黑点，又指着妈妈的脸说："妈妈没有，我也不要！"妈妈说："宝贝，这叫美人痣，漂亮的小孩才有呢！这是你与众不同的记号，可以帮助妈妈在人群中一眼就看到你。”“哼，妈妈没有，我不要！”妈妈又接着说：“这个痣可是一位仙女姐姐给你的。”听妈妈这么一说，我突然对这个小黑痣有点好奇。我看着镜子里的自己，那个痣在阳光下似乎闪着光，就像一颗小宝石嵌在我白里透红的脸颊上。“你可能忘记了，在来到爸爸妈妈身边以前，你是住在天上的，和一位美丽的仙女姐姐住在一起。你要来到人世间的时候，仙女姐姐舍不得你，伤心地哭了，她的泪水滴在了你的脸上，变成了一个痣。”

我听得入神了，妈妈讲的是真的吗？她的话引起了我的回忆，仙女姐姐流泪的画面似乎很真实。妈妈又说：“你那么可爱，是最珍贵的宝宝，所以仙女姐姐舍不得你，才会流泪的啊。”

这个痣这么特别，我抚摸着它，觉得自豪又骄傲。走到院子里，我见到邻居爷爷，就指给他看我的美人痣，爷爷果然很羡慕我，因为他也没有。

隔壁小弟弟来找我玩，我专门给他看我的美人痣。他踮起脚尖，用小手在我的美人痣上面摸了又摸，好像很羡慕我。我想了想，拿起一个水彩笔在他的下巴附近也涂了一个黑痣，他非常开心地回家了。可是下回他来我家的时候，黑痣又没有了，于是我又拿着水彩笔去涂。妈妈笑着说：“小弟弟不需要有黑痣，他有小酒窝，也是个漂亮小孩啊。”我看了看小弟弟，果然，小弟弟脸颊旁边有两个小酒窝，一笑起来显得特别好看。

我也想要小酒窝！我觉得小弟弟的酒窝比我的黑痣好看。晚上睡觉的时候，我对妈妈说："妈妈，我要酒窝，我要酒窝。"妈妈说："每个宝宝在来到爸爸妈妈身边之前，都在天上生活，他们在仙女姐姐眼里，都是独一无二的。他们每一个人离开仙女姐姐的时候，都有特别的告别仪式，仙女姐姐同样舍不得小弟弟，就亲吻了他的脸颊，他这才有了小酒窝啊。"我似懂非懂，疑惑地看着妈妈："妈妈呢？""妈妈也一样啊，妈妈小时候也在天上，也是后来来到姥姥姥爷身边的。虽然妈妈没有美人痣和酒窝，但是你看，妈妈的眼睫毛是不是很长？这也是仙女姐姐给妈妈的礼物。这样，我的爸爸妈妈就能一下子在人群中找到我了。"

我抬头看着妈妈，她长长的眼睫毛又卷又翘，让她看起来就像一个大的洋娃娃，漂亮极了，我不禁搂住了妈妈。妈妈说："所以说啊，属于自己的就是最美的。你想，你的爸爸也和别的爸爸不一样啊。要是每个人都一样，就分不清楚谁是谁的爸爸妈妈了。"嗯，对，我似乎懂了。也是，如果小弟弟和我一样，他也不会那么羡慕特别厉害的我；如果我和小弟弟一样，我就没有美人痣了，妈妈该怎么在人群里找到我啊。

晚上，我看着深邃的夜空，想找到仙女姐姐。我离开她这么久了，仙女姐姐会不会想我呢？我决定给仙女姐姐准备一份

礼物，下次见面的时候送给她。可是送给仙女姐姐什么好呢？思来想去，我准备亲手做一个美味的蛋糕送给她。我来到我的小厨房，拿出蛋糕模具开始做蛋糕，一边做一边说："仙女姐姐，你不知道我会做蛋糕吧？你想吃什么口味的？"我又学着仙女姐姐的口吻说："我吃奶油的。"我又学着妈妈的口吻说："不能吃奶油的哦，那样你的牙齿就坏了。""嗯，那好吧，不吃奶油了，你给我做水果蛋糕吧。""好了，蛋糕做好了，我们一起吃吧。""嗯，你做的蛋糕真好看，你是最能干的小孩儿！""嗯，谢谢你，我就是最能干的！"听着仙女姐姐的夸奖，我开心地笑了起来，还给自己鼓鼓掌。我很得意，我不仅能给仙女姐姐做蛋糕，连她想什么我都知道，我可是仙女姐姐最珍贵的小孩啊！

给爸爸妈妈的话

宝宝已经2岁了，他们的体重一般为10～12千克，身高为78～88厘米，头围基本达到成年时的90%了。他们的睡眠比起1岁多时明显减少，运动量增加，牙齿长得很快，食量也增大了。他们的小手更加灵活，注意力集中的时间明显变长。此时的宝宝已经初步表现出不同的气质倾向和爱好，有的宝宝喜欢安静，有的宝宝相对好动，有的宝宝听到音乐就会手舞足蹈，有的宝宝则喜欢涂鸦。他们的自我意识开始萌芽，逐渐意识到“自我”的存在。

## 一、“认识自我”是成长中重要的一步

### （一）帮助宝宝认识自我，从喜欢自己的外表做起

2岁以前的宝宝，听到妈妈说“把鞋拿给我”时，还不能听懂到底是把鞋拿给谁，只有妈妈说“把鞋拿给妈妈”时，他们才能懂得这句话的意思。2岁以后，当妈妈说“把鞋拿给我”，宝宝马上就会把鞋递给妈妈。宝宝在理解“我”的含义时，也会对自己的外表、拥有的物品产生兴趣。

镜子里的“我”，是宝宝认识自我最外显的方式。通过观察，宝宝会逐步知道自己的外貌特征，如圆圆的脸、大大的眼睛等。有的宝宝还会关注到自己与众不同的特征，如自来卷、脸上的痣等。家长要引导宝宝接纳和喜欢自己的外表，同时也要接纳和喜欢别人。

日常生活中，家长不要总拿自己的宝宝和别人的宝宝相比，尤其是拿自己宝宝的缺点和别人的优点相比，这不仅不能激励宝宝进步，还会影响他们自尊心的发展。此时的幼儿还不能认识自己，他们对自己的评价来自外界特别是家长对自己的评价，日常生活中潜移默化的引导往往会成为他们日后判断是非的

标准。因此，家乡对自我的悦纳、对宝宝的悦纳、对身边其他小朋友的悦纳，会帮助幼儿形成开放、包容的性格。

### （二）“自言自语”是宝宝心理成长的标志

2 岁左右的幼儿喜欢自言自语，他们经常在没有人的时候进行自我对话。有的成人会觉得奇怪，担心宝宝是不是有心理问题，其实这是宝宝心理成长的标志。当照顾者不在自己身边的时候，宝宝通过自言自语来抵挡孤单，通过与内在世界的对话实现自我照顾。

如果一个宝宝总是自言自语，不愿意和人交流，或者到了童年期（6~12 岁）还总是自言自语，则要引起重视。如果照护者和幼儿的互动是良性的，对于2岁多宝宝的自言自语现象则不必太过担心，这是他们学会独处的一种方式。随着时间的推移，自言自语的内部对话会逐渐减少，转向外部对话。

### （三）放手与支持养成独立宝宝

宝宝自身能力的提高，离不开家长的放手。在他们力所能及的事情上，家长要大胆放手让他们去尝试，例如让他们自己吃饭。第一次自己拿勺子吃饭的时候，他们肯定会将饭菜洒得到处都是，但不妨给他们成长的空间，慢慢地，他们就会越来越熟练。

多支持，源于对宝宝发展特点和行为的正确解读。要观察宝宝此时的行为，看他们哪些事情能做到，哪些事情是需要帮助的，家长在恰当的时候可以给予适当的支持。例如，他们想用剪刀，但是打不开，家长可以帮助他们打开剪刀。再如，他们只能剪得动软的纸张，家长就不要给硬的纸张，要根据宝宝的实际情况提供适宜的游戏材料。

## 二、从容面对养护中的问题

### （一）吃饭有点难

有的宝宝需要追着喂饭，有的宝宝则一边看电视一边吃饭，吃一次饭需要 1~2 个小时。如何缩短吃饭时间，让宝宝爱上吃饭？吃饭是人的本能，如果饿了，宝宝自然愿意去吃饭。吃饭的问题需要综合考虑。如果宝宝吃饭困难，要看是宝宝的运动量不够，是根本不饿，还是因为家长没有让宝宝从小自己吃饭，使宝宝觉得吃饭只是家长的事情，和自己没有关系呢？

宝宝1岁以后，就可以帮他把手洗干净，让他坐在餐桌旁，自己用手抓着食物吃了。宝宝1岁半以后，可以尝试给他小勺子，让他自己去吃。这个过程会遇到很多困难，比如饭粒撒得到处都是、吃得很慢、吃不饱等。这时爸爸妈妈仍然要坚持让宝宝自己吃几口饭之后再喂食，让宝宝感受到自己吃饭的乐趣和成就感。

宝宝吃饭最好有固定的位置，有自己专用的餐椅、碗筷。还可以在吃饭过程中放音乐，增加宝宝进食的仪式感。不要让宝宝一边吃饭一边看电视，每顿饭的时间控制在半小时以内。爸爸妈妈还可以和宝宝一起吃饭，夸赞饭菜好吃。爸爸妈妈享受美食，对宝宝就是一种正确的行为示范。

### （二）还不能控制排便

控制排便会受到以下几种因素的影响：首先是生理方面。宝宝的神经系统发育到一定程度，才能够控制排便。2岁宝宝的大脑皮层发育还不成熟，神经调节功能尚未健全，因此无法完全有效控制大小便。此时，宝宝出现尿裤子、尿床现象非常正常。随着年龄增长，一般在3~4岁时，他们的大脑皮层逐渐发育完善，才能够更好地控制排泄行为。

在成人的引导下，1.5~2岁的宝宝在白天可以逐渐将大小便排在固定的尿便盆或小马桶。因为有个体差异，有的宝宝在1岁半以后经过引导就可以做到，有的宝宝则到2岁多才能做到，但这并不能说明宝宝发育的优劣。

其次，心理发展也影响宝宝对于排便的控制。对于排便控制的引导，不仅需要根据宝宝的个体情况而定，也要依靠轻松自然、和谐温馨的家庭氛围，家长不要太严厉和刻意，不要给宝宝压力，逐步引导他们控制排便即可。

# 第二章　我不怕小怪兽

## （26 个月）

阳光明媚，照在身上暖洋洋的；微风习习，轻柔地拂过树梢；天空特别蓝，纤云不染。今天是星期天，妈妈可以在家陪我玩，我特别开心。吃完早饭，我就拉着妈妈的手到了小区的花园里。花园里的宝宝真多，有追逐打闹的，有捉迷藏的。他们一会儿藏在树后面，一会儿藏在草丛中间，我忍不住也和他们玩了起来。

我发现躲在花丛里边最安全了，不像那些大宝宝个头太高藏不下，我的身材正合适。于是我趁大家不注意，偷偷地藏在了花丛里。几个小朋友到处找我，怎么都没有找到，我得意极了。

就在这个时候，我听见有什么东西在沙沙作响，一定是小怪兽要来了，它们在窃窃私语。远处传来妈妈喊我的声音，可是我不敢回应，我担心一说话，那些小怪兽就发现我了。突然，仿佛有一只手拍了我的脑袋一下，我吓得一激灵，差点哭了出来。再一看，原来是一片大大的树叶掉在了我的头上，坏了，这一定是怪兽们击落的。妈妈的声音由远及近，原来她看到了花丛中的我。我再也忍不住了，一下子哭了出来，妈妈赶紧把我抱了出来。

我把头伏在妈妈的肩头说："妈妈，有怪兽。"妈妈问："怪兽在哪里呢？""有怪兽把树叶打了下来，我怕它们来抓我。"妈妈笑着说："那是风把树叶吹落下来了。而且，你是葫芦娃啊，怪兽打不过你。"对！我可是葫芦娃呀！我胆子大了起来，对着在风中摆动的树叶说："我才不怕你呢，小怪兽！"

妈妈告诉我，以后玩捉迷藏，不要一个人躲太远，一定要和小伙伴们一起，而且有的地方是不能去的，比如下水道的盖子附近、小区配电箱的周边。

为什么呢？是因为有那里有小怪兽吗？可是，我有小葫芦啊。妈妈说："葫芦娃拿着小葫芦当然很厉害了，但是在有些地方，小葫芦也会失灵。不过别害怕，只要小葫芦娃动一动聪明的小脑袋，就能辨认出危险。"

看着我似懂非懂的样子，妈妈告诉我，一会儿给我讲一个有趣的故事，我就知道怎么对付小怪兽了。我迫不及待地吃完饭，乖乖地坐在沙发上等妈妈讲故事。妈妈拿出一本名叫《不要让怪兽抓小孩》的绘本，边翻边讲：一天，怪兽们召开了抓小孩庆功派对，各种怪兽齐聚一堂，庆祝它们取得的丰硕成果，只有淘气怪躲在角落里闷闷不乐。原来，别的怪兽都抓到了很多小孩，而他却一无所获。淘气怪决定向大家请教抓小孩的秘诀。长臂怪告诉淘气怪，自己常常守在电扶梯旁，只要小孩在电扶梯上奔跑打闹，他就能抓走小孩；霸王怪说抓小孩一点也不难，只要瞄准那些落单的小孩，用糖果和玩具引诱，总能轻松得手；大鼻子怪的办法更简单，它的鼻子可以变成插座，只等小孩把手伸进他的鼻孔里，它就能一下子抓到他们了……淘气怪学了好多招数，但是，每当他接近小孩的时候，只要小孩大喊一声“我不靠近你”，淘气怪的所有伎俩就都不管用了。

听到这里，我似乎明白了，所有的怪兽都害怕宝宝们说“我不靠近你”。

只是，怪兽真的会出现在那么多地方吗？它们也藏在我家的插座里、我经常吃的糖果里吗？我拿着小葫芦，跑到厨房，打开我的糖果罐，把全部糖果都倒出来，然后问妈妈：“怪兽在哪里呢？”妈妈说：“一般情况下，怪兽不会出现，只有吃太多糖果的时候怪兽才会出现。”我又跑到插座旁，我家的插座都有盖子，妈妈帮我打开，然后告诉我，这个地方的怪兽格外危险，一下都不能碰。“危险是什么意思呢？”我问妈妈。妈妈说：“危险就是再也见不到妈妈了。有很多地方的怪兽，都会让你再也见不到妈妈，千万不能靠近。要做到‘我不去’，比如下水道盖子附近、冻结的冰面上等。”嗯，不去，我懂了。

妈妈说，怪兽最害怕的就是勇敢又谨慎的小孩。当然了，我就是小区里最能干、最勇敢的小孩。现在，我又学会了要谨慎，况且我还有小葫芦呢，我才不怕小怪兽！第二天，我和妈妈去游乐场，我从很高很高的滑梯上下来的时候，找不到妈妈了，我就在游乐场里大声喊妈妈。这个时候，似乎有一个声音和我说："你走丢了吧？找不到妈妈了吧？"这一定是小怪兽！我想起妈妈的话，于是大声说："我不怕你！也不会靠近你！"我赶快找到游乐场的员工阿姨，告诉她妈妈让我背的电话号码，让她帮我联系妈妈。很快妈妈就回到了我的身边，原来她一直等不到我，以为我跑到别的滑梯那里了，就去别的地方找我了。见到妈妈，我没有像往常一样委屈地掉眼泪，而是跟她说："我不怕小怪兽！"我尤其自豪的是，就算我没拿小葫芦，我也不怕小怪兽。

给爸爸妈妈的话

宝宝已经26个月了，他们的身高和体重有了进一步增长。一般情况下，男宝宝的体重为10.0~15.8千克，身高为82.5~95.2厘米，头围为48.2厘米左右，胸围为49.4厘米左右。女宝宝的体重一般为9.4~15.4千克，身高为80.8~94.1厘米，头围为47.1厘米左右，胸围为48.2厘米左右。此时宝宝的牙齿一般已经长出18~20颗，多数宝宝已出齐20颗牙。他们的下肢更加强健，上下楼梯已经比之前更加熟练，踢球的时候方向性更强。有的宝宝还能单腿站立，能双脚同时往前跳跃。他们喜欢做手工，尤其是用橡皮泥捏东西，或者玩拼图、折纸等。

## 一、促进宝宝对自己与周围世界的认知

### （一）增强宝宝自我保护的意识

2岁以后的宝宝，以为自己无所不能。他们在探索欲望不断增强、独立性持续发展的同时，也会在探索中遇到实际的困难，尤其是遇到困难而成人不在身边的时候，他们会感觉恐惧和害怕，由此会增强对成人的依赖性。

在鼓励宝宝自由探索的同时，要增强他们自我保护的意识。很多危险他们是第一次遇到，在缺乏生活常识的情况下，父母的及时引导至关重要。比如父母要用他们能懂的方式告诉他们有些东西是不能碰的，像家中的电器、插座、厨房的刀具等。2岁的幼儿还处于直观行动思维阶段，语言解释比较抽象，他们难以理解，父母可以用游戏化、可视化的方式帮助他们了解可能遇到的危险。例如，手碰到刀刃会流血，也会很疼，因此刀具不能碰。父母可以用红色颜料模拟手指被刀刺破后流血的样子，并做出夸张的、疼痛的表情。厨房的锅冒出的热气是烫的，也不能碰。可以让宝宝先触摸微烫的锅，感受烫带来的不

舒服的感觉。这样逐步树立和增强他们的安全意识。

### （二）培养想象力

想象属于人所特有的高级认识的过程，是人将头脑中已有的客观事物形象重新组合成某种新形象的过程。2 岁时，幼儿已经具备了想象的能力，他们想象力的发展依赖大脑发育的物质基础和生活经验的积累。在刚出生的时候，婴儿大脑的神经元是彼此孤立的，没有连接；随着外部刺激的增加，神经元迅速连接起来并逐渐形成网络，某些刺激或生活经验会使经常使用的连接得到加强。

宝宝在不断探究的过程中和好奇心的驱使下，依据生活经验，有了想象力的萌芽。比如，他们会将黑影想象成故事里的怪物，也会相信父母讲的“仙女姐姐”的故事。此时，他们想象力的特点是：想象不是有意的，往往是外界环境或者事物刺激大脑引起的；想象的内容比较简单，一般都是自己生活的翻版；记忆的成分多，想象的成分少；想象和行动相结合，更多受到情境的影响。

爸爸妈妈在生活中可以通过玩游戏、讲故事等来培养他们的想象力。比如，可以和宝宝玩过家家的游戏，让宝宝想象自己是妈妈，布娃娃是宝宝，如果布娃娃生病了或者饿了，宝宝该做些什么。爸爸妈妈适当去引导宝宝，让他们在游戏中发挥想象。除了日常生活中的事物，爸爸妈妈还可以带着宝宝经常去接触大自然中的事物，使他们在头脑中储备丰富的形象为想象提供条件。如果宝宝因想象而产生了恐惧的情绪，则要用宝宝能够理解的方式，给宝宝揭示事物的真相，如黑色的影子是楼的影子、大树的影子等。随着想象力不断发展，宝宝的思维能力和创造能力也会不断发展。

## 二、给宝宝更好的营养照护

### （一）饮食护理

宝宝 2 岁后，能吃的食物越来越多了，更加需要培养他们良好的饮食习惯。他们的牙齿几乎长全，饮食可以多元化，并要粗细搭配、荤素搭配、软硬搭配，不要只给宝宝吃过于精细的食物。在宝宝的饮食中，主食、蔬菜、肉类、水果、豆类、蛋类、奶类都不可少，建议让宝宝多摄入富含维生素的蔬菜以及富含蛋白质的肉类、蛋类、奶类等食物。宝宝的食物要软硬适中。如果给宝宝吃得过于软烂，他们的咀嚼能力会下降；如果吃得太硬，又很有可能会引起消化不良。

要让宝宝喜欢吃主食。有的宝宝不喜欢吃主食，可能有多种原因。米饭和面条本身味道清淡，需要根据宝宝的特点，适当改变主食的做法和口味，例如做一些造型可爱的面点、用蔬菜汁和面做面条或者将大米和小米一起做成两米饭等。注意不要给宝宝吃过甜和过咸的食物。

即使宝宝暂时不喜欢吃某种食物，父母也不用过于担心，要将目光放长远。可以在家庭中营造良好的就餐氛围，例如与宝宝一起吃饭，宝宝看到爸爸妈妈吃饭很香，也会逐步爱吃各种食物；还要按时就餐，规律饮食，荤素搭配。这些家庭中良好的饮食习惯是帮助宝宝喜欢吃饭的重要因素。

### （二）睡眠护理

这个年龄段宝宝的建议睡眠时间是 11~14 小时，其中建议白天睡眠时间为 2~3 小时，所以建议宝宝午睡。1~2 岁的宝宝已经从睡婴儿床过渡到睡幼儿专用的小床，此时可以继续睡小床，因为宝宝仍然处于安全感培养的关键期，可以和爸爸妈妈分床不分房。

可以在入睡前安排 3~4 项有利于睡眠的睡前活动，如盥洗、听音乐、讲故事等。活动过程每天尽量一致，温馨适度，使之成为睡眠的一种“仪式”。活动时间不宜过长，尽量在 3 小时以内结束，爸爸妈妈可以和宝宝一起享受这个过程。

尽可能帮助宝宝养成午睡的习惯。这一时期，宝宝似乎比以前更加有精力，有的宝宝根本不愿意午睡，但是这会导致晚上过于疲惫而半夜醒来，或者在傍晚就入睡，凌晨醒来。午睡不仅可以帮助宝宝恢复上午消耗掉的体力，也能使他们在下午时拥有一个好的精神状态。家人可以尝试着陪宝宝一起午睡，大人睡觉了，宝宝也就会很自然地跟着大人睡觉。因为个体差异，有的宝宝精力充沛，总是无法午睡，对此爸爸妈妈也不用过于焦虑，让宝宝短暂小憩即可。

# 第三章　善待小怪兽（27个月）

今天小怪兽又出现了。上午，爷爷带我在小区里玩的时候，我的小车被一个小弟弟抢走了，我一下子哭了起来。爷爷赶紧过去和小弟弟商量把小车还给我，没想到小弟弟也哭了，小弟弟的爷爷见状将小弟弟玩的球给了我。两个爷爷商量了一下，决定让我们轮流玩玩具。我拿起球，一下子将球踢了出去，这可是我第一次将球踢得那么远。以前我踢球总是踢不中，明明我的眼睛看准了球，但腿不听使唤。这次可不一样，我不但踢中了，球还咕噜噜滚了好远。我高兴地蹦了起来。

可我还没有高兴多久，就看到远处一个大哥哥捡起球跑了。爷爷在后面喊了好久，大哥哥才过来将球还给我。爷爷问大哥哥为什么拿走我的球，大哥哥说自己看错了，他和他弟弟也在踢球，他们的球和我的球的颜色、大小都很相近，所以大哥哥以为那是自己的球。

我难过地哭了起来，大声喊叫，爷爷怎么劝我都没有用。我觉得有个小怪兽跑到了我的心里，它在里面使劲儿折腾，一会儿高兴地翻跟头，一会儿生气地捶墙，一会儿愤怒地跺脚，却一句话也不说，把我心里搅得翻江倒海。

回家以后，奶奶做了我最喜欢吃的虾仁鸡蛋羹，可我一口也不想吃。

爷爷要和我一起喂小兔子，我也提不起精神来。

妈妈回来了，问我今天为什么有点不开心。我指着自己的心，说："妈妈，小怪兽。"妈妈明白了，她问我："是不是你觉得心里有点难受，就像住进去一个小怪兽一样？"我点点头，妈妈接着说："是不是这个小怪兽让你的心沉甸甸的，让你笑不出来？"我又点点头，妈妈又说："我们一起把这个小怪兽找出来，不让它在你心里捣乱了。"

在听完爷爷讲的今天发生的事后，妈妈说："怪不得宝贝委屈呢，要是妈妈，也会觉得委屈。"妈妈这么一说，我的眼泪就流了出来。

妈妈又说："我们先说小弟弟吧。小弟弟喜欢你的车，可他不会说话，所以他只能抢，但是这么抢让你伤心了，对吗？"

还是妈妈理解我，我点了点头。

"那个哥哥以为远处的球是自己的，没看清楚就把你的球拿走了，所以宝贝很难过，对吗？不过，妈妈觉得，你心里的小怪兽很体贴你啊。它看到你能把球踢得很远就替你开心，看到你的球被抢跑了就替你难过，我们不需要消灭它。妈妈抱抱你，也抱抱你心里的小怪兽可以吗？"

我点了点头，趴在妈妈的怀抱里。我心里好像没那么难受了。

妈妈还说，她心里也时常会住进去小怪兽。下班见到我，小怪兽就替她开心；看到我难过，她心里的小怪兽也会难过。说到这里，妈妈说：“你能抱一抱我心里的小怪兽吗？”我点点头。和妈妈抱在一起好温暖，我们心里的小怪兽似乎也都安静了下来。妈妈还告诉我，每个人的心里都有小怪兽，小怪兽代表着不同的心情。只要我们的心情能被理解，小怪兽就会乖乖的，不会扰乱我们的心。如果总想把它赶跑，我们就会越赶越难受，而且最终也赶不走它。

妈妈还告诉我，遇到事情要说出来，说得不对也没有关系，但是要想办法说，只要说出自己的感受，小怪兽就会安静下来。

“嗯，我难过，他们抢球，我一个玩具都没有。”我一边说一边流下了泪。

妈妈紧紧抱着我。好奇怪，当我这么说的时候，我心里的小怪兽似乎听话了，它乖乖地坐着，妈妈抱着我的时候，就好像也抱住了它。我心里一下子舒服多了！

晚上的时候，爸爸陪我搭积木。我们一起将积木搭成了一座高高的楼房，我高兴地在地板上蹦。可能是我蹦的力气太大了，地板一震，所有的积木一下子都塌了，楼房不见了。

我既生气又难过，可又怨不得别人，我躺在地上打着滚

发泄不满。这时我心里的小怪兽又出现了，它在使劲地蹦着跳着，似乎还在我心里放了一把火。

爸爸很平静地看着我打滚，然后说："宝贝，妈妈是不是说过，心里难过要说出来。"

"生气！"这声音不知道是我发出的还是小怪兽发出来的。

"你生谁的气呢？"爸爸问。

这个时候小怪兽的声音小了，我告诉爸爸："欣欣，爸爸，生气。"

我既委屈又无奈。我没有办法生别人的气啊，这是我自己弄倒的，可是我也不是故意的啊。我似乎在生爸爸的气，但又不是爸爸把积木弄倒的。我的心情好复杂啊，心里的小怪兽似乎多了好几个，它们还打了起来。我的眼泪吧嗒吧嗒地掉在了地上。

"爸爸知道你好不容易搭了这么高的积木，一下子倒了，所以你很难过是不是？"爸爸一把抱过我，我心里的小怪兽似乎平静了一些。

"欣欣是不小心把积木弄倒的，这个不怪欣欣，对不对？"爸爸的话一下子安慰了我，小怪兽安静了下来。

"那咱们两个人一起努力，重新搭一遍，争取将房子搭得更高好不好？但是这次搭完后你就不要蹦了，这样房子就不会塌了。"

我同意了，心里的小怪兽似乎也在点头。

这一次，我和爸爸一起将房子搭得更高了。我心里的小怪兽站起来为我鼓掌，我很开心，心里别提多舒服了。

我又想起妈妈的话，就指着爸爸的胸口说："爸爸的小怪兽呢？"爸爸说："我的小怪兽现在也开心了啊。我们两个是不是应该庆祝一下，抱一抱？"说完，爸爸便用他强壮的双臂把我揽入他宽广的胸膛。嗯，爸爸的怀抱很温暖，仿佛把我心中的小怪兽都融化了。

### 给爸爸妈妈的话

27个月的宝宝语言能力发展迅速，能说几个较为完整的句子，能掌握很多与生活密切相关的词汇。宝宝的认知能力有了质的飞跃，对事物特征的认识逐渐从表象到深层，比如宝宝已经有了轻重的概念。宝宝的创造力更加丰富。由于探索范围的扩大，宝宝的想象力也更加丰富。他们的情绪变得丰富起来，除了喜怒哀乐等情感，宝宝还将逐渐出现高级情感，如同情心、羞愧感、道德感等。

## 一、正确认识宝宝情绪发展的规律，支持他们表达情绪

### （一）情绪发展从低级到高级

出生时，宝宝只具备简单的情绪，如满足、难过。这些一般伴随着生理和情感的满足或缺失而出现。如婴儿饥饿的时候，会感到难过；一旦吃饱了，就会因为满足而变得平静、开心。宝宝在成长过程中逐渐具备了喜怒哀乐等基本情绪，2~3 岁的宝宝已经具备难为情、自豪、嫉妒等复杂情绪。父母正确认识宝宝情绪发展的规律，可更好地支持宝宝表达自己的情绪。

### （二）帮助宝宝正确认识情绪

由于认知和语言能力有限，宝宝还不能正确认识自己的情绪。尤其是在宝宝第一逆反期到来的时候，他们往往表达欲望强烈，一旦需求得不到满足，语言又不能正确表达出来自己的想法，很容易通过哭闹、打滚等方式来发泄情绪。

父母可以通过分享自己的情绪来帮助宝宝认知情绪。例如，下班回家后，父母可以说“我今天很开心，因为我陪宝宝玩游戏了”，或者“我今天有点难过，因为我的钱包丢了”等。通过这样的分享，宝宝能更好地明白什么是难

过、开心，能正确给情绪命名。此外，还可以在真实的情境下，帮助宝宝表达情绪。例如，宝宝的玩具被抢了，宝宝只会哭，可以问问宝宝：“是不是因为玩具被抢了，所以心里很难过？”通过这种方式，宝宝能够在真实情况下识别自己内心的情绪，并用简单的语言表达出来。

### （三）共情是支持宝宝情绪发展的重要手段

每个人都希望被理解，宝宝也是如此。父母要支持宝宝情绪发展，就要设身处地去理解宝宝。通过和宝宝共情，宝宝会觉得自己被理解了，得到了尊重，心情自然就能平静了。接下来，父母再去处理问题。例如，宝宝因为没有买到心爱的礼物而哭泣，妈妈可以抱一抱他说：“你是不是很喜欢那个礼物？”宝宝得到了理解，就会停止哭泣。妈妈接下来可以再说“妈妈可以明天给你买”，或者“今天买的东西已经很多了，妈妈下次给你买”。此时，宝宝虽然可能还会哭泣，但是至少他能明白，妈妈是能理解和体会他喜欢玩具的心情的，宝宝就会配合父母的行为。

## 二、日常游戏提升宝宝能力

### （一）亲子游戏：哪里不一样？

这个年龄段的宝宝已经能够认识到事物的特征了，如大小、颜色、形状等。日常生活中的很多物品都是不同的，让他们从常见的物品中寻找不同，不仅能锻炼他们的观察力，也能促进他们对事物的特征有更深的认识，提升他们的思维能力。

爸爸妈妈可以先准备好若干水果、饼干、瓶子等，然后将两个梨子和一个苹果放在一起，将三个巧克力饼干和一个草莓饼干放在一起，将两个塑料水瓶和一个玻璃瓶子放在一起，让宝宝挑选出和其他物品不同的那一个；接下来再和宝宝聊一聊它们哪里不同。这样，在锻炼宝宝观察和分类能力的同时，也能通过聊天锻炼他们的语言表达能力。

### （二）亲子游戏：我来猜一猜

爸爸妈妈将常见的物品例如小汽车、布娃娃、积木等放在一起，用眼罩蒙上自己的眼睛，让宝宝将物品的顺序打乱，爸爸妈妈摸到哪个物品，就猜一下物品的名称；同时，要描述出物品的特征，比如“这个东西是方形的，我猜是积木”“这个东西有两个轮子，我猜是汽车”等。

接着，再用眼罩蒙上宝宝的眼睛，打乱物品顺序，让宝宝猜。如果宝宝猜中了就要给予鼓励，同时帮助宝宝来描述物品的特征。无论宝宝猜对与否都可以拿下眼罩让宝宝再验证一下自己的猜测，进一步加强宝宝对物品的熟悉程度。爸爸妈妈要给宝宝反应和思考的时间，适当给宝宝一点提示，但不要着急替宝宝说出物品的名称。

### （三）亲子游戏：趣味保龄球

这个年龄段的宝宝的上肢力量正在发展。1 岁以后，宝宝特别喜欢往外扔东西，以此来探索物品和地面之间的空间关系，但是这时只是随意地把东西扔到地上。随着年龄增长，他们往外投掷的距离越来越远。2 岁以后的宝宝，可以逐步发展出定向投掷的能力，即能朝着一个目标投掷，并且投掷得越来越准确。

爸爸妈妈可以找到家中不用的矿泉水瓶子，里面装一些水，和宝宝玩趣味保龄球的游戏。一开始，要找大的瓶子，只放 1～2 个瓶子，且距离放得要近。爸爸妈妈先来投掷，引起宝宝的兴趣，再让宝宝尝试。一开始宝宝投掷还不准确，可以根据情况调整瓶子的距离，先放在距离宝宝很近的地方，再逐渐增加难度。这个游戏能锻炼宝宝的手眼协调能力和上肢控制能力，还能锻炼宝宝的思维，因为他们投掷的过程，也是大脑发出信号指挥身体去行动的过程。

# 第四章　秋天来了又走了

（28 个月）

我已经两岁四个月了，对这个世界有了更多的了解。记得几个月前，我馋哥哥姐姐手里的雪糕时，妈妈说等我长大了才能吃，不然会吃坏肚子。他们手中的雪糕在炎炎烈日下散发着阵阵凉意，总是让我垂涎欲滴。妈妈看着我贪婪的眼神，买了支雪糕放在我手里。我迫不及待地舔了一口，就是这一口，那沁人心脾的凉直凉到了我的脚后跟。我兴奋地张开大嘴咬了一口，这简直是我来到这个世界上吃到的最美味的东西，但妈妈很快就把雪糕拿走了。

最近天空似乎变得更高了，天更蓝了，凉风习习，炎热的夏天走远了。妈妈告诉我，吃美味雪糕的季节是夏天，现在是秋天了。

我有点不喜欢秋天。出门的时候我想穿少点，但是妈妈说外边凉了，要穿暖和一点。果然，小区里已经没有穿裙子、短裤或凉鞋的小伙伴了，大家都穿上了长袖、长裤，甚至有的小宝宝还戴着帽子呢。公园里，湖边的柳树枝更弯了，头低垂着，就像一个年迈的老人；小湖畔的荷花，也不似先前那样挺立，而是歪歪倒倒的，好像生病了；绿色的芦苇变成了黄色，披上了厚厚的绒毛。

我对妈妈说："讨厌秋天。"妈妈却说："秋天有秋天的美啊，宝贝。你有没有看到，秋天的叶子是五颜六色的啊？"

是啊，我仿佛置身于一幅色彩绚丽的油画之中。四处摇曳着金黄或橙红的树叶，它们在蓝天的映衬下闪烁着光芒。成熟了的柿子高高地挂在枝头，变成了一个个橘黄色的小灯笼。爬山虎的叶子一半翠绿，一半火红，仿佛一个个小手掌挥舞着，欢迎我们来到秋天。

秋风时不时就送来几片金黄的树叶，在我脚旁随风起舞。我把它们捡起来，对着阳光细细观察。一片是金黄色的，一片是黄绿色的，除了颜色，两片叶子长得差不多。妈妈告诉我："金黄的叶子是由绿色的叶子变过来的。""这些叶子老了。"我指着黄色的叶子说。"宝贝好聪明！金黄的叶子是老年的叶子；又绿又黄的叶子是中年的叶子；夏天的叶子是青年的叶子；春天的嫩芽像宝宝一样，是童年的叶子。"

我明白了，爷爷也是从年轻时候变过来的，跟叶子一样。"爷爷，也老了。"听我这么说，妈妈点点头说："对啊，树木、花朵和人一样，都有年轻的时候和老去的时候。所有的生命都会经历这个过程。叶子老了就会变黄，再老一些就干枯了，最后落下来。"想起爷爷年轻时候的照片，我就把这两片叶子也捡起来，就像爷爷收藏年轻时候和年老时候的照片一样。

公园的草坪上有一只大猫正带着几只小猫在落叶堆里玩耍。妈妈告诉我：“猫妈妈长大了也会变成老猫，小猫咪长大了会成为猫妈妈或者猫爸爸。”我指着妈妈担心地问：“妈妈也要老？”妈妈点点头，说：“会啊，每个人都会变老，不然爷爷怎么能当爷爷呢？”我的担心在妈妈那里得到了证实，我非常伤心，妈妈老了以后，会像树叶一样变黄吗？我哭着抱住妈妈说：“妈妈，不老，不老。”妈妈蹲下身，握着我的手说：“妈妈老了，宝宝才会长大，宝宝不要伤心。妈妈曾经也和宝宝一样小，现在才长成了大人。亲身经历过好几个春夏秋冬后，我发现变老并不可怕，只有成长才是最美好的。妈妈会陪着你一起长大的。”我似乎有些明白了，但仍然很难过。

我一边往家里走，一边嘴里不停念叨：“妈妈不老，妈妈漂亮，爸爸也不老，爷爷才老。”爷爷听到我说的话很纳闷，笑着摇摇头。奶奶走过来，抚摸着我的脸颊说：“妈妈现在很漂亮，就算以后变老了也会很漂亮。就像爷爷虽然老了，但是我们看他还是那么帅，对不对？”奶奶估计很少这么说，爷爷都有点害羞了。看着爷爷慈祥的面孔和温柔的眼神，我觉得爷爷确实很帅，变老也许没那么可怕。

又一个月过去了，进入了深秋时节，那些残留着些许绿色的叶子也变成黄色的了。黄色的叶子一片片飘落，树木只剩

下光秃秃的枝头；芦苇的绒毛随风散落，看起来孤零零的。天气更冷了。妈妈说，马上要到冬天了。怎么回事？我刚开始喜欢秋天，也刚知道在秋天能品尝到甜甜的石榴，吃到香香的玉米，秋天就要继续变老了吗？我把不同颜色的叶子、长着毛毛的芦苇和枯萎的花朵归置到一起，就这样把秋天留在我的百宝箱里吧。

冬天比其他季节冷多了，我得穿上笨拙的羽绒服才能出去。我也不能去公园划船了，因为湖面都结冰了。一天早晨，我刚醒来，就听到了一阵惊叹声："外面下雪了啊！"只见妈妈披着一件厚棉衣，正在阳台上向窗外看。我吵着要起床。我记得以前见过下雪，但是记忆已经模糊了。

只见外面白茫茫一片，雪花从空中飘扬下来，落在不同的地方。松树上的雪团团簇簇，轿车顶上的雪方方正正，远处小区公园里的小树、亭子和假山上，都是白茫茫一片，整个世界干净而纯洁。

吃过早饭，我就吵着要下去玩雪。妈妈给我穿上厚厚的棉鞋，套上羽绒服，戴上帽子和手套，围好围巾，整个过程充满了仪式感，好像要去见一位重要的客人。

小区里，有很多小孩和我一样，都是出来玩雪的。一出门，我才发现，雪可真厚！我一踩就发出咯吱咯吱的声音，在雪地上留下了一串小雪窝。我高兴地笑着，嘴里喷出一股股热气。妈妈说："宝贝，这就是冬天的大雪。"大雪让冬天更像一个老人——白头发和白胡子覆盖住了整个世界。

下午雪停了，爸爸妈妈带着我去堆雪人。我们和其他小朋友一起，堆了一个超级大的雪人。雪人的鼻子是用胡萝卜做的，雪人的眼睛是用两个大石子做的，雪人的嘴巴是用一颗大枣做的，我们又用捡来的大树枝做了雪人的胳膊。但是雪人还没有头发，我想起我的百宝箱里有不少东西，就跑回家把里边的芦苇、树叶、树枝都拿出来，想给雪人安上去。这些东西都是我在秋天捡的呢，没想到在这个冬天就用上了。爸爸一边和我一起用这些东西装饰雪人，一边说："你看，秋天能被你留住，还能在冬天变成雪人的头发呢。"哇，好神奇，看来百宝箱里的东西真没有白捡。有了头发，雪人看起来还是有点冷啊，这时一个小弟弟把自己的旧围巾和毛线帽送给了雪人。雪人神气地站在那里，成了小区里新的景观。我们高兴地围着雪人蹦跳。我也没有那么冷了，兴奋地拍着手，突然觉得让叶片飘落的冬天也没有那么讨厌了。

最近几天，我天天都要去看雪人，但是我发现雪人越来越小了，它的胳膊还掉下来好几次，都是爸爸给它重新安上去的。我问爸爸："雪人小了，为什么？"爸爸说："雪人要去找春天啦。""那春天又是什么？"爸爸说："春天是冬天之后的季节。""冬天之后"，是冬天也老了，就成了春天吗？

我听说人老了会死，死去后就再也见不到了。那雪人也会不见了，我的眼泪充满了眼眶，我不要它们消失不见！我不要它们死！我跟爸爸说："雪人，不死！冬天，不死！"爸爸说："它们怎么会死呢？你看到冬天树木的叶子落了，好像是死去了，但是到了春天，它们就会长出新的枝叶。春天是生命醒过来的季节，所以我们把它作为一年中的第一个季节。在春天，曾经消失不见的事物都会悄悄回到这个世界上来，之后又开始重复夏天、秋天和冬天的历程。"

爸爸接着说："雪人也没有真的消失。雪人是雪做的，天气一暖和，雪就会变成水；太阳一照，水就变成了水蒸气，留在了空气中。""雪人到了天上？""对，也可以这么说。春天的时候，所有的雪就都变成了水，水会被蒸发变成水蒸气，水蒸气在冬天的时候又会变成雪落下来。"我似乎明白了。雪人暂时回到了天上，那就是和仙女姐姐在一起了呗。就像我一样，之前我不就是天上的一个小精灵吗？

只是，树木到了春天，为什么会重新发芽呢？明明是越来越老，怎么又回到开始了呢？这个太难懂了。是不是爷爷变老了，还会重新变成小孩？爸爸妈妈也是这样吗？难怪爸爸总说爷爷是老小孩，很多时候爷爷还和我抢零食吃呢。如果是这样，那变老也没什么可怕的啦。

## 给爸爸妈妈的话

28 个月的宝宝，身体协调能力进一步增强，有的宝宝可以不用扶就能迈过低矮的障碍物。他们的手眼协调能力有了明显进步，能有意识地朝着目标去扔东西；还能用积木做出简单的造型，在大人的帮助下，搭建出房子、道路等。他们的感知能力很敏锐，尤其是对色彩的感知。在玩颜料的时候，喜欢看到不同颜色混合后的变化。他们愿意问问题，例如“什么”“为什么”等。他们能用简单的句子和成人交谈。由于感知经验的逐步积累，他们对于抽象的事物也有了初步的感知，例如他们能够将常见的抽象概念和具体的现象联系起来。如触摸到冰，他们能联系到“凉凉的”；听到大人说“公园里的花开了”，他们脑海中也会浮现出花开的样子。他们对于季节的变化很敏感，能感受到不同季节的变化，对于寒来暑往、秋收冬藏感到很新奇。

## 一、引导宝宝关注季节的变化

### （一）带宝宝去大自然中亲身感知季节的变化

大自然是最好的感知季节的场所。春天来的时候，父母可以带着宝宝去观察和体验春天带来的变化，例如草变绿了，花儿长出了花骨朵，让宝宝去触摸花骨朵，闻闻草的清香，听流水的声音。这也是 2 岁多宝宝学习的最好方式。他们对于春天有了基本的感知之后，父母还可以带着他们收集一些自然物，例如花瓣、树枝等，利用这些自然物和宝宝一起做手工。夏天来的时候，可以带宝宝去寻找知了、蛐蛐等。秋天来的时候，可以去收集落叶、松果等。冬天来了，就带着宝宝去打雪仗。

宝宝的观察和体验，能让他们的感知觉充分发展，而感知觉发展是认知发展的基础。在此基础上，父母再和宝宝交流一下感受。例如，花开放了，有各种颜色；冬天的雪很凉，但是放在手里一会儿也会化等。这些自然现象带来的变化，会让宝宝觉得这个世界充满了新奇之处，也会让他们对大自然更加喜爱。

### （二）用宝宝喜欢的绘本和童谣，帮助他们认识和了解季节或天气变化

在观察和体验的基础上，宝宝积累了大量的感知觉经验，父母可以选择有趣的关于季节或者天气变化的绘本给宝宝阅读，这也是促使宝宝将真实生活与抽象概念联系起来的好方式。这样，他们就能进一步理解春天的温暖、生机盎然和夏天的热烈、五彩斑斓等。

童谣朗朗上口，可以促进宝宝的语言和音乐能力的发展。父母可以在季节转换的时候，通过童谣帮助宝宝学习季节知识，让宝宝体会自然之美。例如，通俗的童谣："三月里，桃花红，桃子开花李子红，李子树上挂灯笼。"这样的童谣很好理解和记忆，宝宝可以记住并能初步懂得其含义。等到年龄再大一些以后，可以给他们诵读《千字文》中的内容："天地玄黄，宇宙洪荒。日月盈昃，辰宿列张。寒来暑往，秋收冬藏。闰余成岁，律吕调阳。云腾致雨，露结为霜……"虽然他们还不能完全理解古文的意思，但是会对朗朗上口的文章有初步的感知。

### （三）如何面对爱问问题的小孩?

2岁以后，宝宝对周围事物的关注更多了，他们已经能用简单句和成人交流，而且愿意问问题。接近2岁半的时候，有的宝宝会用“什么”来提问，还有的宝宝会指着有疑问的事物，皱着眉头看着爸爸妈妈，用手势和表情来表达疑问。等到快3岁的时候，宝宝问的最多的问题就是“为什么”。

宝宝开始提问，不仅是他们语言能力发展的标志，也意味着他们的思维能力在提升，好奇心进一步增加，想去探寻更多的奥秘。面对眼前这个“爱问问题的小孩”，有的爸爸妈妈一开始还会很有耐心，时间久了，就不知道该如何回答宝宝了，因为他们问的问题，都是在成年人看来很寻常的事情。但是如果父母表现得不耐烦或总是以“你长大就知道了”这样的话搪塞，宝宝慢慢就不

提问了，这对于宝宝的发展来说是不利的。爸爸妈妈要对宝宝的问题感兴趣，喜欢回答问题，这样他们就更乐于提问。宝宝注意力集中的时间很短，只有及时回应，他们才能保持兴趣，从爸爸妈妈的回应中获取信息，好奇心得到满足。

此外，爸爸妈妈的回答要能让宝宝听懂。对于还处于直观行动思维阶段的宝宝，过于理论和抽象的回答，会让宝宝更加困惑，所以回答要有趣，让他们能够明白。如果宝宝问的问题已经超出了他们能够理解的范围，不妨给宝宝一个童话般的答案。这个年龄段的宝宝会认为万物都和人一样有情绪、有情感，童话般的答案符合他们心理发展的特点，让他们印象深刻，树立起对事物美好的印象。例如，宝宝问天空为什么会下雨，可以回答他们因为小树苗渴了，要给小树苗喝水。随着宝宝年龄的增长，可以再给宝宝用尽量形象的语言来解释下雨背后的道理。

此外，宝宝还喜欢反复地问同一个问题。对于爸爸妈妈已经解释过很多遍的问题，他们可能还在继续问。其实这不是他们在故意捣乱，是因为他们从提问和回答中获得了一种满足，并且在反复提问中，他们得到的信息才能越来越完善。当他们心中预想的答案又一次被爸爸妈妈说出来的时候，他们能够获得一种满足感和成就感。

# 第五章　把冬天装进口袋

## （29个月）

今天一大早，我就在自己的卧室里不停地翻着我的百宝箱。里边装着很多我以前捡到的宝贝，有春天的花瓣、夏天的狗尾巴草，还有秋天的松果和落叶。花瓣被夹在一个两层的书签里，已经变得薄薄的、平平的。狗尾巴草早就不绿了，我拿起来，轻轻一碰，黄色的小颗粒就陆陆续续掉了下来。只有松果和落叶，还是原来的样子。对了，冬天也会很快过去的，我要拿着我的宝贝盒子出去，捡点冬天的宝贝回来送给爷爷。爷爷因为和我玩“溜冰”的时候摔伤了腿，没办法出门了。想到这里，我跑到爷爷的卧室，举起盒子对爷爷说：“爷爷，我要给你捡一件宝贝。”

别看爷爷伤到了腿，他的精神却很好，正一瘸一拐地锻炼身体呢。看到我拿着宝贝盒子，爷爷说：“外边冷，你要多穿一点。”关于爷爷受伤的事，我可要好好讲讲。前几天，隔壁爷爷和奶奶跟我们说，他们带着自己家小孙子去公园溜冰了。我从来没有听说过溜冰，还以为是和冰激凌一样的好吃的，我就吵着和爷爷奶奶说："我要去公园吃'溜冰'。"溜冰肯定好吃，要不邻居家的小哥哥怎么会那么兴奋。

爷爷奶奶拗不过我，就给我穿得厚厚的出发了。我当时还想，吃"溜冰"需要穿得比平时厚，还得戴着比平时厚很多倍的帽子和口罩，这是为什么啊？

到了公园，我看到往常漂亮的湖水都被冻住了，而冰面上那叫一个热闹。很多人驾驶着不同大小的小车在冰面上玩耍，他们把两个冰杖往后一撑小车就往前走了。有小孩自己就能玩的冰车，有大小双人的，还有多人的冰车。还有的人弯着腰，背着手，穿着溜冰鞋，快速划过冰面，一圈又一圈，就像在冰上跳舞，我都看得出神了。

我忽然想起来，我要吃"溜冰"！爷爷笑着，指着冰面说："他们穿着冰鞋围着冰面一圈又一圈地转，就是溜冰啊。"原来溜冰就是在冰上跳舞和转圈啊。我也要去跳舞，但是爷爷说我还小，等我大一点，才可以去溜冰。

爷爷租了一个三人冰车，爷爷在前面，我和奶奶在后面。我手里拿着小冰杖，用两只胳膊使劲往后划。我们的冰车逐渐超越了周围的冰车，走得越来越快。

天分外蓝，冰场一片雪白，我能听到凉风从我耳边吹过的声音，但是我一点都不冷，握着冰杖的手都出汗了。那天我们玩得特别开心，每个人的脸都冻得红扑扑的，爷爷奶奶还说，他们仿佛回到了年轻的时候。

可是，等到从冰场出来的时候，爷爷不小心摔了一下，这可糟了。从那天起，他就变得一瘸一拐了。爷爷不能出门玩了，奶奶自己带我来到了小区里。冬天的风把我的羽绒服口袋吹得鼓鼓的，我赶紧捂住，想把风装到口袋里。我远远地看到很多小朋友围在大雪人那里，奇怪，大雪人怎么变样了呢？哦，原来是有小朋友把自己的帽子给雪人换上了，因为雪人之前戴的毛线帽子被昨晚的大风给吹跑了。雪人的一只胳膊也被吹掉了，一个大哥哥正在给雪人安胳膊呢。

我捡起了雪人掉下来的长鼻子，也想给雪人重新安上，但是雪人已经有了新的鼻子，是个比原来还鲜艳的胡萝卜，我就把雪人的旧鼻子收到了百宝箱里。

地上铺满了白白的雪，我想把雪也带回去，就用我的小手挖了一点雪，放进了百宝箱。我还看到了房顶的大冰凌柱子在阳光的照耀下闪着光，一个大哥哥正从上面把冰凌柱子给掰下来，好几个小朋友围着看，我也过去了。

他们在抢那个冰凌柱子，可一不小心，冰凌柱子摔到了地上，碎成了好几瓣。我捡起一块小小的，一看，里边还凝结了几颗水珠呢。我赶紧把这块小冰凌装进了我的百宝箱里。

回到家，我迫不及待地给爷爷看我的百宝箱。结果一打开，里面除了雪人的胡萝卜鼻子，什么都没有了，我难过地哭了起来："它们都没了。"

爷爷安慰我，指着天空说："雪花和冰凌都会融化，变成水蒸气飘到天上的白云里去，很快它们就会变成雪花再飘下来的。”这话如此熟悉，我想起了爸爸告诉过我，雪人也是变成了水蒸气，和仙女姐姐在一起了。只是，爷爷和爸爸是怎么知道它们还会变成雪花的呢？爷爷说他已经过了六十多个冬天，而我只过了两个，只记得一次下雪。所以爷爷对过冬有很多经验，知道什么时候会下雪；他还能闻到下雪的气味，也知道一下雪，冰凌和雪人就跟着回来了。

等了几天，果然，又下雪了。雪一停，小区里的大人和小孩又出去玩雪了。因为上次的雪人已经化了，这一次他们要堆一个更大的雪人。

我看着正在堆雪人的大人和小孩，着急地说：“爷爷，爷爷。”爸爸懂了我的心思，说：“你是不是心疼爷爷看不到这个大雪人啊？爸爸有办法。”

这次，爸爸拿了一个盆，装了满满一大盆雪，回家后和我说：“我们在阳台上和爷爷一起堆一个小雪人吧。”

爸爸的这个主意太好了！我和爷爷奶奶、爸爸妈妈一起堆了一个特别可爱的迷你雪人。雪人的嘴巴是我用枣核做的，鼻子是用胡萝卜的尖尖头做的，眼睛是我用奶奶做粥的黑豆安上去的。我还找到了我已经戴不上的小帽子和围巾给雪人戴上了。

雪人的眼睛亮亮的，每天在阳台上神采奕奕地注视着我们。

爸爸告诉我，所有的雪最后都会变成水，所以雪人也会化

的，但是爸爸答应我，如果外面还有雪，我们可以一起再堆一个新的雪人。

不久，雪人就化了，但是爸爸给它拍了照片。我们又出去收集了一些雪，这次我们用新的雪做了小兔子。冬天很快就要过去了，而我的百宝箱里边，冬天的雪、冰凌都化了。我和爸爸说："它们都没了，冬天也没了。"

爸爸说："冬天还给你留下了雪人的鼻子和雪人的照片啊。"是呀，冬天给我留下了关于雪人的回忆，我知道了雪人会变成水蒸气升到天空中，它会和仙女姐姐在一起。我还知道了"溜冰"不是一种食物。而且冬天过后，爷爷的腿也好了。嗯，冬天的确给我留下了很多东西。

## 给爸爸妈妈的话

29个月的宝宝喜欢跳来跳去，或者从高处往低处跳，或者尝试着从低处往高处跳，还愿意踢球、蹬三轮车等。这都是宝宝下肢力量不断增强的表现。同时他们手臂的控制能力和精细动作也在发展，小手拿勺子拿得越来越好了，饭菜往外洒得越来越少，还能用笔画出接近直线的线条。他们的想象力更加丰富，初步具备了“联想”的能力。比如，看到云彩，会联想到棉花糖；看到椭圆的东西，会联想到鸡蛋等。他们的自我意识和独立性进一步增强，会主动表达自己的想法，有时候似乎还在和父母“对着干”。

## 一、生命教育可以从小做起

四季轮回，就如生命从生到死的过程。这些富有哲学意味的现象，对于每个人来说都是值得思考的课题。宝宝天生无忧无虑，但是在生活中，他们也会经历到小动物的生死、因为亲人生病而难过等，这是对他们进行生命教育的良好时机。

生命教育就是直面生命和人的生死问题的教育。通过生命教育，让宝宝学会尊重生命，理解生命的意义，学会积极地生存、健康地生活和独立地发展。

生命教育能唤起宝宝对生命的敬畏。让他们通过生命管理实现生命价值，把生命中的爱和亮点全部展现出来，为社会焕发出自己独有的美丽光彩。生命教育的最佳时机是在4~5岁时，3岁以前的宝宝还不能理解生和死。在2岁半左右，宝宝通过自身的观察，能够看到落叶枯萎、小动物睡着了再也醒不来等现象，此时对宝宝进行正式的生命教育之前的启蒙教育十分必要。

例如，教育他们爱护动物和植物，哪怕一盆花，也要定期浇水。家中如果有小动物，可以让宝宝和大人一起照顾小动物。通过给小动物喂食、帮助小动物清理小窝等方式，让宝宝学会爱护动物，树立每一个生命都值得尊重的观念。到清明节时，可以和宝宝一起纪念去世的亲属，让宝宝感受到生命是一个过程，每个人都需要学会处理自己在面对生命消失时的哀伤。

## 二、关于“爱”的教育

说到生命教育，就离不开“爱”。越了解生命的意义，越能体会到爱在人的一生中的重要性。爱的教育要从感受到爱开始，只有在一个充满爱的氛围里长大的孩子，才能从自己对爱的体验中吸取营养，逐渐学会去爱别人。一个从小缺乏爱的孩子，会对周围一切的人和事物缺乏安全感，做事情谨小慎微。

有的爸爸妈妈会在宝宝 2 岁多的时候就拼命培养他们的知识学习能力，让他们过多去学数学、认字、英语，剥夺了宝宝户外玩耍和游戏的时间；有的爸爸妈妈太忙碌，对宝宝陪伴太少，就通过给他们买高档玩具来弥补。这些都是出于爱的本能的做法，但是没有让宝宝感受到爱。因此，爸爸妈妈在忙碌之余还需要做一个有心人，多观察自己的宝宝，揣摩他们身心发展的规律和特点，让自己的爱被他们感知到。3 岁以前的宝宝，更喜欢爸爸妈妈投入地、开心地和他们一起游戏，对着他们笑，对他们进行鼓励和夸奖。他们喜欢父母既能在自己身边陪伴，又能给予自己一定的玩耍自由。

宝宝感受到更多的爱，也愿意去分享爱。接近 2 岁半的宝宝，已经能用自己的方式去爱周围的人，例如会把自己喜欢的零食分给父母，会帮助爷爷奶奶拿东西等。但是他们还处于以自我为中心的阶段，此时，可以有意识引导他们去爱周围的人，为亲人做一些力所能及的事情。如果父母或者家人生病了，要引导宝宝去帮助生病的家人，例如递一杯水、拿点纸巾、亲吻安慰亲人等。这些举动看似微不足道，却能让宝宝在爱他人的过程中体会到自己的重要性和付出的快乐。爷爷奶奶作为家中的长辈，更要得到宝宝的尊重。爷爷奶奶如果腿脚不灵便，宝宝就要帮助他们拿东西，吃饭的时候遵守长幼有序的礼仪等。

## 三、阅读造就智慧宝宝

2 岁半左右是学习语言的黄金期，宝宝的词汇量迅速增长，已经能用较为完整的句子和爸爸妈妈交流。2 岁以前的宝宝多使用名词和动词；2 岁半左右，他们已经开始更多使用形容词和介词，比如会说“一个大大的泡泡”“黑黑的小狗”等。随着认知能力飞速发展，他们不仅能认识常见的物品，知道物品的名称，还对物品的细节有了更多观察与认知。与此同时，他们的注意力更加集中。此时，阅读绘本是非常适合宝宝的一项活动。

绘本不仅是语言阅读的材料，绘本中生动的图画、有趣的情节，也是发展宝宝认知和思维能力的好工具。通过阅读绘本，宝宝对绘本中的人和事物进行观察、想象，还能与人物感受到一样的情绪，这都能促进宝宝的发展。

爸爸妈妈要为宝宝选择字少图多的绘本，每天都抽出固定的时间和宝宝一起阅读。如果宝宝对书感兴趣，可以让他们自己先拿着书翻一翻，看看他们对书中的哪部分感兴趣，再给宝宝讲一下整个故事。家长要与宝宝互动，让他们对着图画自己开口说一说，不要强调宝宝对书中字的认识能力，识字不是这个年龄段阅读的重点。尽可能有感情地读绘本，让宝宝体会到绘本中人物的感受。读完故事以后，还可以和宝宝一起讨论几个小问题，比如：“有哪些小动物出现了？它们都去了哪里？”这能让宝宝去动脑筋思考看过的内容，尝试用语言来表达自己的想法。

阅读的材料可以从绘本延伸到生活，比如在日常生活中见到图画、标语、商店的牌子、标识等，都可以给宝宝讲一讲，告诉他们上面是什么内容、有哪些含义。例如看到禁止吸烟的标识，就可以告诉宝宝：“标识牌中的烟头上画了一条斜线，意思是在这里不能抽烟。如果抽烟的话，这个地方有可能会着火，就不安全了。”这同样能让宝宝学会观察，了解生活中常见的事物。

# 第六章（上） 爷爷奶奶会魔法（30 个月）

我的爷爷个子很高，走路的时候，微微弯着腰。他的头发是白的，胡须是白的，甚至眉毛也是白的，这使他看起来很特别，就像《西游记》里边的神仙老头儿。而且，我告诉你们一个秘密，我的爷爷会魔法。

那是一个早上，我第一次发现了爷爷的秘密。当时我正在玩，听到在刷牙的爷爷“哎呦”了一声，就跑到他的屋子里去了。我赶紧跟进去，没想到发现了一个大秘密：爷爷竟然对着镜子，把自己的牙齿给卸了下来！他还从一个盒子里拿出一个特殊的刷子，将牙齿刷得干干净净，又把它们安回到嘴巴里去了。

天哪，牙齿还可以卸下来刷！爷爷真有办法！我也想试试，可是我对着镜子拔了半天，我的牙齿也卸不下来。

爷爷的牙齿是怎么卸下来的呢？是有什么大怪物帮助他吗？需要用爸爸的工具刀吗？不对啊，我记得他是用手一下子就给取下来的，难道爷爷的手比大怪物和爸爸的工具刀都厉害吗？一大早，我就盯着他的牙齿看，甚至他午休的时候，爬到他的床上继续观察。爷爷正在睡觉，他的嘴巴张着，露出了牙齿，我用手掰开爷爷的嘴巴，凑到跟前去看，看得我脑袋都要钻进他的嘴巴里边了，也没有看明白。

那些天，我一直盯着爷爷看。我看着爷爷的眼睛，心想：他会不会把自己的眼睛也取下来，趁我们不注意，把它们清洗得更加明亮？或者把自己的胳膊、腿都取下来，在没人看见的地方，偷偷把它们调换位置玩？如果是这样，那爷爷和我的乐高小人很像，难道爷爷是从玩具厂里制造出来的一个积木爷爷吗？不对啊，爷爷都有白头发了，这证明他已经活了很久了。那只剩下一种可能：我的爷爷一定会魔法！

妈妈晚上给我讲了一个故事，叫《爷爷一定有办法》。主人公汤姆有一个小被子，是他的爷爷给他做的。等汤姆长大了，被子变小了，汤姆的爷爷就将不能再盖的被子变成了毯子。不久，毯子也小了，汤姆的爷爷又将毯子改成了衣服。又不久，衣服也小了，汤姆的爷爷又将衣服变成马甲。后来，汤姆的爷爷又将马甲变成毛巾。最后，毛巾也小了，汤姆的爷爷就将毛巾变成了手绢。

讲完这个故事的时候，妈妈的脸上满是钦佩，赞叹道："啧啧，这个爷爷真厉害。"但是我觉得没什么了不起的。我凑到妈妈耳朵旁，对妈妈说："我的爷爷才厉害，他会魔法！""是吗？他也能让毯子变成手绢吗？"妈妈笑眯眯地问我。"比这厉害！我看见，他这样一下，他的牙齿就下来了。"

我一边说，一边用手比划着。妈妈看着我，一直捂着嘴笑，似乎要笑出眼泪来。我看着妈妈的反应，觉得有点奇怪，她应该惊讶才对啊。

还没等我搞明白爷爷的牙齿魔法，我就发现奶奶也有自己的药片魔法。我家的小兔子这些天总是生病，还不吃饭，爸爸妈妈都拿它没有办法。妈妈说要送它去宠物医院，奶奶说交给她就行，她有办法。只见奶奶用手去按摩小兔子快鼓成球的肚子，一边按摩一边说："消化不良，吃点药就好了。"然后她又去找了一个白色的小药片，泡到温水里喂给兔子。不一会儿，兔子就舒服多了。这也太神奇了，奶奶的那句"消化不良，吃点药就好了"一定是一个咒语。

说来也奇怪，第二天兔子好了，可是爸爸病了。我也想用奶奶的魔法给爸爸治病，我灵机一动，拿出我画画用的白色小粉笔，递给爸爸吃。奶奶制止了我，我委屈地说："我想让爸爸吃。"奶奶亲了亲我说："宝贝知道心疼爸爸，真乖。可是宝贝，这个是小粉笔，是用来画画的，它不是药片，不能吃啊；即使是药片，也不能随便吃，只有医生让吃的才能吃，随便吃东西对身体不好。"我只好跑到爸爸的身边，给爸爸揉肚子，还不断重复着奶奶的咒语："消化不良，吃点药就好了。"爸爸听了笑得很开心，但是他看起来还是很不舒服。这回奶奶拿来了一些不一样的药片。吃完药后，爸爸很快就睡着了。醒来后，他竟然也好了。

哦，原来奶奶也会这么多魔法啊！我跟在奶奶身后说：“奶奶，教我，魔法。”奶奶说：“我不会玩你们的魔方，等爸爸休息好了，你去找爸爸玩魔方。”“不是魔方，是魔法！是魔法！”我大声地喊着。没想到奶奶没有听懂，很快就走开了，也不知道她是不是故意不教给我魔法，奶奶可真小气！我一直跟在她的屁股后面走进了她和爷爷的卧室。爷爷奶奶拿出两本大书开始看，还从自己的眼镜盒里拿出眼镜戴上。不过他们的眼镜和爸爸妈妈的都不一样，是会折叠的、小小的眼镜。趁他们去上厕所的时候，我赶紧拿起一本大书翻着看。他们看的书真是不同寻常，书页都有点发黄了，破损的地方粘着胶带，还特别厚。书上一点图画都没有，全是些古怪的文字，和我的绘本一点都不一样。我猜，这一定是一本关于魔法的书。我看了一定就也会魔法了，而且一定要戴上这个魔法眼镜看。于是我拿过爷爷的眼镜戴上，透过镜片去看书，结果什么都看不清楚，还有点晕头转向，差点摔一个大跟头。这时，他们都回来了，爷爷说，小孩戴眼镜会把眼睛看坏的。看到我拿着那本大厚书，他赶紧拿了回去，好像生怕我给他弄坏了。我对爷爷说：“我要学魔法，这个是不是魔法书？”爷爷愣了一下，告诉我：“爷爷的秘密都被你发现了啊，这个就是魔法书，爷爷奶奶的魔法都是从这里学来的。随着年龄的增长，你读的书越多，会的魔法也会越多，你会的魔法一定会超过爷爷奶奶的。”

果然，他们是看了魔法书后，才会那么多的魔法的。我也发现了更多的秘密。比如，爷爷奶奶每天都不用睡觉。每天早

上我醒来的时候，他们不是在做饭，就是出去锻炼了；晚上我睡觉前，也从来没有见过他们睡觉。难道会魔法的人晚上是不睡觉的吗？是因为只有在夜深人静的时候，魔法才管用吗？

今天晚上，我一定要晚点睡，看看爷爷奶奶到底在干什么。

我跟妈妈说："我要去爷爷奶奶的屋子睡觉。"妈妈说："晚上他们睡得很晚，有时候一家人睡着了，奶奶还在干活呢。""我要去看奶奶干活！"在我的不断央求下，妈妈只好带我去了厨房。奶奶正在里面和面呢。她和面的时候，还发出叮咚叮咚的声音，原来是她戴着的手镯碰到了面盆上。她将一种看起来很神奇的粉末用温水化开放到了面粉里，搅和了一下，然后又用塑料袋把面盆封上放在了暖气旁边。做完这些后，奶奶说："宝宝去睡觉吧，奶奶也困了哦。"我想跟奶奶一起睡，这样好看看她和爷爷是不是不睡觉，还要施展什么魔法，但是我的脑袋有点昏沉沉的，我一边打着呵欠一边在奶奶的怀里玩着她的手镯。奶奶的手镯上面刻着花纹和文字，奶奶说这是她的奶奶传给她的，那这个手镯的年龄要比她的年龄都大了吧，说不定就是因为有了这个手镯奶奶才会这么多魔法呢。我想着想着就睡着了。

第二天早上，我还是在自己的小床上醒来的，昨晚我仍旧没有睡得比奶奶晚。我噔噔噔地跑到厨房，发现奶奶已经拿出了那盆面，揭开了塑料袋。天哪，原来的小小面团已经变得非常硕大蓬松！也许我的怀疑是有道理的，奶奶的手镯可能是一个魔法手镯，或者放在面粉里的粉末不一般。别说，奶奶用这个大面团蒸出来的馒头又香又软，我吃了大半个呢。

于是我就央求奶奶把手镯给我戴，我也要戴着这个手镯和出大面团。但奶奶的手镯太大了，我戴着总是掉，奶奶让我别着急，说这个手镯以后会给我的。听奶奶这么说我可开心了，我也要拥有魔法手镯了！

中午，爷爷又拿出了一个新物件，说是送给我的礼物。只见他拿着一个大大的有黑色边框的东西，中间是个凸凸的镜片，爷爷说这是放大镜。我透过放大镜一看，爷爷有些凸出的大眼珠子更大了。爷爷说要带着我去太阳底下做一个实验。他拿着火柴带我出去，先把火柴放在太阳底下，又拿出放大镜；放大镜底下出现了一个小光斑，爷爷来回挪动着放大镜，直到光斑到了火柴头上；很快，火柴嗤的一声就着了。我惊讶地拍着手，爷爷太厉害了，他就是一个大魔法师啊！

这些天我一直想晚睡，看爷爷奶奶晚上是怎么修炼魔法的，却一直没有晚过爷爷奶奶。更让我好奇的，是他们不仅有魔法书、魔法眼镜、魔法手镯，还经常做一些奇怪的事情：有时是在花盆里种菜；有时是拿着那本发黄的书给我讲故事，总能让我很快睡着；还有时爷爷会盘一个手串，爷爷的手一动，手串上的珠子就转得飞快，我都看不过来了。爷爷还会自己煮茶，每当这时，满屋子都是茶香，这是魔法世界特有的味道吗？而且爷爷喝茶的时候，长长的白眉毛一动一动的，别提多神气了，不禁让我想起《西游记》里炼仙丹的神仙老头儿，我猜爷爷可能又要施展什么新魔法了。

### 给爸爸妈妈的话

2岁半时，男宝宝一般身高为84.9~97.5厘米，体重为10.5~16.4千克；女宝宝一般身高为83.4~96.4厘米，体重为10~16千克。他们能单脚站立3~6秒，喜欢踢球、爬楼梯。大部分宝宝能够双手配合将线穿过大珠子或大扣子的孔，还有一些宝宝尝试着去解衣服上的扣子。他们能够在家长的帮助下骑三轮车，只是自己下肢力量还不够，还不能靠自己的蹬踏让三轮车向前行驶。不过经过锻炼，宝宝可以逐渐学会双脚撑地向前用力。宝宝的语言能力发展迅速，能在家长的引导下用语言表达自己的情感，比如“高兴”“不开心”等。和同伴在一起时，他们喜欢模仿同伴的行为。

## 一、想象力很重要

2岁半的宝宝在认知方面已经有了质的飞跃。虽然他们透过常见事物的现象来逐步认识事物内在特征的能力还有限，但是此时他们的逻辑思维能力进一步提升，想象力进一步发展。这是培养他们想象力的黄金时期。爸爸妈妈可以通过以下途径来提升他们的想象力。

### （一）和宝宝进行角色扮演

这时的宝宝比较喜欢模仿成年人的言行。比如，看到小娃娃，会模仿妈妈的样子，为娃娃穿衣服、喂奶；从医院回来，会模仿医生用听诊器听诊。可以给宝宝提供娃娃家套装玩具、厨房套装玩具、医生套装玩具等，让他们通过游戏扮演不同的角色，甚至爸爸妈妈可以参与到游戏中，和宝宝一起玩，帮助他们拓展思维，发挥想象力。

### （二）和宝宝进行创造性的游戏

创造性的游戏通常需要具备几个要素：首先，在游戏材料上要有创新。例如，建构类游戏的材料通常是积木，其实除了积木以外，纸盒子、瓶子等也可以和积木一同用来搭建，让宝宝看到多种材料的用法，也能拓宽他们的思维。其次，游戏过程尽可能开放，不约束宝宝的行为，不要求宝宝一定按照某种既定的游戏方法玩耍，而是在提供更多的材料和工具的基础上，让他们自由发挥。例如，给他们较大的纸张，颜色丰富的材料，不同的笔、刷子等，让他们自由涂鸦。这种开放式的游戏由于没有固定的任务与流程，能让宝宝更随心所欲地去探索，更容易激发他们的想象力。

### （三）去大自然中探索

多带着宝宝去大自然，让他们感受更多的风景，观察花草树木和虫鱼鸟兽，体验四季变化、雨雪风霜，让他们的视觉、听觉、嗅觉、味觉、触觉得到丰富多元的刺激，激发他们的好奇心和求知欲。只有有丰富的感官体验和生活经历，宝宝头脑中有更多用于想象的素材，才能为想象力发展奠定坚实的基础。培养宝宝的想象力不仅会促进他们的智力发展，还会对他们的创造力、语言能力和社交能力产生积极的影响。

## 二、长辈关爱最珍贵

### （一）宝宝会对长辈产生好奇

2 岁半的宝宝对于身边重要的人，认识得更加深入和清晰，和家人建立了深厚的感情。他们开始关注到家里除了爸爸妈妈以外的成员，尤其是和自己接触最多的爷爷奶奶、姥姥姥爷等。

他们对爷爷奶奶、姥姥姥爷的认识和对父母的认识是不一样的。随着年龄的增长，他们能观察到爷爷奶奶、姥姥姥爷在生活习惯、饮食起居等方面更多的细节，尤其对于他们不同于父母的兴趣爱好和特点感到好奇。要保护宝宝的这种好奇心，好奇心会使他们的探究意识萌发，也会让他们逐步了解到两代人、三代人之间的不同。父母在宝宝好奇的基础上加以正确引导即可。

### （二）长辈的爱是滋养

亲情是宝宝成长中很重要的滋养成分，除了爸爸妈妈，爷爷奶奶和姥姥姥爷的爱、陪伴和照顾也是宝宝生命初期重要的养分。现代社会节奏快，年轻的父母大多忙于工作，而照顾宝宝和家庭的责任，有时候就落在了爷爷奶奶、姥姥姥爷身上。他们无微不至地照顾着宝宝，也在为家庭奉献，这些都值得父母和宝宝去尊重。

父母要通过生活细节，引导宝宝热爱长辈、尊重长辈。一起外出的时候，父母要多照顾爷爷奶奶、姥姥姥爷；吃饭的时候，长辈要坐在重要的位置，引导宝宝给爷爷奶奶、姥姥姥爷递碗筷、拿纸巾等。要培养宝宝尊重长辈的生活习惯，例如爷爷奶奶、姥姥姥爷休息的时候不去打扰他们，让爷爷奶奶、姥姥姥爷有自己的休息时间和空间等。宝宝热爱长辈，也能更好地被爱滋养。

### （三）谈谈“隔代教养”

隔代教养，是指在现代社会，父母由于工作繁忙或者其他原因，由祖辈（爷爷奶奶、姥姥姥爷等）对孩子进行抚养和教育的现象。隔代教养有利有弊。弊端主要体现在祖辈在一定程度上可能对孩子溺爱，因更多满足孩子的需求而忽略了对他们的教育与原则性的约束。同时，和父母相比，祖辈精力略显不足，教育方法和理念不够先进，都有可能带来一些教养方面的弊端。

但是隔代教养也有很多明显的优点。现代社会工作节奏快，父母忙于工作，祖辈的教养能在相当程度上缓解父母的育儿压力，祖辈是家庭生活中非常重要的力量。如果祖辈善于学习，精力充沛，他们的经验、阅历、耐心都能给父母带来良好的示范，给育儿带来好处。

隔代教养存在两种情况：

一是完全的隔代教养，即父母因为离异、外出打工等特殊情况，导致教养责任完全在祖辈那里。这种情况下，需要父母经常性地回家探望孩子，或者通过视频联络等手段，尽可能增加对宝宝的陪伴。完全的隔代教养对祖辈的精力、教育意识与方法要求较高，因此建议宝宝3岁前尽可能在父母身边抚养，减少宝宝因缺少父母陪伴带来的安全感匮乏及其他问题。

二是不完全的隔代教养，也叫作父母和祖辈的共同教养，指父母和祖辈居住在一起，祖辈在父母繁忙的时候帮助父母抚养照顾宝宝。需要关注的是，在共同抚养宝宝的过程中，仍然需要父母担负起教养的主要责任，祖辈起到教养的补充作用，这样才能让宝宝健康成长。有的爸爸妈妈和祖辈居住在一起，也将教养的主要责任推给祖辈，自己以工作忙为由疏于陪伴和教养宝宝，宝宝大一些以后甚至到了青春期，都会由于和父母没有建立起亲密信任的亲子关系，在教养方面会产生较大的隔阂。

因此，无论哪种形式的隔代教养，爸爸妈妈一定是教养宝宝的第一责任人，祖辈是在帮助爸爸妈妈抚养宝宝，要对他们表示由衷的感谢。如果发现祖辈在宝宝养育中的不当之处，先要与祖辈沟通，肯定他们的付出，再用长辈能够接受的方式委婉地提出改进的方法，或者共同商量解决的方法。

# 第六章（下） 爸爸的超能力（30个月）

到现在为止，我都没能睡得比爷爷奶奶晚。每到晚上，我就像被人施了瞌睡魔法，早早地就眼皮子发沉，昏昏欲睡。

但是，我有了新的发现，就是我的爸爸有超能力。这要从一次郊游说起。郊游之前，我看爸爸拿着一些竹条、塑料布和线团，不知道要做什么。我问他，他还一脸神秘地告诉我："保密。"我怀疑他和爷爷一样，在鼓捣魔法。我看着他将竹条都拼在一起，又将塑料布粘贴在上面，很快一只小鸟就被变出来了。看到我在旁边目不转睛地看他，爸爸还笑着对我说："是不是觉得爸爸很厉害？爸爸有超能力呢。"

"超能力是什么？"我好奇地问。爸爸说："就是别人没有而爸爸有的能力啊。"爸爸是不是从爷爷那里学到了魔法？最近，我越看我的爸爸，越觉得他也像是一个会魔法的人。你看他胳膊上的肌肉硬硬的、鼓鼓的，和妈妈柔软白皙的胳膊相比，他的胳膊好像用打气筒打满了气，他的怀抱一点都不像妈妈的怀抱那样柔软，但是他能把我抛得很高再接住。有一次我自己爬到了窗台上，差点踩空，当时全家人都吓坏了，妈妈都没有反应过来，只有爸爸从很远的地方一个箭步冲过来把我给接住了，他严肃地和我说以后不能这样了。他说这话的时候，脸上没有笑容。我一下子记住了这个场景，以后再也不自己爬到那么高的地方去了。

爸爸很快就把小鸟做好了，还说他能让小鸟飞到天上，再让小鸟飞回来。我可不相信，我曾经在公园里尝试去抓小鸟，小鸟飞得又快又高，根本抓不住。但是爸爸说这只小鸟不同，它的身上有一根长长的线，所以我们才能抓住它。爸爸带我来到了小区广场。随着风越来越大，爸爸把线轴撑起来，慢慢地小鸟就随风飞了起来；不一会儿，小鸟就飞得和楼房一样高了；再后来，小鸟飞得已经让我看不清楚了。这只高高飞翔的小鸟，吸引了周围小朋友的注意，他们都伸着双手，想让自己的爸爸妈妈去抓住那只小鸟。看着他们着急的样子，爸爸把线轴收了回来，小鸟又回到了我的身边。大家围着我要去摸一摸小鸟，可我就是不让他们摸，最后他们只能去摸一摸爸爸手里的线轴。

爸爸告诉我，他做的是风筝，虽然比不上真的小鸟，但比小鸟还神奇，我们想让它飞到哪里，它就能飞到哪里。爸爸因为会做风筝，成了我们小区的名人。每当我出现在小区里，很多人就会说："这个小孩的爸爸会做风筝！他们的风筝飞得比楼还高！""这个小孩的爸爸蹦得可高了，那次去采摘，他把树顶的苹果都摘下来了！”的确如此，那次我们和小区的邻居们去采摘，摘了很多苹果，那棵树上的苹果都快被我们摘完了。但是我看到树顶上还有一个个头最大的苹果，就指着它让爸爸摘下来。爸爸跳起来，一下子就够到了它。我一尝，果然个头最大的苹果最好吃，比其他苹果都甜。看到爸爸跳得那么高，我似乎觉得我也有超能力。对啊，我恍惚记得当初我和仙女姐姐在一起的时候，我能从一朵云翻到另一朵云上，还能从一颗星星蹦到另外一颗星星上呢。

有一次和爸爸放风筝的时候，我就指着风筝对爸爸说：“我也要放。”爸爸抱着我走到小区广场，用他结实的胳膊把我举起来，让我坐在他的肩膀上，还让我举着线轴，告诉我怎么能把线放长，怎么能把线收回来。爸爸一边指挥我一边移动身体，我就一点点将线放长，果然，风筝飞起来了。我坐在爸爸的肩头，周围很多小孩都投来羡慕的目光，一瞬间，我觉得自己似乎也具备了超能力，好像也能飞了。

回家以后，看到我的小飞机，我想我肯定能坐着飞机飞到天上去。于是我就坐在小飞机上，一边往前挪动身体一边喊：“飞喽！我们飞上天喽！”咔嚓一下，飞机竟然断裂了，我的屁股还摔得有点疼，我就像已经飞上天的小鸟一下子掉落到了地上，不禁大哭起来。爸爸过来说：“别哭啊，我给你施一个魔法，飞机就好了。”爸爸拿着一个工具刀，对着飞机拧啊拧啊，不一会儿，飞机真的修好了。

家里有一个有超能力的爸爸，真是太棒了！最近我都不爱找妈妈了，去哪里我都拉着爸爸的手。我还会跟小区的小朋友说：“我的爸爸会做风筝，会修飞机，我的爸爸有超——能力，我也有超——能力！”我说这句话的时候，会把“超”字拉得很长。尽管我还不能准确发出“超”的音，别人总会反复问：“什么？你爸爸有什么？”但这时候，我都会把两个胳膊举得高高的，指着天空说：“就是超——能力！”

我甚至都不害怕晚上的黑影子了。那天我看到窗外有一个黑影，马上对着黑影喊：“我爸爸来了，他有超能力！”也奇怪，这么喊了以后，我的心里真的不害怕了，我还对着黑影仔细看了一下，发现原来是树的影子。

晚上我也不找妈妈了，在爸爸宽阔温暖的怀抱里，我不知不觉就睡着了。睡梦中，我梦到我的魔法爸爸带着我坐着小飞机，和风筝小鸟一起飞到了天上，去参加正在召开的魔法大会呢。那里有魔法女王、仙女姐姐、炼仙丹的神仙老头儿，而主持会议的正是我的爷爷。原来爷爷是魔法世界最有学问的人，所有的魔法师都要先学习爷爷的那本又黄又旧的大书。爷爷还要给他们考试，只有学会了大书上的全部魔法，才能成为魔法师。那我呢？我还是一个小孩，看不懂那些弯弯曲曲的字啊。爸爸说不要紧，只要我藏起来，让所有的魔法师都找不到，我就能拥有他们全部的魔法了。这下我可开心了，我将自己藏在了那本旧书的封面下面，让谁都找不到我，只有爸爸知道，但是爸爸一直帮我保守这个秘密。全世界的魔法师都找不到我，在那里急得团团转，谁也想不到，我正躲在魔法书的封面下面咯咯笑呢。

## 给爸爸妈妈的话

2 岁半的宝宝自我意识更强，他们不仅开始认识自己的身体部位，如头、手、脚与五官等，并开始逐渐明白自己的身份和需求。随着自我意识进一步萌发，他们出现了更多的独立和自主行为，有时候还有一定的决策能力。与此同时，他们更愿意与小区里、亲戚家的其他宝宝一起玩耍。他们充满好奇心，经常提出各种问题，并试图通过观察和探索来理解事物。比如，他们看到一个迷你的玩具小车就想坐进去，并不会考虑自己的身体比小车大很多。他们的情感更加丰富，却还不能掌握识别、表达、控制情感的技能。他们已经完全度过了母婴依恋的关键期，视线从自己和母亲的关系转向家中其他人。

## 一、父爱是“大船”

2 岁半的宝宝更加向往广阔的世界。如果说母爱是港湾，父爱则是带领他们驶向更广阔世界的那艘大船，父亲陪伴的力量在宝宝成长中的作用逐渐凸显出来。

### （一）父亲的有效陪伴决定宝宝的健康成长

2 岁以后的宝宝在认知、语言、情感、社会性等方面都有了质的发展，他们不再满足于妈妈的怀抱，而想要去探索这个世界，想走到更远的地方，认识更多的人，尝试不同的游戏，这些都需要父亲的有效陪伴。如果父亲能在陪伴中全身心投入，和宝宝一起游戏、探索，在宝宝需要帮助和支持的时候给予适当的帮助，宝宝会更愿意去探索未知的领域，各方面发展会更加健全。

### （二）父亲的性格特征影响宝宝人格形成

父亲通常更加乐观、坚定、勇敢，对待事情有更多办法。这些对于宝宝的健康人格形成有不可或缺的作用。父亲在遇到问题的时候，通常能更加理性地去寻找解决办法，和宝宝的互动也趋于理性，这些特点对于宝宝人格的健康发展很重要。日常生活中，爸爸要多发挥自己的长处，为宝宝带来更多的安全感。

### （三）父亲天然带来的养育优势

在生活照料方面，通常情况下爸爸比妈妈更加精力充沛，可以在业余时间帮助妈妈做辅食，陪伴宝宝进餐，帮助宝宝洗澡，陪伴宝宝一起入睡，这些都会给宝宝带来不一样的体验。如果爸爸比较从容和幽默，还能让生活照料多一些乐趣，这不仅能减轻母亲的负担，还能促进孩子健康性格的养成。在日常的陪伴中，爸爸更有不同于妈妈的优势，在讲故事、搭积木、玩益智玩具等方面，爸爸和妈妈的角度与思路不同，这能极大地促进孩子的语言发展和智力发育。在带孩子进行户外活动时，爸爸更有优势，能带着宝宝做很多妈妈做不了的事情。爸爸可以带宝宝经常外出，共同呼吸户外新鲜的空气，增强宝宝的体质，提升宝宝的胆量和社交能力。

## 二、“逆反”是成长的表现

### （一）了解第一逆反期

宝宝的第一逆反期一般出现在2~3岁左右，但也会根据个体情况提前或延后。它标志着宝宝第一次意识到“自我”的存在、“自我”的力量。他们会更多地用“我”“我的”来表达自己的愿望和要求，会按自己的方式行动，不愿意让他人来干涉自己，表现得执拗任性。比如，他们会反抗身边最亲近的人，这标志着宝宝心理发展出现独立性。

### （二）如何应对爱说“不”的宝宝？

首先需要学会倾听，并理解宝宝说“不”这一行为背后的原因。当孩子说“不”的时候，要分辨他们是真的不喜欢做这件事情，还是只是喜欢说出“不”“不要”等词语。如果宝宝不喜欢做这件事情，又没有违背育儿的大原则，可以尊重孩子的意愿。如果他们只是喜欢说“不”这个词，想以此来试探家长的反应，家长冷处理就好。

其次要多给宝宝选择的机会。比如，用什么颜色的画笔、穿什么颜色的衣服、今天吃哪种水果等事情上，可以让孩子多参与。他们在参与中获得了家长的尊重，自我表达和成长的需求也会得到满足。

最后在习惯培养方面，少批评宝宝，多用正面引导的方法。尤其在少看电子产品、按时作息等习惯培养方面，家长要少讲道理，以身作则，多用正确的言行给宝宝潜移默化的影响。

### （三）宝宝发脾气的时候该怎么办？

当宝宝发脾气的时候，家长很容易着急上火。此时，家长可以先等孩子情绪稳定后再处理问题。宝宝当前的语言、认知能力有限，而行动和情绪发展迅速，行动总是先于语言。当他们的需求得不到满足，或语言表达不出自己的情绪时，就会用哭、打滚等方式来表达。

另外，建议各位家长可以在日常生活中教给宝宝一些简单的情绪认知和情绪表达的办法。例如，帮助他们认识情绪，教他们用他们能听得懂、说得出的语言把情绪表达出来，比如“我难过了”“我生气了”“我够不着东西很失望”等。当宝宝表达出自己情绪的时候，家长若能倾听、理解他们的情绪，宝宝就能感受到被尊重。家长还要引导他们，告诉他们在难过的时候可以哭，还可以和爸爸妈妈说一说，情绪压抑的时候可以一起玩一场枕头大战等。

# 第七章 我的玩偶小兔子
## (31 个月)

有一次妈妈出差，给我带回来了一只毛茸茸的玩偶小兔子。从那以后，这只小兔子就成了我最好的伙伴。它瘦瘦的，白白的，两只长长的耳朵竖起来，看着特别精神。它还有小小的嘴巴和大大的眼睛。它的眼睛水汪汪的，看着我的时候，流露出温柔的光芒。我特别喜欢它。

小兔子成了我最好的伙伴，每天睡觉的时候，我都会抱着小兔子，这样睡觉会睡得分外踏实。每次我想妈妈的时候，就抱着这只小兔子，因为我可以在小兔子身上闻到妈妈的味道。

妈妈这几天又出差了，晚上我找到妈妈的睡衣给小兔子穿上，这样抱着小兔子就像抱着妈妈一样，不知不觉间我就睡着了。在睡梦里，我看到妈妈回来了，不同于以往的是，妈妈的头上多了两只兔耳朵，她一蹦一跳地来到我身边，原来妈妈变成了大白兔，我变成了小白兔。我跳到了妈妈身上，妈妈背着我向前跳。她要带我去小兔子游乐园，那里全是蹦床，好多好多的兔子都在那里蹦来跳去。这个游乐园里还有专属于小兔子的食品店，里面全是胡萝卜做的食物，有胡萝卜巧克力、胡萝卜蛋挞、胡萝卜糖……售货员是一个戴着钻石发卡的灰兔子，她的发卡别在耳朵上，看起来十分优雅。她把我买的胡萝卜糖和巧克力装在一个袋子里，递给了我，我和妈妈蹦蹦跳跳地离开了食品店。正准备打开包装品尝的时候，我却突然醒了过来。眼前虽然没有兔子阿姨和胡萝卜糖，但是小兔子还在我身边呢，它穿着妈妈的睡衣笑眯眯地看着我，我紧紧抱着它，仿佛抱着我的妈妈。

白天，我越来越想妈妈，抱着小兔子的时候，眼泪都滴在了它的耳朵上。恍惚中，我好像听见小兔子对我说："别哭了，妈妈很快就回来了，不如我们一起出去玩吧。"于是，在奶奶带我去沙坑玩的时候，我带上了小兔子，还让小兔子继续穿着妈妈的睡衣。我又想起了梦里戴着发卡的兔子阿姨，就找到了妈妈的发卡，别到了小兔子的耳朵上。

我举起小兔子给小伙伴们看，他们都想抱它，但是我牢牢地把它抱在怀里，只允许小伙伴们轻轻摸一摸它的耳朵。他们都流露出羡慕的神情，看着他们羡慕的目光，我心里特别得意。我把小兔子放在沙坑旁边，让它看着我和小伙伴们一起玩沙子。但是不一会儿，我就忘记了小兔子的存在，等我想起小兔子的时候，回头一看，小兔子不见了。"小兔子！小兔子！"我大声喊着，仿佛全世界都抛弃了我一样。奶奶也帮我四处找小兔子，终于发现一群小伙伴正把我的小兔子传来传去。我跑过去，一把夺了过来，紧紧地抱在怀里，我再也不能让别人把它抱走了。

我也不玩沙子了，就一直抱着小兔子，看着小朋友玩。回到家里吃饭，我仍然抱着小兔子，和小兔子说话，和小兔子一起玩过家家，一起玩捉迷藏，连上厕所的时候都抱着小兔子。

夜晚降临了，我似乎没有那么想妈妈了，因为有小兔子陪我玩了一整天。我看着它，觉得它和我的妈妈一样，知道我今天喜欢玩什么，知道我今天吃什么好吃的了。我紧紧抱着小兔子，仿佛抱住了我所有的愿望和秘密。

睡觉的时候，我又给小兔子换上了一件妈妈的新睡衣，把它抱在怀里，但我还是觉得有一些孤单。爸爸说，他今天陪我睡觉。爸爸抱着我，我抱着小兔子，我们面前是一本摊开的绘本，爸爸给我和小兔子讲绘本。看我不哭不闹，爸爸夸我越来越棒，说我长大了。

不一会儿，我就困了，我对爸爸说："爸爸，小兔子做梦吗？"爸爸说："当然会呀，小兔子陪着你睡觉，也陪着你做梦，爸爸也陪着你做梦。"我实在太期待今天的梦了，因为梦里爸爸妈妈和小兔子都会和我一起去兔子游乐园，说不准兔子阿姨这次能卖给我们不同的食物呢。这么想着，我的眼皮越来越沉，迷迷糊糊中和小兔子说了一句："我们一起去兔兔游乐园吧。"

给爸爸妈妈的话

宝宝已经31个月，他们的身体更加强健结实。男宝宝一般体重为10.7~16.6千克，身高为85.5~98.3厘米；女宝宝一般体重为10.1~16.2千克，身高为84~97.3厘米。此时宝宝已经能双脚离地跳跃，有的宝宝能连续跳2~3次。宝宝的词汇量继续增长，开始使用“因为”“但是”等连词；介词的使用更加熟练，如会说“在盒子里”。他们的手臂力量增强，身体更加协调，愿意帮助家长搬运东西或者取放物品。宝宝对秩序与规则更加敏感，能在家长的帮助下了解简单的规则并遵守，如排队等。遇到困难的时候，宝宝会开始自己想办法解决简单的问题了，如搬椅子爬到高处取东西等。

## 一、宝宝为什么喜欢“依恋物”

这个年龄段的宝宝在探索更广阔世界的同时，也迎来了更多与母亲分别的时期。此时他们逐渐发现，母亲对待他们像对待一个长大的宝宝，这让他们不会产生一种挫败感。一些宝宝会在接受分离的过程中，用“过渡性客体”来替代妈妈的作用。“过渡性客体”也叫作“依恋物”。

### （一）接纳宝宝在分离期使用“过渡性客体”

“过渡性客体”这个概念最初是由英国著名儿童心理学家及精神分析学家唐纳德·温尼科特（Donald.W.Winnicott）在1953年提出来的，指婴儿为抵御分离焦虑并获得自我满足而创造出来的第一个“非我”拥有物。宝宝用一个东西来替代与自己分离的“妈妈”，并且和这个东西建立一种相对稳定的关系，来抵御内心因分离带来的焦虑、恐惧与孤独感，这个东西就是“过渡性客体”（依恋物）。

“过渡性客体”（依恋物）可以是宝宝喜欢的毛绒玩具、常用的小被子、妈妈的手绢等物品。宝宝在和妈妈分离或者到了一个陌生的环境中，会使用它们来抵御内心的孤独，和家庭环境保持一种连接。这是一种正常的心理表现和行为，爸爸妈妈要接纳宝宝的这种行为。

### （二）如何逐步减少孩子对依恋物的依赖

宝宝适当使用依恋物，是不需要特别干预的，家长要接纳宝宝的这种行为，同时可以通过以下方式，逐步增强宝宝的安全感，减少他们对于依恋物的依赖。

日常生活中家长要多和宝宝互动，及时用语言、微笑或者拥抱等方式回应宝宝的需求，多陪他们做游戏，让他们有安全感。

在互动过程中，家长应全身心投入，增加有效亲子互动的时间。比如陪着他们搭积木的时候，及时鼓励他们，在宝宝需要帮助的时候，给予精准及时的帮助。同时还要和他们共同关心爱护依恋物，比如和宝宝一起清洗、照顾依恋物，增强他们的安全感。

### （三）分离期间的陪伴、鼓励与引导

在宝宝与母亲分离，或者他们进入一个陌生的环境（如小托班）的时候，宝宝正处于心理脆弱的时候，其他家庭成员或者照顾者要多陪伴宝宝，要给予他们更多的关爱和陪伴。家人可以通过做有趣的游戏、探索新鲜的事物等来吸引宝宝，还要多鼓励、表扬宝宝，让他们在更多的探索与活动中获得自信心和成就感。不要强行剥夺宝宝的依恋物，等到宝宝能够稍微适应新环境后，再逐步减少宝宝对于依恋物的依赖。

## 二、生活中的引导与启蒙

### （一）语言发展

2 岁半的宝宝将有更多机会参与到日常生活中，生活中遇到的人和事物都是激发他们语言学习的良好机会。以下是一些具体措施：

语言是需要情境的，2 岁多的宝宝不能离开具体的情境去学习抽象的语言，所以可以经常和他们讨论你正在做的事情。比如，做家务时可以与宝宝交

流："妈妈正在收拾衣服。你看，这是爸爸的衣服，这是妈妈的衣服。"这个过程中，宝宝听到了"收拾""这""那""衣服""妈妈的""爸爸的"等词语，这样他们能充分理解相应词语的含义。还可以叫出每个人的名字以及指出不同事物的特征，如"快看那只红色的鸟""你的衬衫是蓝色的"，等等，这样宝宝对于表示色彩的形容词就有了深刻的理解与体会。

学习表示情绪的词语有助于宝宝识别情绪和表达情绪。爸爸妈妈在生活中要善于观察孩子的情绪状态，并鼓励他们表达自己的见解和感受，如："你看起来不太开心，发生什么事了？""你看起来好开心啊！"也可以尝试表达自己的情绪，如："唉，够不到书的时候真令人沮丧。"这样，他们对于"开心""沮丧"等词语就有了直观的感受。

### （二）解决问题

宝宝具备了一定的认知能力、模仿能力和身体感知经验后，就会发展出更强的解决问题的能力。比如，当他们够不到柜子上的东西时，就会模仿家人的样子，搬来一个小凳子，踩在凳子上去够。当小球滚落到床底下的时候，基于前期他们对于空间的探寻与感知，他们知道自己没办法爬进去，就会去寻找一个棍子来够小球。解决问题的能力是更高阶的思维能力发展的结果，也需要前期宝宝有更多的身体运动、探索和认知经验的积累。

2岁多的宝宝还不能解决复杂的问题，但是在生活中，爸爸妈妈要多给宝宝自己动手、主动思考的机会，这是未来形成解决问题能力的基础。比如，一起玩耍的时候，多给他们提供适当的挑战。积木倒了，家长不要直接去动手帮助宝宝，而是让他们自己试试如何再搭高。宝宝想出去玩，外面却在下雨，要告诉宝宝："外面下雨不能出去玩。如果想出去玩，就要使身体不被淋湿。那怎么样能让身体不被淋湿呢？宝宝觉得可以怎么做？"一开始，宝宝生活经验较少，语言表达能力有限，还不能说出怎么办，爸爸妈妈可以拿出雨具给宝宝讲一讲，这些东西怎么保护了我们的身体不被淋湿。他们的理解能力、模仿能力和动手能力会在更多的互动中增强，也会有更多的方法去处理生活中遇到的问题。

# 第八章　一只真正的小兔子（32个月）

有了玩偶小兔子不久，爸爸竟然送了我一只真正的小兔子。对，就是活生生的、会跳会蹦的小兔子！我第一次见到它的时候都惊呆了，因为我一直以为，我的玩偶小兔子就是真的小兔子。这只活的小兔子让我惊讶得不知道该说什么好，只能像小兔子一样一直蹦，不停地鼓掌，把小手拍得通红。

我一刻都不想离开小兔子，甚至吃饭的时候也要看着小兔子。我觉得小兔子一直吃兔粮太单调了，于是把自己的鸡蛋羹递给它，可是它看都不看。妈妈做好了曲奇饼干，我想给小兔子也来一份，可是它闻都不闻。爸爸说我可以喂它青草吃，果不其然，它咬住长长的青草，腮帮子一动一动的，吃起来特别带劲，一根草一会儿就只剩下了一点点。

我想小兔子一定会喜欢我的玩具，比如那个和它一模一样的玩偶小兔子。我把玩偶小兔子抱到了小兔子跟前，它凑过去闻了闻那只玩偶小兔子的耳朵，转身就将屁股对着玩偶小兔子，再也不理玩偶小兔子了。看来小兔子不喜欢玩偶小兔子，那它一定喜欢能发出声音的玩具吧。于是我把我的电动机器人拿了出来，它不仅会动，还能发出人声呢。

我把电动机器人放在了小兔子面前。“你好，小朋友，我是你的好朋友爱莎，想听儿歌请按1，想听故事请按2，想听谜语请按3。”出乎我意料的是，爱莎一开始说话，小兔子就往后退，它把身体缩成了一团，还把脑袋藏到了身体中间。

我一着急，就去揪了揪小兔子的耳朵，它还是不动；我又去拽它的腿，它缩得更厉害了，似乎变成了一个球。爸爸看到后走过来，轻轻地揪了一下我的耳朵。“啊！好疼！”我喊了出来。爸爸说：“你这么揪小兔子的耳朵，小兔子也会疼的啊！何况，机器人的声音已经把它吓坏了。”爸爸这么一说，我意识到确实不该拽小兔子，这样会把它弄疼，赶紧关掉了机器人。

我实在不知道该怎么和小兔子玩了，我觉得还不如和我的玩偶小兔子玩有意思，我对着小兔子做了一个鬼脸：“哼！不理你了，我和那个小兔子玩。”

妈妈过来告诉我：“小兔子是有生命的，它到了一个陌生的地方会害怕，我们要温柔地对待它。而且，兔子有兔子喜欢的生活，你不打扰它，就是爱它最好的方式。”不打扰它，那我和谁玩啊？我不太理解，抱着玩偶小兔子走开了。中午，温暖的阳光照在阳台上，树影斑驳，正好覆盖在小兔子的笼子上，只见小兔子舒坦地伸开四肢，正在睡觉呢。看着它十分舒适和惬意的样子，我不禁羡慕起来，我跟妈妈嚷嚷着我也要和小兔子一起睡在阳台上。妈妈同意了，就把我的被褥铺在了小兔子的笼子旁边。我也学着兔子的样子，慵懒惬意地伸开四肢，我不知不觉睡着了。

等我醒来的时候，兔子也醒了，它蹲坐在笼子里，用舌头舔舐自己的毛，还用小爪子洗脸，一副满足的样子。妈妈说：“你看，你让它自己待着，它是不是就很开心？就像有时候你也不想和任何人玩，就想自己待着一样。”嗯，这下我明白了，小兔子和我一样，想自己待着。

下午阳光特别好，我想让小兔子也出去晒晒太阳，于是我和妈妈说想把小兔子抱到外面，并且保证不会打扰它，我会让小兔子自己待着的。妈妈同意了，帮我把兔笼子提到了小区里。很多人都围过来看我的小兔子，一个奶奶说：“真漂亮，好白啊。”一个小女孩说：“我想摸一摸它。”看着她渴望的眼神，我同意让她摸摸小兔子，但只允许她摸一下。其他小孩也想摸兔子，兔子被摸得不耐烦了，我对他们说：“它想自己待着，你们不要摸它。”我赶紧提着小兔子继续往前走。我想去荡秋千，秋千是我最喜欢的玩具了，我也想让兔子荡秋千。我快步跑过去，把兔子放在了秋千上面，妈妈还没来得及制止，我已经把兔子荡起来了。不一会儿，我看到兔子闭上了眼睛，它是睡着了吗？妈妈赶过来把兔子从秋千上拿下来，她告诉我兔子是被秋千荡晕了。我们把它带回家，没想到一回家它就

吐了。

妈妈告诉我，她知道我爱小兔子，所以想让小兔子玩我最喜欢的荡秋千游戏，但是小兔子从来没有荡过秋千，它是小动物，它的生活方式和我们人类不一样，它不喜欢荡秋千。我有点后悔，决定再也不让兔子荡秋千了。但是爸爸说周日要去姑姑家的时候，我又想带着小兔子出去了。这次我问了妈妈可不可以带着小兔子去姑姑家，妈妈答应了。一想到小兔子可以去姑姑家里，我就好兴奋啊。

终于等到了周日，一大早，我就让妈妈帮我把小兔子喂饱了，然后请爸爸帮我把它提到了车上。坐车的时候，我还跟小兔子说："你晕车吗？睡一觉就好了。"小兔子似乎听懂了我的话，乖乖地闭上了眼睛。不一会儿我们就到了姑姑家，姑姑家的哥哥跟我一起和小兔子玩。哥哥想抱一抱兔子，就打开了笼子。这下不得了了，兔子没有见过哥哥，一紧张，从哥哥手上跳了下来，从正在开门的姑父脚旁穿过，往楼道里跑了。

"兔子跑了！"我大声喊。爸爸和姑夫都跑出来找兔子，上下楼梯和角落都找遍了，也没有找到小兔子。我觉得小兔子一定是迷路了，我问妈妈，能不能给兔子打一个电话，妈妈说："小兔子哪里有电话啊？"我一听就哭了，我的小兔子找不到了！

我的兔子再也不会回来了，我越想越难过，在姑姑家哭了好久。过了一会儿邻居来敲门，原来小兔子一害怕，就藏到了他家在楼道里的储藏架里边。抱着失而复得的小兔子，我哭得更厉害了。回家的路上，我一直提着兔笼子，和小兔子说："你以后就好好待着，我不让你荡秋千，也不让陌生人摸你了。"

春天的时候，我带它去了一个非常特别的地方。爸爸要带我们去农场采摘草莓，我想小兔子应该也很喜欢草莓，就带着小兔子去了。没想到农场里居然有一个小小的动物园，有山羊、小矮马，还有各种各样不同颜色的兔子！当我带着我的小兔子去看这些兔子的时候，我的小兔子一动不动地看着它们，仿佛认出了它的同类。看了一会儿之后，它的两只耳朵往后一耸一耸的，似乎在和它们说："我来看望你们了，我们一起玩啊！"笼子里有一只和它几乎一模一样的兔子，它们一蹦一跳地走向对方，两只兔子隔着笼子就要挨到一起了。我不想让笼子阻挡它们见面，试图打开笼子的门。突然，我的小兔子开始奔跑，跑向了外面的草坪。

我们全家人一起去追小兔子，将小兔子围在了中间，但是小兔子从我们几个人的缝隙间又灵敏地跑了出去。我哭着说："小兔子跑了，它又丢了……"爸爸气喘吁吁地说："宝贝，你看小兔子跑得多快，我们还从来没有见过它奔跑的样子呢。"大家都停了下来，看着雪白又矫健的小兔子来回奔跑着，在阳光的照耀下，仿佛一道闪电。它耳朵直立，眼神专注，雪白的身体在太阳底下闪闪发光。这个样子把我们看得都痴迷了。

"你说，小兔子这个时候是不是很开心？"妈妈问爸爸。

爸爸说："当然了，它终于能在草地上奔跑了，这应该是它和笼子里其他兔子都向往的生活吧。"小兔子跑到一棵大树旁，闻了闻大树脚下的野草之后，安静地蹲在那里。不一会儿，它又开始挖洞。爸爸让我们都不要打扰它，我们都安静地在旁边看着。只见它挖了一个很深的洞，然后蹲在旁边，惬意而安静，似乎在告诉我们："看，这是我的新家。"

我问爸爸："它是不是想住在这个洞里，再也不和我们回家去了？"爸爸说："也许吧，你希望它和我们回去还是住在这里？""我想让它和我们回去。它自己在外面，如果下大雨了，它被淋坏了怎么办？或者坏人来了，把它抓走了怎么办？"我担心地问。

爸爸夸我想得很周到，他告诉我："咱们的小兔子不是天生的野兔，不适合在野外生活。小兔子喜欢这里，因为这里有野花、野草，有它的同类，它还能尽情奔跑。"

最后，小兔子似乎累得要睡着了，爸爸轻轻走过去将小兔子抱了起来，它很乖，没有再挣扎。回去的路上，小兔子也一直在睡觉。回家以后，小兔子醒了，它的眼神似乎更亮了，在笼子里开心地蹦跳着。我拍着手和爸爸说："小兔子好开心。"爸爸说："以后我们要经常带小兔子去野外，见见它的小伙伴。"妈妈缓缓地说："是啊。更重要的是，我们都喜欢看到它在草地上自由奔跑的样子。"

## 给爸爸妈妈的话

32个月的男宝宝一般体重为10.8~16.9千克，身高为86.2~99.2厘米；女宝宝一般体重为10.3~16.5千克，身高为84.7~98.2厘米。他们上下楼梯更加自如，能做到双脚交替；上肢力量增强，手眼协调能力更好，可以将手臂举起来朝向一定的目标投掷物品。他们还能在成人的引导下，用3块以上的积木搭建简单的造型。他们的语言能力进一步增强，能够更好地使用疑问句。他们结合生活情境开始理解3以内数字的含义，比如爸爸妈妈拿出2个苹果，并强调“2个”，下次他们就可以识别出2个苹果。他们的同理心更强，开始关心家人，关注同伴的情绪，有的宝宝看到别的小朋友哭，还会将手里的玩具递给他们表示安慰。

## 一、热爱小动物的宝宝更有爱心

### （一）小动物是宝宝的好朋友

宝宝学会走路后，对新鲜事物的好奇心和探索欲望显著增强。1岁多的宝宝喜欢看奔跑的小狗和水里自由自在的小鱼等。2岁以后，随着认知能力发展，他们不仅能模仿动物的叫声，还能叫出动物的名字，说出动物爱吃的食物等。在2岁半的宝宝眼里，动物是他们最好的朋友，他们认为动物和他们一样，会思考，爱玩玩具，也愿意将自己的好东西分享给动物。

可以根据家中实际情况，饲养小猫、小狗、小兔子、小乌龟、小金鱼、小鸟等，给宝宝作为宠物。在饲养的过程中，要引导宝宝爱护宠物，力所能及地去照顾宠物。从小喂养动物，能让宝宝更加热爱劳动，尊重生命，让宝宝的心灵不再孤单的同时，促进宝宝情绪健康发展，并让他们在照顾小动物的过程中体会到付出的快乐。

### （二）引导宝宝爱小动物

爱小动物，先要了解小动物的生活习性和规律，然后在此基础上尊重它们本来的样子。宝宝由于认知能力有限，还不能用成人的思维思考，例如他们会觉得自己喜欢吃什么，就要给小动物吃什么食物，这时父母可以借机介绍小动物喜欢吃什么食物、不喜欢吃什么食物，以及如何喂养它们。去公园和动物园的时候，爸爸妈妈可以告诉宝宝不要随便投喂小动物，不要打扰小动物的睡眠和生活，更不要去伤害小动物。

爱小动物，要从尊重生命的角度，给小动物生存的空间，例如不虐待它们、轻轻爱抚它们、不摔打它们等。这些引导会让宝宝对生命有敬畏感，从小就体会到要尊重每一种生命本来的样子。

### （三）再爱也要“保持距离”

爸爸妈妈挑选小动物的时候，需要动脑筋想想哪种小动物适合自己的宝宝，去选择避免引起宝宝过敏的、体型较小、性格温顺的小动物，例如小兔子、乌龟、小鱼、小鸟、贵宾犬等。

宝宝将小动物看作自己的朋友与亲人，但是爸爸妈妈一定要引导宝宝和小动物“保持距离”，不要随意将手指伸到小动物的身体附近，不要随意亲吻和拥抱小动物，更不要拉扯小动物的尾巴或者其他部位，甚至去攻击小动物。

不要在房间内部饲养小动物，尤其是不要让宝宝和它们一起睡觉。爸爸妈妈要给小动物勤洗澡，告诉宝宝不去触摸小动物的食物与排泄物，也不要让宝宝单独与小动物待在一起。

## 二、宝宝会打人怎么办？

### （一）不要因为宝宝打人，就说宝宝是“坏孩子”

这个时候的宝宝还不具备行为判断能力，要根据具体情况，综合考虑与判断宝宝打人背后的原因。宝宝打人，有可能是在模仿他看到的其他宝宝的行为；也可能是因为语言发展有限，又不能及时疏导、表达自己的情绪，所以将情绪付诸行动；还有可能是在第一次出现打人行为的时候，家里人没有在意，宝宝就觉得这种行为没有什么大不了的，所以持续这种行为；还有的宝宝会用拍打等动作进行探索，比如有的宝宝第一次见到小兔子，就去拍一下，他是想通过这种行为来表示自己的好奇。如果我们没有弄清楚宝宝打人的原因，就严厉地去批评宝宝，不仅不能减少宝宝打人的行为，还会给宝宝贴上“爱打人”的标签。

### （二）判断原因，对症下药

如果宝宝是在模仿，爸爸妈妈就要尽可能让宝宝规避周围环境中的这类因素，比如不看有暴力场面的电视，先远离一些有打人行为的孩子。在宝宝出现打人情况的时候，被打的成年人要做出比较疼的样子，注视着宝宝的眼睛告诉他：“你把我打疼了。”这样可以让宝宝直观地感受到，他打人会给别人带来不好的后果。再去问问宝宝想要什么，帮助他们用语言表达出来。比如，宝宝因为奶奶说睡觉时间到了，拿走了玩具，就打了奶奶一下，奶奶要说：“宝宝，你这样把奶奶打疼了。”再去问宝宝：“你是不是还想玩？那你下次可以说，奶奶，我还想玩一会儿。”很多孩子不会用语言表达心情，动作是比较快捷的方式，于是就可能出现打人的现象。成人逐步示范，他们就能逐渐用语言将需求表达出来。如果宝宝用“拍打”的方式来探索，爸爸妈妈只需要用正确的行为来替代就可以，比如爸爸妈妈轻轻抚摸小兔子，再握着宝宝的手去轻轻抚摸小兔子，等到宝宝自己主动地去轻轻抚摸小兔子时，爸爸妈妈就用正强化的方式引导宝宝，比如奖励宝宝一个拥抱、亲吻或者小贴画等。

### （三）打人可以“预防”

如果宝宝出现了打人的情况，爸爸妈妈要好好分析原因，并且思考如果遇到类似情况，提前可以做哪些预防的措施。比如，宝宝拿着玩具去小区里玩耍，爸爸妈妈预料到有可能其他宝宝会来拿宝宝的玩具，导致宝宝有可能出现打人的情况，那么可以多带几个玩具出去，到时候分享给其他宝宝。

除此之外，结合日常生活中发生的事情，可以多和宝宝聊天，让他们理解并习得一些常用语言，用于表达自己的需求和与他人沟通。比如，宝宝羡慕别人手里的玩具，就可以对宝宝说："你是不是想玩那个玩具啊？那我们一起等小哥哥玩够了，再去和小哥哥商量下，能不能和你交换玩具玩，好不好？"将简单易懂好学的语言多呈现给宝宝，他们会逐渐习得这些语言，更好地使用语言去表达自己的需求。

# 第九章（上）小主人

（33个月）

今天本来约好了与邻居家的小朋友们一起出去玩，谁知刚到楼下就下起了雨，妈妈便邀请他们来我们家做客。

妈妈说："我们得赶紧回去准备一下，你可是小主人呢。"看到我迷茫的样子，妈妈说："小主人的作用很重要，别人来家里做客时，小主人要负责接待，请大家吃好吃的，让大家玩玩具。"我使劲点点头，我有好多好多的玩具，我要请好多好多的客人来我家里玩玩具。

妈妈挽起袖子，先把屋子收拾干净，在门边摆好拖鞋，接着又在厨房准备食物和水果。我则跑到我的小房间，将我所有的玩具箱子都打开，迎接客人们的到来。"叮咚"，门铃响了，我赶紧跑到门口去开门。一开门看到那么多的小朋友，我激动得不知道该说什么，一直在门口蹦来蹦去，直到妈妈让我把小客人都请进来，我才回过神来。我的小客人们都很兴奋，他们叽叽喳喳地谈论着，屋子里乱作一团。妈妈让一些宝宝先留在客厅玩，其余的宝宝进了我的卧室。接着，妈妈就和阿姨们进了厨房，要给我们做蛋糕和比萨。

好几个小朋友在我的房间里，我一时有些忙乱，不知道该和谁玩，也不知道该把哪件玩具拿出来。我一股脑把家里所有的玩具都拿了出来，还向小朋友们展示了我的宠物小兔子和小仓鼠。小朋友们一下子被玩具和宠物吸引了。他们蹲在兔子笼子和仓鼠笼子周围，我都挤不进去了。

我想起妈妈说过小主人还要请大家吃好吃的，就把自己的奶酪棒、小饼干和水果干等都拿了出来。我拿起一个水果干追着一个大哥哥想给他，但是追了好久，他看都不看我，我急得直跺脚，跑去厨房找妈妈。妈妈问我怎么了，我说："大哥哥不吃，我要当小主人。"大家听了都笑了起来，我有点迷惑地看着妈妈。妈妈说："大哥哥们长大了，可能不喜欢吃小零食。做小主人当然要热情，但是也要尊重客人的喜好，大哥哥们自己玩得开心就好了。"

这时候，一个姐姐过来邀请我和她们一起玩游戏，她们在黑板上写写画画，假装自己是幼儿园的老师。这个游戏我很感兴趣，虽然我没有去过幼儿园，但是我觉得我也可以做幼儿园老师。我看一个大姐姐扮演老师，站在前面对着几个"学生"说了很多话，我就也站到前面，在黑板上点了一个点，然后说："锄禾意（日）当午。"我刚说完，就发现底下的大姐姐都在笑我，一个姐姐说："你这点了一个点，什么也没有，怎么能是'锄禾日当午'？你画一个太阳也行啊。"这个我会，我尝试着画了一个圆，虽然不太封闭，但看起来还是像模像样的，我接着读："汗滴禾下土。"大姐姐干脆走上前来，替我画了一个小禾苗，说："这才是'汗滴禾下土'。"我似懂非懂地看着她，然后她们说我还是当学生好。

当学生也很好玩。我坐了下来，扮演老师的姐姐开始提问了："谁是这首诗的作者？"我赶紧举手："是我，是欣欣。"姐姐们都笑了，她们说："你怎么会是作者？"我大声说："我会背。"姐姐们说："作者是写诗的，不是背诗的。"这么一说，我似乎明白了，那作者一定是教会我背诗的妈妈了，我又回答："是我的妈妈。"这下大姐姐们笑得更厉害了。我有点委屈，小嘴一撇，差点哭出来。

妈妈过来，了解了事情的经过后，告诉我说："姐姐们不是嘲笑你，是觉得你很可爱。"妈妈还建议我，小主人可以多了解客人们的需求和爱好，这能让我们相处得更加愉快。于是我跑去看哥哥们玩游戏。有两个哥哥在玩警察解救人质的游戏，他们手里拿着几个积木拼成的"手枪"，要把小妹妹从凶狠的"歹徒"手里解救出来。

小妹妹扮演的"人质"被解救了，但她再也不想做人质了。哥哥们需要一个人当"人质"，但是他们都想当"警察"

和“歹徒”，不愿意当“人质”。正当他们发愁没有“人质”时，我大声说：“我愿意当。”

一个哥哥过来给我讲该怎么玩：一会儿“歹徒”会将我的手绑上，还会堵住我的嘴，在这个过程中我要哭，表现得想找妈妈，但“歹徒”说如果哭就再也不让我见妈妈，我得忍住，等“警察”将我解救了我才能哭。

我听完点点头，很配合地答应了。只是还没有等到“警察”来解救我，妈妈和阿姨就喊我们吃蛋糕了。

我可不管我是不是“人质”，挣脱开绳子就跑，演歹徒的哥哥一直在追，说：“我的人质跑了，不能跑。”“警察”也在追，说要抓住那个“歹徒”。

我站住，大声地对哥哥们说：“我现在是小主人，我要分好吃的啦！”我转身冲到厨房里，告诉妈妈我要来分蛋糕。妈妈答应了，但是“警察”和“歹徒”都不干了，他们说：“不许分蛋糕，你是我们的人质。”

我挺起小胸脯说：“我是小主人，我不是人质！”“你就是人质，你都答应我们了，你说话不算数！”小哥哥们委屈地喊。这时，小哥哥们的妈妈很严肃地把他们拉到一旁说：“对小朋友说话要温柔，再说了，游戏也可以有中场休息啊，现在该吃东西了。”

妈妈温柔地把我抱在怀里说：“宝贝，你真是一个称职的

小主人，想着给客人分蛋糕，那我们答应别人玩的游戏，等到吃完蛋糕后继续玩好不好？”我点头答应了。

我帮助妈妈给大家分了吃蛋糕用的盘子，我还给小兔子和小仓鼠也拿了一份蛋糕。大家都开心地吃起了蛋糕。只是，还没有等吃完蛋糕，我就已经忘记了当“人质”的事情。我和小朋友们回到了我的卧室，我们一起给小仓鼠、小兔子喂食物，还一起拿橡皮泥玩做蛋糕的游戏，别提多开心了。

小哥哥们也过来看我的小兔子。一个小哥哥伸手就要去抓兔子的耳朵，我很生气，大声告诉他：“小兔子喜欢自己待着！不能揪它的耳朵！”小哥哥说：“你是小主人，不能说我！我就要揪它的耳朵！”妈妈们都过来了，小哥哥的妈妈说我说的是对的，她耐心给小哥哥讲，揪小兔子的耳朵，小兔子会疼的，而且这样只会让小兔子更加害怕小哥哥，更不会和他玩了。小哥哥这才愿意坐下来，安静地看小兔子。

阿姨们还对哥哥姐姐们说，来到我的小卧室，要保持卧室的整洁才行，也要遵守小主人的规定。哥哥姐姐们都点点头，乖乖地来到了我的“娃娃家”。在“娃娃家”里，我告诉哥哥姐姐该做什么，他们有当理发师的，有当妈妈的，有当商店售货员的，好不热闹。

他们一直玩到了很晚才离开。晚上睡觉的时候我问妈妈：“他们什么时候再来我们家里做客啊？”妈妈说：“如果你喜欢，我们就多邀请大家来做客。你今天做得太棒了，不仅知道招待大家，还了解和尊重了客人们的需求和爱好。最重要的是，你还坚持了自己的原则。”“什么是原则？”我问。“就是你告诉哥哥，不能揪小兔子的耳朵啊！”“嗯，我喜欢做小主人！”我使劲点点头。妈妈还说，其他小朋友也邀请我们去他们家里玩，下回，我就可以去做小客人啦！

## 给爸爸妈妈的话

宝宝已经2岁9个月了，男宝宝一般体重为10.9～17.1千克，身高为86.8～100厘米；女宝宝一般体重为10.4～16.8千克，身高为85.4～99厘米。他们对运动的需求量更大，身体的整体协调能力增强，上下楼梯更加自如，喜欢奔跑，平衡能力更强，喜欢拉着爸爸妈妈的手去走马路牙子，喜欢玩旋转木马、小秋千、滑梯等。宝宝的上肢力量和手眼协调能力更强，不仅能定向投掷，还能接住迎面滚来的球。他们的观察能力更强，能看到物品不同的特征，还能根据物品的属性进行简单的分类。他们很喜欢同伴，愿意与同伴一起玩耍。

## 一、宝宝有自己的朋友了

### （一）同伴交往促进社交、认知与语言的发展

此时的宝宝仍处于以自我为中心的阶段，还不能真正地和同伴合作与分享，但是经常让宝宝和同伴在一起，能够促进他们语言、情绪、认知等方面的发展。首先，宝宝在交往中会相互模仿和反馈。他们年龄相近、身心发展水平相似，在交往中处于平等的地位，这能激发他们更多的互相沟通和协助的需求，他们能更自然地去主动或者被动地与同伴沟通；遇到同伴交往中的挫折，能通过同伴的反馈和成人的支持，及时调整自己的行为，这能帮助宝宝发展出更积极、友好的社交行为。其次，在与同伴交往中，宝宝通过观察其他小伙伴的行为、动作，学习到新的游戏的玩法、技能，自己的认知能力也得到发展。与同伴沟通，给宝宝提供了一个自然状态下语言表达的实践机会，他们必须更清晰、准确地说出自己的需求，才能得到同伴的回应，这样会促进他们语言能力的发展，从而学到新的知识和技能，促进自身认知发展。这个年龄段的宝宝

尤其喜欢和比自己年长的宝宝在一起玩耍，他们能从哥哥姐姐那里学习规则，感受关爱，了解友情。

### （二）同伴交往是宝宝社会化最好的途径

宝宝在和同伴玩耍的时候，会因为想玩同一种玩具而起争执，也会因为同时想去做一件事情而非要分出先后。同伴关系更利于宝贝认知自我，并逐渐去调整自己完全以自我为中心的行为，这是宝宝“社会化”的第一步。宝宝在与同伴互动的过程中，逐渐认识到自己的攻击性行为，比如“抢玩具”，是不受欢迎的，而合作的行为，比如“轮流玩玩具”“帮助其他同伴递东西”等，是受欢迎的，才能开始调整自己的行为，让自己在同伴中受欢迎。

### （三）创造同伴交往的机会

小区广场、游乐园等公共场所和亲戚朋友家都是会有小伙伴出现的地方，爸爸妈妈可以多带着宝宝去这些地方，和其他小朋友一起玩耍。同时爸爸妈妈也要观察宝宝在同伴中的状态，多给他们创造这样的机会，比如有意识地让宝宝多拿几个玩具下去，让宝宝和其他人一起分享，或者鼓励宝宝和其他人一起做游戏，让他们有互动的机会。宝宝由于以自我为中心，还不能理解分享的含义，不要急于让他们一下子就习得分享、合作等社交技巧。如果他们因为争抢东西而苦恼，不要立马强迫他们分享，可以让他们用交换玩具的方式来获得满足，引导他们轮流玩，学会等待，逐步养成规则意识。

总之，同伴交往需要时机，成长需要时间，只要多和小伙伴在一起，宝宝就容易获得良好的情绪感受。

## 三、宝宝情绪发展的新阶段

### （一）宝宝的情绪、情感更加高级、复杂

随着宝宝对自我认知的加深，宝宝会通过周围人的反应和自我的行为，进行初步的自我评价。比如，某件事情做成功了，他们就会表现出高兴的情绪；失败时，表现出失望的情绪。宝宝还会开始关心他人，关注周围人的情绪情

感，比如问同伴为什么哭，看到同伴难过，还会把自己手里的水果递给同伴。但是同时，宝宝也有了嫉妒、骄傲等更为复杂高级的情绪，比如宝宝看到自己的爸爸妈妈对其他小朋友好，会嫉妒等。

在宝宝做成一件事情的时候，爸爸妈妈要多鼓励他们。宝宝失败的时候，爸爸妈妈要抱抱宝宝，安抚他们的情绪，等到宝宝情绪稳定后，再和宝宝一起重新把事情做一遍，比如穿鞋子、搭积木等。宝宝失败时，爸爸妈妈帮助他们将事情做成，久而久之宝宝自然能吸取经验，动手能力和生活技能会逐步提高。父母在生活中还可以经常和宝宝谈论周围的人和周围发生的事，增强他们对人和事情的认知与理解。

### （二）情绪的表达与初步控制

如果宝宝出现了嫉妒、生气等情绪，先不要责怪他们，成人要先稳定自己的情绪，在平和的情绪中帮助宝宝稳定情绪，然后让他们尝试着说说自己的感受和想法。

比如，爸爸妈妈可以问问宝宝："是不是看到妈妈将一个新玩具送给了邻居小哥哥，你有点不高兴啊？"宝宝可能会点点头，妈妈可以再次回应："虽然妈妈给了哥哥玩具，但是妈妈最爱的还是你。"这时候宝宝会感觉到安慰。妈妈可以给宝宝解释："小哥哥是我们的好朋友，所以妈妈给了小哥哥玩具，因为你也是小哥哥的好朋友，所以阿姨上次也给了你好吃的。"这时宝宝就能初步理解，因为自己和小哥哥是好朋友，所以妈妈才给小哥哥玩具，宝宝就不会担心妈妈不爱自己了，也能初步化解心中的负面情绪。妈妈此时可以说："宝宝下次如果遇到这种事情，可以先给妈妈说，不要立马就哭。宝宝哭了，妈妈就听不清宝宝在说什么了。"此时宝宝就能明白，用语言表达，才是表达情绪的正确方法，而不是哭。随着爸爸妈妈对宝宝情绪的不断理解、支持，宝宝最终能初步控制自己的情绪。但每个宝宝控制情绪的水平不一样，成人除了鼓励并帮助宝宝表达情绪，还可以选择情绪管理相关的故事书籍与宝宝共读。

# 第九章（下）小客人（33个月）

一大早，我就看到妈妈在化妆，今天是什么日子啊？看妈妈打扮得那么漂亮，一定是要出去玩吧！我赶紧吃完饭，等着妈妈帮我换衣服。妈妈告诉我今天要去隔壁小姐姐家里做客。哇！这次我要当小客人了！我开心地在地上蹦来蹦去。

到了邻居家门口，我自告奋勇按响了门铃。邻居家的小姐姐给我们开了门，她笑得比往常都灿烂，兴奋地对我们说："欢迎来我家里做客！"说完还行了一个屈膝礼，看来小姐姐也是个称职的小主人。我赶紧往里走，但被妈妈叫住了，她说我们要先换拖鞋。我一看，小姐姐家里的拖鞋和我家的不一样，这不是我的拖鞋，我才不穿。我挣脱妈妈的怀抱，就要往里边跑，妈妈拉住我说："必须穿拖鞋，这是基本的礼貌。不换拖鞋会把别人家的地板弄脏的。"妈妈又问我："小姐姐去我们家里有没有换拖鞋啊？"我点点头，可是我还是想穿自己的鞋。

阿姨给我拿出了一双小拖鞋，温柔地对我说："宝贝，这双拖鞋是专门为你准备的呢，快穿上试试吧。”这双拖鞋虽然和我家的不一样，但是和别人的拖鞋也不一样，它那么小巧玲珑，还是我最喜欢的黄色。我接过来试了试，大小正合适，而且穿上以后脚底下软软的，似乎比我的拖鞋还舒服呢。

我穿着小拖鞋走进客厅，发现这里和我家很不一样，不知道为什么，我心里有点胆怯，紧紧地贴在妈妈身边。阿姨说："进来玩啊，怎么一下子害羞了呢？"我小心翼翼地踩着客厅的地板，坐到了沙发上，好奇地打量着四周。

妈妈和阿姨聊天，小姐姐拉着我去了她的卧室。她的卧室好漂亮，墙壁是淡粉色的，床也是粉色的。地上铺着软软的垫子，垫子上还躺着各种各样的毛绒玩具。我一下子就看到了一个"老朋友"，这不是我家的毛绒小兔子吗？我指着那个小兔子说完"我的"，伸手就去拿。小姐姐说："这是我的，只是和你的长得很像。"我还是觉得兔子是我的，一把就抱在了怀里。没想到当我把兔子抱在怀里后，胆子突然大了起来，我在小姐姐的卧室里开始四处张望。

我看到了一个从来没有见过的玩具。那是一个小小的旋转木马，小姐姐一按按钮，就有美妙的音乐响了起来，小木马也开始伴着音乐旋转。我也想让兔子一起转圈，但是兔子太大了；我又想自己坐上去，但旋转木马太小了，姐姐说我上去会把旋转木马压塌了。我好喜欢这个玩具，扔了小兔子，就把小木马紧紧搂在怀里说："我的。"这回姐姐不高兴了，她嘟着嘴，想从我怀里拿走，我可不让她拿。姐姐说：“这不是你的，这是我的。”我大声说：“我的！我的！”

妈妈和阿姨闻声走了进来。妈妈一看，赶紧拉开我说：“宝贝，这是姐姐的玩具，为什么说是你的呢？”我哭了起来，我看见了就是我的，我想要那个旋转木马！阿姨也跟小姐姐说：“宝宝，给小客人玩一会儿好不好？”姐姐说：“可以让他玩，但是他不能说这是他的啊。”姐姐也委屈地哭了，阿姨连忙把姐姐带出了卧室。

妈妈严肃地对我说：“宝贝，这是姐姐的玩具。姐姐借给你玩，但是这不代表就是你的，它还是姐姐的。”我的哭声渐渐小了，但是搂着木马就是不松手。妈妈看我平静下来了，就说：“你在这里玩一会儿旋转木马，我出去看看小姐姐。”

妈妈从包里掏出一个漂亮的小发卡，送给了姐姐，又夸小姐姐是个很棒的小主人，愿意把玩具给小客人玩，还承诺我只是暂时玩一下这个旋转木马，不会拿走的。我也要做个很棒的小客人，我拿着木马玩了一会儿，就放回去了。奇怪的是，我之前一直将小兔子抱在怀里，为什么姐姐却不哭呢？看来这个小兔子就是我的，我又捡起兔子，抱在了怀里。

不久，屋子里多了很多小朋友。这回小哥哥们没有玩警察抓歹徒的游戏，而是在客厅里拼积木，小姐姐们则在安静地画画。我抱着兔子，想让兔子住进小哥哥们拼搭的乐高房子里，但被拒绝了。小哥哥们说他们的房子还没有建好，而且我的兔

子太大了，也放不进去。我又来到小姐姐们跟前准备画画。画画可难不倒我，我拿起颜料就往小手上抹，但是姐姐家的颜料不是手指颜料，只好让妈妈带我去洗掉了。

终于小姐姐家里来了一个和我年龄差不多的小弟弟，他一来就看上了阿姨家的沙发，在上面玩蹦床游戏。我也喜欢玩蹦床游戏，看小弟弟在阿姨家的沙发上蹦来蹦去，我也想上去和他一起蹦，但是妈妈阻止了我。为什么我们家的沙发可以玩蹦床游戏，阿姨家的就不能玩？我不能理解。就在这时，阿姨竟然拿来了一个小小的蹦床，这下我们可以玩了。不过蹦床太小了，一次只能上一个人，我和小弟弟只好轮流上去玩。还好我抱着小兔子，当小弟弟玩的时候，我就和小兔子聊天。

过了一会儿阿姨端来了一个蛋糕。阿姨做的蛋糕和妈妈做的不一样，蛋糕里边有一层好吃的水果夹心。阿姨还会榨酸酸甜甜的果汁呢。喝完果汁，我和小弟弟一起看动画片，没想到看着看着我就睡着了。醒来以后，发现自己躺在阿姨的怀里，我一下子脸蛋变得烫烫的，有点不好意思。

走的时候，我要把小兔子抱走，妈妈说这是姐姐的，要还给姐姐。奇怪，这不是我的吗？妈妈说，我的小兔子在家里等我呢，不信我们可以回家看一下。我不太情愿地放下了手中的这只小兔子，跟它依依不舍地说了好多遍再见。阿姨热情地邀请我下次再来做小客人。我喜欢做小客人，阿姨家的一切都那么新奇，有很多我家里没有的东西，真是太棒了！

回到家里，我一眼看到了我的玩偶小兔子，它怎么比我跑得还快？妈妈说这才是我的小兔子，姐姐家的那只小兔子只是和我的一模一样。我才不管那么多，反正小兔子已经跑回了我身边，我把它紧紧抱在了怀里。我知道，无论我走到哪里，小兔子都不会离开我。

### 给爸爸妈妈的话

这个年龄段的宝宝每天都在学习新技能，他们开始借助一些器材来运动，比如爬上凳子、跳过小木棍、钻过纸箱子、越过障碍物等，这能让他们获得一种成就感。他们能将球扔得更远，还能将球递给身边的人。宝宝开始能沿着一条直线走路，有的宝宝还能踮脚走路。他们开始使用“我们”“你们”等人称代词；能认识五种以上的颜色；思维能力进一步提升，开始通过思维来解决问题；愿意与小朋友建立友谊，在家长的引导下能分享玩具、等待轮流玩玩具；对更多的事物感到好奇，已经不满足于总是待在熟悉的地方。

## 一、去做客的学问

### （一）成人在待人接物中的做法，潜移默化地影响宝宝的发展

这个时期的宝宝对于去别人家做客非常感兴趣，他们在做客中感到特别兴奋，因为别人家里都是新奇的东西，这也是进行礼仪教育的良好时机。父母是最好的老师，平时父母的一言一行都在潜移默化地影响着宝宝的发展。因此父母在待人接物时要热情、诚恳、礼貌、客气，给予宝宝最好的礼仪示范。

除此之外，也要教给宝宝一些常用的礼貌用语，并在适当的场合引导他们表达问候、谢意、歉意等。鼓励宝宝在日常生活中使用“请”“谢谢”“您好”“再见”等礼貌用语。家长应以身作则，在待人接物过程中正确使用这些用语，为宝宝树立榜样。教导宝宝如何做“小主人”和“小客人”，比如当别人来到自己家里做客后，需要面带微笑迎接客人，吃饭时要照顾客人，帮客人拿餐具和纸巾，送别的时候需要挥手等。在用餐时，引导宝宝保持安静，不随意说话或争抢食物。在遇到自己的宝宝和别人的宝宝有冲突的时候，父母的态

度很重要，父母要站在公正客观的态度上，理性去解决宝宝们之间的冲突。

### （二）礼仪教育的同时，宽松和自由同样重要

在带着宝宝去别人家做客的时候，也不要约束宝宝太多，否则久而久之宝宝会变得畏首畏尾。父母在保持自身良好素养的同时，要在大原则允许的范围内给予宝宝自由，让宝宝自由地和其他小朋友交往。在宽松和自由的氛围中，宝宝能更积极主动地去观察、模仿和学习。要允许宝宝在一定范围内犯错误，如果宝宝有不当的行为，例如出现乱动别人家的物品等情况的时候，不要不问原因就批评宝宝。这个年龄段的宝宝往往以自我为中心，会把自己看到的东西认为就是“我的东西”，这时不要轻易给宝宝贴上自私或者贪心的标签。可以先去问问宝宝：“你是不是特别喜欢那个玩具？我们可以一起去和小主人商量一下是否可以借来玩一下。”引导宝宝去和别人沟通，用恰当的行为表达自己的需求。也可以在去做客之前随身多带一些玩具和食物，在宝宝和别人抢玩具或者食物的时候，可以拿出来分享和交换。

## 二、宝宝开始理解性别的差异

2岁半以后的宝宝逐渐开始理解性别的差异。正确引导宝宝认识和理解性别的差异，对于他们建立正确的性别意识，加深自我认知以及正确保护自己的隐私安全，都有非常重要的作用。

### （一）引导宝宝正确认识性别差异

爸爸妈妈可以通过对日常生活的观察和解释，帮助宝宝认识男性和女性的差异。此时他们还只能通过外在区别来理解性别，例如妈妈是长头发，爸爸是短头发，小女孩穿裙子，小男孩不穿裙子等，爸爸妈妈会自然地成为宝宝认识性别角色的良好榜样。宝宝可以从父亲那里学习男性化的行为方式，从母亲那里学习女性化的行为方式。

随着年龄增长，宝宝在玩玩具与游戏等方面的差异性会逐渐显现，比如通常情况下，小女孩更喜欢布娃娃，小男孩更喜欢小车等。但是3岁以前这种差

异并不明显，爸爸妈妈可以顺其自然，避免性别刻板印象。应尊重宝宝的个性发展，避免将性别与特定的兴趣、职业或行为方式刻板地联系在一起。

### （二）隐私教育的启蒙

这个年龄段的宝宝会逐渐对自己的身体感兴趣，也会通过观察发现自己和别人的不同。爸爸妈妈可以有意识地引导宝宝了解自己的身体部位，告诉他们哪些是隐私部位（主要包括胸部、屁股和生殖器），并且隐私部位是不能给别人看到和触摸的。可以通过简单的语言解释，或者使用儿童绘本、动画等直观的方式帮助宝宝了解自己的身体。隐私教育能让宝宝从小树立保护自己、爱惜自己身体的意识。

爸爸妈妈可以给宝宝讲一讲，如果去游泳，小男孩和小女孩的哪些身体部位是必须被泳衣遮盖的，因为这些部位属于隐私部位，是需要爱惜和保护的。爸爸妈妈要告诉宝宝，身体是自己的，只有自己可以决定谁可以触碰自己的身体。如果有人想触碰自己的隐私部位，要勇敢地说“不”，还可以通过大声哭喊的方式表示拒绝。这个年龄段的宝宝还不能完全理解隐私的含义，爸爸妈妈可以通过角色扮演等游戏方式，模拟可能遇到的不安全场景，帮助宝宝学会如何保护自己。

# 第十章（上） 走亲戚

（34个月）

夏天太热了。妈妈说放假要带我去亲戚家，因为亲戚们想念我们了，而且那里很凉快，正好可以避暑。爸爸妈妈准备了很多带去亲戚家的东西，我们去超市买了很多好吃的，又去玩具店买了很多玩具。

出发前一天，大人们都去理了发，还给我买了新衣服。最激动的是爷爷奶奶，他们拿出了自己最漂亮的衣服，奶奶还把自己的白头发染成了黑色，看起来年轻了好几岁。看来去亲戚家是一件比过年还让他们激动的事呢。

我也兴奋起来，不停地追着家里人问："亲戚家到底是什么地方啊？亲戚家会有游乐场吗？有小花园吗？有动物园吗？亲戚家有恐龙吗？亲戚家会比大海还宽阔，比天空还高远吗？"妈妈告诉我这些都没有，亲戚家最重要的是有亲戚。

亲戚难道会比小猪佩奇更好玩、比魔法师更有魔力、比葫芦娃更厉害、比小仙女更漂亮、比妈妈更爱我吗？

我在睡梦中被妈妈叫醒。睡眼蒙眬中，妈妈给我穿好了衣服。我们出发的时候，天黑漆漆的，家里的小兔子还在睡觉。妈妈拜托了邻居奶奶来照顾它，但这是我第一次离开它，心里有些舍不得。我看着小兔子，忍不住哭了出来，仿佛再也见不到它了。一种从来没有过的感觉抓住了我，我的泪水一直流，我真想把小兔子一起带走。但是妈妈说路途很远，不能折腾小兔子，万一小兔子不适应亲戚家的环境再生病了，还不如把它放在家里。但是我舍不得小兔子，妈妈就给我和小兔子拍了一张合影，我想它的时候可以看一看。

我们逐渐离开了城市，驶向了高速公路。高速公路上的车跑得飞快，随着车辆驶过一个个路口，我居然看到了一片又一片连绵起伏的山，还有高矮不一的房子。除了楼房，还有一些我从来没有见过的房子，有的房子上有一个大烟囱，冒着缕缕白烟，我怀疑云朵宝宝就住在那个大烟囱里。不知不觉我睡着了。在睡梦里，我见到了我的亲戚们。他们戴着魔术师的帽子，给我变出了很多礼物，还给奶奶变出了不会摔坏的老花镜，给爷爷变出了牙齿……等我醒来的时候，我们已经到了高速服务区，这里有加油站、餐厅和超市等。周围的人说话音调有些奇怪，妈妈说那是地方方言，和我们说的普通话不太一样。我感觉天气凉快了下来，风吹过来很舒服。距离亲戚家越来越近了，出现了越来越多不一样的东西。

终于，我们的车开进了一个小小的城市，这里的人并不多，街道也不是那么拥挤。到了亲戚家，一进门，迎接我们的是热烈的拥抱。大部分人我都没有见过，他们却很喜欢我，轮流抱着我，还时不时亲亲我的脸蛋。有一个和妈妈年龄差不多的阿姨，抱着我看了又看，妈妈让我叫她表姑。我很奇怪，为什么她看着我的时候会这么激动呢？还有一个和爸爸年龄差不多的人，妈妈让我叫他叔叔。他一下子把我举得很高，又把我抛下来，差点把我吓哭了，为此奶奶还瞪了他好几眼。最后，一个和爷爷年龄差不多、长得又跟他很像的爷爷把我接了过去。他厚厚的手掌上还有老茧，眼睛明亮，没戴老花镜。他看着我呵呵笑。我看着他张开的嘴巴，心里想，里边一定有和爷爷一样能装到盒子里的牙齿吧，我伸出手就去抠他的嘴巴。“这小家伙，大爷的嘴巴里有好吃的啊？别急，我已经给你准备好吃的了。”这个叫作大爷的人从身后拿出了一大包零食递给我，我兴奋地拍了拍手。虽然我以前从来没有见过他，但我觉得他分外亲切。

要吃饭了，我第一次见到这么大的桌子，也是第一次和这么多人一起吃饭。我和哥哥姐姐们坐在一起。我们的桌上有很多我喜欢的食物，有南瓜粥、小甜点、鸡蛋羹，还有各种特色小吃。哥哥姐姐们因为座位和食物吵了起来，但是他们都不约而同地让着我，每上来一道美食，他们都先让我吃。而我能吃的很少，有的食物妈妈说要等我大了才能吃。婶婶递给我一瓶果汁，说这是用自家树上结的苹果和梨子榨的，是纯天然食品。我尝了尝，真是甘甜可口，有一种清新的味道，比我喝过的所有果汁都好喝。我喝了好多，小肚子变得滚圆滚圆的。

突然，我看到大哥哥拿着果汁瓶跑了出去。接着，妹妹也拿着果汁瓶跑了出去。我跟着出去，看到他们在院子里“画画”。只见哥哥将果汁洒在地上，自豪地说：“我用果汁画了一条小蛇。”妹妹说：“我比你厉害，我会画天上飞的龙。”哥哥说：“龙有什么了不起，我会画恐龙！”说着，他就将我的果汁也拿过去，双手同时挥洒着，只见地上弯弯曲曲一片，别说，真的像一只大恐龙。我拿过我的果汁说：“我也来，我会画大老虎呢！”我就学着哥哥的样子来回挥洒，结果果汁都洒在了我的裤子上。

妈妈从屋子里出来了，问：“你们在玩什么呢？”他们都吓得不敢说话。我说：“我们在画画呢，可是我的裤子湿了……”妈妈笑着说：“我都听见了，你们是不是又画了恐龙又画了老虎啊？等我给欣欣换完了裤子，就出来欣赏你们的作品。”等到我和妈妈再出来的时候，哥哥妹妹正在开心地给婶婶介绍我们的作品呢。

看着我们开心的样子，婶婶提议道：“明天我们一起去采摘蔬菜和水果吧，然后再用新鲜的水果蔬菜榨汁喝。”“好啊好啊！”我拍着手蹦了起来。“如果有不小心弄坏的水果和蔬菜，我们可以摘回来榨汁让你们画画，这次我们先在纸上画。”听了婶婶的话，我们几个人都很高兴，还是婶婶最懂我们了。

第二天上午，婶婶带着我们去菜地，我第一次知道西红

柿不是长在树上的，也第一次摸到了黄瓜上面那些尖尖的刺儿。泥土的芬芳和果实的香味弥漫在周围，比平时在家里闻到的更浓烈。我们摘了很多西红柿和茄子。果实被摘下的瞬间，会发出啪的一声轻响，好像在与枝叶告别。我感受着果实在我手中的重量，脸上露出得意又惊喜的笑容。可是看到光秃秃的枝条，我心里又有一点歉意，于是伸出小手，轻轻地抚摸着它们。妈妈看见了，温柔地对我说："你觉得把果子摘下来有点舍不得，是吗？其实这很正常，果子把自己长得甜甜的，就是准备好让我们吃的。它们变成了我们的一部分，可以帮助我们长得更强壮呢！"叔叔说："果子如果不摘下来就会落到地上烂掉，我们吃掉这些果子，明年还可以长出新的。"我还看到了叔叔拿着又粗又长的水管给菜地浇水。看着水一点点渗透到泥土里，我感觉自己也在炎热的夏日咕咚咕咚喝饱了水一样畅快。

婶婶还带着我们去果园采摘了苹果和桃子。中午，我们喝到了桃子和苹果混合榨的鲜果汁，当然还有西红柿汁，甚至有黄瓜和芹菜混合在一起榨的蔬菜汁。和昨天不一样的是，今天的果汁有很多种颜色。我喝完以后，妈妈说我的脸上好像画了一个脸谱，都可以唱京剧去了。婶婶把不小心弄坏的水果和蔬菜榨了汁，还给我们找了很多废旧的报纸。在报纸上，我们尽情涂鸦和画画，别提多开心了。

时间过得太快，转眼就要回家了，我又体会到了当初和我的小兔子告别时的感觉。我舍不得叔叔、婶婶，舍不得小哥哥和小姐姐，也舍不得他们的果园和菜园。

回来的路上，奇奇怪怪的房子在我眼里已经不奇怪了，各种颜色和形状的山也不再特别了，它们都变得熟悉起来。

我觉得我们的车上一点都不热闹，很寂寞。虽然要回去见小兔子了，但是我似乎开心不起来，我好怀念在亲戚家的日子啊，不知道什么时候才能再去亲戚家呢？当新的果子长出来时，我是不是就可以回去和他们一起采摘啦？

### 给爸爸妈妈的话

宝宝 34 个月了，男宝宝一般体重为 11.1~17.3 千克，身高为 87.4~100.8 厘米；女宝宝一般体重为 10.5~17 千克，身高为 86~99.8 厘米。宝宝双脚跳跃已经很熟练，可以单脚站稳，并能尝试单脚跳跃，平衡能力进一步增强。有的宝宝能说出较为完整和复杂的句子，会使用简单的形容词来描述事物的特征。此时宝宝对性别有了初步的认知，知道自己是男孩还是女孩。他们喜欢在游戏中模拟生活中的情境，比如模拟奶奶做饭、妈妈抹口红、爸爸工作等。宝宝开始对家庭成员以外的其他人感兴趣，比如来访的客人、家中的亲戚等。

## 一、让宝宝了解更广阔的世界

### （一）拓展生活的范围

宝宝不仅对于母亲以外的其他经常照顾自己的亲人有了更多依恋，随着生活范围扩大，还和邻居、父母的亲朋好友等建立起更加深厚的情感连接。宝宝对于家庭以外的小区、街道等地方有了更多涉足，很多孩子还会因为家人探亲、旅游的机会，接触到更多地方的风土人情，这些都对他们的发展有很大的促进作用。

30 个月到 3 岁的宝宝，随着运动能力的增强，手部更加灵活，思维更加深刻，对新鲜事物的探索欲望更加强烈。爸爸妈妈不妨在业余时间多带着孩子去探索更加广阔的世界，让他们接触更多新鲜的事物，如可以看小动物、体验大自然等，这对孩子语言、认知、思维、情绪等方面的全面发展具有促进作用。

### （二）加强宝宝和亲戚朋友之间的情感连接

8 个月到 2 岁的宝宝主要依恋母亲，其次是父亲或者爷爷奶奶、姥姥姥爷等主要抚养人。2 岁以后，他们逐渐关注到邻居或者家里的其他亲戚朋友。他们还能逐步理解亲人之间的关系，如姥姥是妈妈的妈妈，舅舅是妈妈的弟弟或哥哥等。这些认知使他们体会到人与人之间的多重关系，也能更好地认知自己。

脑科学发展的知识告诉我们，3 岁以前宝宝的大脑发育处于飞速发展时期。主要体现在大脑细胞的神经元突触之间的连接会随着外界环境刺激的加强而增加，经常使用的连接会得到保存，不经常使用的连接则会被修剪掉。因此宝宝早期需要更多更丰富的外部环境刺激。

多加强宝宝与其他亲戚朋友之间的情感联系。在节日、家庭成员生日或者假期中间，多带宝宝去和亲戚朋友交往，让他们多多体验亲戚朋友之间的关爱，了解亲戚朋友和自己的关系。这不仅能使孩子更加有安全感，还能增加他们更多积极的情绪体验，使他们更有爱心，情绪、情感得到良好的发展，人格更加健全。在和亲戚朋友接触的过程中，宝宝能通过成人之间的交往，观察他们的表情，体会到温暖有爱的氛围，这无形中滋养着他们的心灵。宝宝还能接触到其他小哥哥姐姐和弟弟妹妹，通过和孩子们的交往，体会到被爱，也学会关怀别人，照顾比自己小的弟弟妹妹。

## 二、支持宝宝能力发展

### （一）和宝宝一起运动

这个月龄的宝宝，跑、跳、投掷能力都进一步增强，能向前朝着一定的目标投掷。他们能够往返跑，还能绕过障碍跑；能单脚站立并能向前跳出，还可以双脚交替跳着走。

爸爸妈妈可以和宝宝一起跑步，例如在终点设置一个小障碍，放置一个空瓶子，和宝宝绕过瓶子跑回去，锻炼身体协调性和控制能力。还可以和宝宝一起玩双脚交替跳格子的游戏，一开始的时候，格子不要太多，建议逐步增加难度。在投掷方面，爸爸妈妈可以一起示范过肩投掷的动作，让宝宝来学习如何将沙包或者小球放在比肩稍高的位置，然后向前投掷，并逐渐尝试向着一定目标投掷。这能增强他们的上肢力量，提升手眼脑协调能力。

### （二）锻炼宝宝小手的灵活性

此时，宝宝手指的灵活性和协调性明显提高。他们能够使用拇指、食指和中指握笔涂鸦，还能拿着夹子夹起大块的物品。他们的双手配合能力增强，用勺子吃饭越来越熟练。

爸爸妈妈可以准备宝宝专用的刀具（如塑料钝刀），让宝宝学习一手扶着面包，一手将面包切开。准备较大孔的珠子，让他们练习串珠。日常生活中，多让他们自己动手照顾自己，比如自己脱鞋子、端着水杯喝水、穿衣服等，这些可以提升宝宝的专注力和动手能力。还可以带着宝宝去采摘，采摘的时候，爸爸妈妈可以将果实连着树枝的一头先弯一下，再让宝宝自己摘下来，这能让他们更有成就感。

### （三）加强宝宝的语言表达能力

多用对话和提问的方式，加强宝宝的语言表达能力。比如，带着宝宝出门回来，爸爸妈妈多引导宝宝说一下他们的见闻："你见到谁了？他和你说了什么？我们还看到什么了？"向宝宝提出的问题要具体，最好是能激发宝宝兴趣的问题。此外，爸爸妈妈也要主动表达，和宝宝聊一下自己的见闻和感受，比如："今天妈妈见到了自己的朋友，她穿了一件红颜色的衣服，特别漂亮。今天我们去的那个公园好大啊，有一条小溪流，里边还有几只大白鹅，妈妈和你玩得真开心。"通过这样的表达，让宝宝回忆发生过的事情，丰富他们的词汇，激发他们表达的意愿。

# 第十章（下） 坐飞机

## （34个月）

上次从亲戚家回来，我学会了很多新本领。比如，电视节目结束了，我会说："哇，电视万了！"这个带着口音的"电视完了"，就是我学着亲戚家的大爷说的。他每次看电视里的小品节目，都会乐得前仰后合，还会在说"万了"的时候拍一下大腿，语气中带着遗憾，尾音拖得很长，听起来非常与众不同。我也会把"万了"的尾音拖得很长，还拍着大腿，连神情都和大爷一模一样，其实当时电视里播放的不过是一个广告。每逢看到我模仿大爷的语言和动作，爷爷的眼睛就乐得眯成了一条缝。

妈妈会在这个时候和我说："你说的这是方言，各个地方有各个地方的语言，语言是为了方便大家交流的，所以方言在老家说就可以啦。"每当这个时候，爸爸还会开玩笑说："电视万了后，我们去喝肥去啊！""喝肥"是舅舅说的"喝水"。妈妈和爸爸的老家不一样，他们的方言也不一样。一家人在一起说着不同的话，真是太好玩了。我希望能把所有的方言都学会，这样无论到哪里我都能听懂别人的话。

我学会的最棒的本领就是榨果汁了。我知道要把桃子、苹果或者其他水果洗干净，也知道将妈妈切好的水果块放到榨汁机里，我还会学着亲戚家的姐姐的样子，在喝完果汁后，把桌子收拾干净。有一次我擦桌子时，忘记把袖子卷起来，结果桌子上残留的果汁都抹在了我的衣服袖子上。但是妈妈没有责怪我，反倒一边给我换衣服，一边夸奖我。她说我回来以后变得懂事了，看来要多去亲戚家学习呢。

转眼又是一个假期了，妈妈说这个假期要带我回舅舅家，那也是妈妈的“老家”，是妈妈小时候住的地方。这次我们要坐飞机去。飞机？我还没坐过飞机呢，但我见过飞机。飞机就像一只大鸟，张着大大的翅膀，我们难道要坐在它的翅膀上飞过去吗？万一从空中掉下来怎么办？妈妈让我不要担心，乘客都坐在飞机的肚子里。

一听说能坐在飞机的肚子里，我别提有多激动了。飞机会肚子饿吗？我们是不是要把飞机喂饱，才能坐在它的肚子里飞呢？我又拿出自己的玩具飞机看了看，它有一个按钮，我一按它就会飞起来。那谁来按飞机的按钮呢？是不是帅气的飞行员叔叔呢？

走的时候，我和小兔子说了好多话，我说：“小兔子，你在家里乖乖的啊。等我回来，我给你讲讲，飞起来能看到什么。”我还说：“下回，我也带着你去坐飞机，只要贴一个晕车贴，你就不会晕车，也不会晕飞机了。”

很快，我们就到达了机场。我看到很多人提着大大小小的行李，拖着大行李箱，肩膀上还挂着小包。我想大人们要拿这么多的包，也许是因为他们的零食、玩具更多，他们需要的尿不湿更大吧。在安检的地方有许多人在告别，他们会紧紧地拥抱一下，还有一个阿姨偷偷抹眼泪。我想起了小兔子，不知道我离开以后，它有没有偷偷抹眼泪。

不一会儿我们也要安检了。过安检门的时候我突然有点害怕，因为得和妈妈分开，我忍不住哭了起来。负责安检的阿姨安抚了我，然后就开始检查我的身上，甚至我的头发、口袋都检查了。我吓坏了，安检员阿姨怎么知道我偷偷往口袋里藏了很多糖块呢？阿姨拿出糖块来看了看，又给我放了回去。她说糖块不是危险物品，可以带上飞机。这次我的小手将口袋捂得紧紧的，我可不想再让别人检查我的口袋了。

登机口前排起了长长的队，我们等了很久很久才进到飞机肚子里。我一直往窗户外面看，想看看到底谁是按飞机按钮的人。妈妈问我看什么呢，我说我在看是谁给飞机按按钮。爸爸说是飞行员叔叔在飞机的脑袋里进行操控。但是我找不到飞行员叔叔，我只看到了空乘员阿姨，她们都很美丽，声音特别温柔。她们还特别照顾我，一会儿问我要不要毯子，一会儿问我要不要枕头，一会儿又送给我小礼物。她们虽然看起来瘦瘦的，却能帮助乘客将很多行李放在高高的架子上面。之后，小电视里开始广播安全须知，里边的叔叔阿姨们说了很长很长的话，听得我都睡着了。

等我醒来的时候，发现自己系上了安全带。我有一点兴奋，我猜坐飞机应该像在游乐场坐旋转木马一样，转几圈就下来了。

飞机起飞的时候，我感觉耳朵很难受，震动和颠簸也让我有点害怕，就忍不住哭了起来。爸爸握着我的小手，告诉我飞机颠簸是因为气压和气流的变化，很快就好了，飞机上很安全，不用担心。妈妈提前给其他乘客们准备了写有“请大家包涵”的小纸条以及糖果，乘客们都很友善，有的还给我糖吃，让我不要害怕。过了一会儿，飞机果然平稳下来。这时我看向窗外，看到了外面的风景，底下的楼房和高山都变得越来越小，它们像积木一样堆在一起，又像被画在了一张地图上。之前，我都只能站在楼房和高山脚下看它们，它们看上去特别高大，有时都看不全。现在，它们都来到了我的脚下，让我感觉自己变得好高好大。

这时，空乘员阿姨开始服务了，让我没有想到的是，飞机的肚子里还有这么多好吃的。我吃了一点点米饭和排骨，就接着看窗外。远处的云层堆积得厚厚的，仿佛是浮在空中的白色小岛，而近处的云团则像温顺的羊群懒洋洋地飘荡着，还有很多白云来到了我们的窗户外面。我想打开窗户去抓几朵，爸爸说窗户不能打开，否则我就会掉出去。很快，我们飞到了云朵的上面，我觉得云朵仿佛变成了冬天的时候踩在我脚下的无边

无际的雪地，又像是一座巨大的棉花糖山脉。阳光洒在云上，给云的边缘染上了金黄和淡粉的颜色。

我想到了动画片里的孙悟空经常在云上穿行，就问爸爸："我会不会遇到孙悟空？他不是有筋斗云吗？无论去哪里，他只要翻个跟头就可以啦。"爸爸说："说不定会呢！不过孙悟空也很忙，他在陪着唐僧取经，不能总在云彩里。"

过了一会儿我又睡着了，等我醒来，发现大家正准备下飞机。我一看窗外，发现我们已经回到了地面，到了另外一个机场。

出了机场，就看到了舅舅一家，他们早早地就来等我们了。舅舅家的小哥哥和我差不多大，一见到我，就过来摸我的小飞机。这个小飞机是妈妈在飞机上买的，妈妈也给他买了一个。而舅妈也给我准备了礼物，是一个大大的城堡，据说这是积木搭成的呢。

一到舅妈家里，我和小哥哥就玩起了坐飞机的游戏。我扮演安检员，小哥哥扮演乘客，我最喜欢安检员用检查仪扫过我时发出的"嘀嘀"声，我觉得特别神气。我还扮演了帮助很多人放行李的空乘员阿姨。这一天，我和小哥哥一直玩到很晚才睡。

在舅舅家待了几天，我们就回去了。回程的时候，我们又坐了一次飞机，这一次我比上一次从容了，甚至能主动和负责安检的阿姨问好。更重要的是，这次我主动把口袋里边藏的糖块都交给了她，我真是一个乖小孩！

## 给爸爸妈妈的话

34个月的宝宝已经开始表现出一定的个性特点，比如有的宝宝稍微内向和安静，有的宝宝比较外向和好动，但是此时距离形成真正的性格还早，更多表现出的是气质上的差异。他们能听懂爸爸妈妈传达的绝大多数指令，并能表达自己的需求。他们的情绪越来越丰富，有时候也会出现暴躁、焦虑不安等情绪。他们已经具备了简单的逻辑思维，能够理解一些简单的时间概念，比如昨天、今天、明天等。他们也能够按照事物的特征进行较为简单的分类和比较。他们喜欢去公园等地方玩耍，喜欢外出坐车、看新鲜的事物。

## 一、旅游途中可以做什么？

### （一）体验不同的风土人情

34个月的宝宝喜欢新鲜事物，喜欢出远门或者去旅游。在旅游过程中，他们能欣赏更多的风景，认识更多的人，体验不同的风土人情。对于他们来说，他们的情感体验更加丰富，语言表达需求增加，社交欲望强烈，这是促进他们发展的良好时机。

不同的风土人情对宝宝的发展具有重要意义。比如，回到父母的老家，听到方言，宝宝通常会去模仿，这对宝宝语言的发展有促进作用。由于方言的音调、发音等与普通话不同，有独特的韵味，有的宝宝会很感兴趣地去模仿。模仿的过程同时是语言学习的过程，也是辨别不同音调音色的过程。这些都能促进宝宝倾听、语言和表达能力的发展。

不同地方有不同的风俗，有的地方对于远方的客人会很热情，让宝宝体会到主人的热情。这是一种潜移默化的礼仪教育，能促进他们的情绪发展和社会性发展。

### （二）促进宝宝认知发展与社会交往

宝宝是否能记得他们旅游过的地方并不重要，重要的是在旅游过程中遇到的人、经历的事。比如，宝宝在乘坐公共交通工具时，需要遵守公共秩序，这是现实生活中最好的礼仪教育、规则教育，也是让宝宝长见识的好机会。语言、情绪和社会性的发展都离不开现实中的人际交往。在旅游的过程中，宝宝需要和人接触，表达需求，控制情绪，这些都是宝宝成长的好机会，也是父母学会和宝宝互动、学会更好引导他们的机会。爸爸妈妈在旅游途中，可以多让宝宝和他人互动，比如引导宝宝和列车员说“你好”“再见”，引导宝宝欣赏沿途的风景、观察更多的人和事物等。

## 二、旅游的注意事项

### （一）需要准备什么?

旅游前，首先要确保宝宝睡眠充足，身体健康，不要过于兴奋。其次要准备好旅游途中的用品，尤其是宝宝的身份证件、衣物、随身携带的食品（奶粉、辅食等）、保温水壶、药品等。再次还需要了解旅行路线，做好时间规划，提前确认有没有可能出现交通延误等情况。如果乘坐汽车，需要考虑宝宝有没有晕车等情况；如果乘坐飞机，需要注意宝宝有没有可能在飞机上哭闹或者身体不舒服，提前和空乘人员沟通，获取帮助，以备不时之需。

### （二）旅游过程中的养护

旅途中要带好保温杯，尽量不给宝宝喝凉水或者凉奶；如果购买矿泉水，要确保品质。旅途中的饮食也要做到干稀搭配，以免宝宝出现拉肚子或者便秘等情况。旅途中购买食品，需要谨慎选择有质量保证的品牌产品。

保证宝宝充足的睡眠。旅途比较辛苦，不要让宝宝过度玩耍或者过度兴奋，导致睡眠不足，影响自身的免疫力。关注旅途中的安全，尤其是需要远离人群拥挤、开关门频繁、有高台阶和有热水的地方。旅游途中，需要爸爸妈妈更加精细地照顾宝宝，所以爸爸妈妈也需要轮流休息和放松。一定要让宝宝在自己的视线范围内，不要将宝宝交给陌生人看管，不随便吃陌生人递过来的食物。

### （三）百宝囊和小药箱

出行用的百宝囊是每次出游都必须携带的。百宝囊里可以准备干湿纸巾、小拖鞋、保暖衣服、宝宝被等，这需要根据每个宝宝的特点来准备。还可以准备一些小玩具和小绘本，以免宝宝在旅途过程中哭闹。小药箱需要装好以下药物：晕车贴、创可贴、碘伏、消毒棉签、退烧药、感冒药以及治疗腹泻和呕吐的药物等。这些物品种类一定要比较齐全，数量可以不用太多，主要用于应急。如果遇到宝宝在旅途中生病等情况，一定要去当地的医院及时就医。

### （四）到达目的地后的安排

到达目的地之后，先不要急于安排下一步的行程，爸爸妈妈和宝宝的精力都需要补充和恢复，一定要先进行充分的休息，再展开下一步行动。建议体力恢复一段时间后，再去拜访亲戚朋友或者游玩。饮食方面，需要逐步过渡，可以先吃一些和自己平时口味接近的食物，再品尝地方特产。一定要确保宝宝睡眠充足，情绪稳定，太兴奋会让宝宝过度消耗体力，进而影响免疫力。

# 第十一章（上） 捉迷藏

（35 个月）

最近我特别喜欢玩捉迷藏。当我躲起来的时候，周围的空间似乎变大了，时间也似乎变慢了，每一刻都充满期待与紧张，熟悉的地方也突然变得有些神秘。我对于探索小区里的角落这件事，变得越来越有经验。现在，我觉得全小区的人都不可能找到我，我是小区里边藏得最好的小孩了。

我这样说可是有根据的！我和好朋友壮壮一起捉迷藏的时候，壮壮将脑袋藏起来了，整个身体却都露在外面，还捂着脸咯咯地笑，完全不知道他早就把自己暴露了，还以为自己藏得很好。我看不下去了，带他到草丛中间隐蔽起来，但是他还是咯咯地笑，很快就又暴露了自己，其他小朋友都被他吸引了过来。

我决定不和壮壮一起藏了，只找可以藏住自己的地方。经过认真的研究和判断，我藏在了小区的快递柜后面。快递柜是绿色的，而我恰好也穿了一件绿色的衣服，不容易被发现。当看到有小朋友往快递柜走的时候，我屏住呼吸，悄悄地挪移着身子，转到快递柜的另一侧，让自己一直在他们的视线看不到的地方。哈哈，最后他们果然放弃了这块地方，又跑到别处找我去了。我跟在他们身后，大喊一声“嗨！”把他们全都吓到了。看着他们被吓了一跳的样子，我别提多得意了！

我们玩得很开心，还吸引了周围的大人，他们也加入了我们的游戏，小宝宝躲藏，大人来寻找。我觉得特别奇怪，这些大人们怎么连壮壮都找不到呢？壮壮再一次只藏起了脑袋，把屁股撅得高高的，一眼就能发现他。但壮壮妈妈好几次经过他旁边，都看不到他，尽管我一直在提示她，她也没发现壮壮。看来他们都没有我聪明。

我可有更加高明的躲藏方法。有一次我找了一件和我家衣柜一样颜色的衣服，穿上后蹲在了衣柜旁，我想其他人一定发现不了我。果然，爸爸妈妈来来回回经过了很多次，都没发现我。最后，是我自己忍不住咳嗽了一声，才将自己暴露的。这个灵感来自动物园里的蜥蜴。我对爬行动物小蜥蜴特别感兴趣。在动物园的蜥蜴馆里，我发现它们明明没有把自己藏起来，但是我就是找不到它们，因为它们的颜色和旁边的树枝一模一样。妈妈说这是保护色，这样蜥蜴可以保护自己不被敌人发现。妈妈还说，很多动物都有保护色，比如蝴蝶，它们在花丛里飞来飞去，就好像是随风起伏的花瓣一样，因为它们的颜色和花瓣非常相似。

我总玩捉迷藏的游戏，连我家的小动物都学会了，尤其

07
08
09
10
17
18
19

是小兔子。每次我打开笼子想让它在阳台上放放风，它就来回蹿，总是找机会蹿进屋子里，藏在床底下、桌子底下。有一次我怎么也找不到小兔子了，没想到它竟然藏到了一个空着的鞋盒子里边。小仓鼠也是，它也爱上了玩捉迷藏。我家的仓鼠最会钻洞了，幸亏妈妈将家里所有洞洞都给堵上了，要不然我们肯定经常找不到它。但是有一次我还是找不到仓鼠了，我想它一定是在跟我们玩捉迷藏，于是发动全家人一起寻找它的藏身之地。最后，爸爸竟然在洗衣机的管道里找到了它，要是再晚一点，它很有可能被冲到下水道里，再也见不到我们了。看来，玩捉迷藏也要先保证自己的安全呀！

今天，我又一次成功地将自己藏了起来。妈妈带着我去超市，超市特别大，有各种各样的货架。我穿着一件天蓝色的衣服，恰好走到了一个蓝色的儿童货架旁边。货架和我衣服的颜色一模一样，我想要是藏在这里，妈妈肯定找不到我。就在妈妈蹲下来仔细端详货架上的物品时，我藏到了货架后面，无论妈妈怎么喊我，我都不吭声，我想这回妈妈可找不到我了。

但是，我看着妈妈喊着我的名字往前走了，心里又莫名地感到有些慌张。等到我想起来去追妈妈时，已经找不到她了。我猜妈妈一定早就看到我了，故意和我玩呢。但是无论我怎么喊，妈妈也没有出现，我吓得大声哭了起来。我这才意识到，我心底里其实很害怕妈妈真的找不到我了，也很害怕自己再也找不到妈妈了。售货员阿姨把我送到了服务台，原来妈妈正在服务台那里焦急地询问呢。她脸色苍白，见我过来，赶紧抱着我，问我："你去哪里啦？""妈妈，我在和你捉迷藏啊！"说到这里，我骄傲地咧开嘴笑了，想向妈妈炫耀我是怎么藏得这么好的，完全忘了自己的眼角还挂着泪珠呢。没想到妈妈非常严肃地和我说："捉迷藏，一定要提前告诉爸爸妈妈，而且只能在家或小区这些熟悉的环境里，公共场所危险因素太多，不能在这里捉迷藏！"

妈妈说得对，我刚刚也吓坏了。我懂了，使劲点着头。我没有想到，在超市里捉迷藏是会把自己给弄丢的。要是真的把自己给丢了，保护色也保护不了我。

回家以后，我跟小兔子和小仓鼠讲了我的经历，它们黑溜溜的眼珠盯着我，我想它们一定听懂了。我和它们说："以后我们捉迷藏之前，一定得告诉爸爸妈妈哟！"

## 给爸爸妈妈的话

宝宝35个月了，他们即将踏入3岁这个门槛。此时的宝宝乳牙已经长齐，走、跑、跳、站、下蹲、坐、爬、滚动、登高等动作无一不能，剪刀、画笔都会使用了，还能拿起小扫帚、抹布像模像样地帮助爸爸妈妈打扫卫生。他们的好奇心和创造性继续增强，变得更爱玩了。他们不仅玩耍的欲望增强，而且由于本领的提升，不再满足于已有的玩具，除了积木、娃娃，大型玩具如秋千、滑梯，还有沙子和水，甚至落叶、木棍等都能成为他们玩耍的材料。这就要求爸爸妈妈务必监护好宝宝的安全。宝宝还爱玩一些从小就玩耍的游戏，只不过有了更为高阶的玩法。

## 一、从小玩到大的“捉迷藏”

### （一）宝宝为什么爱玩捉迷藏？

捉迷藏是最受宝宝欢迎的游戏之一，也是亲子之间最容易开展、有利于发展亲子亲密关系的游戏之一。很多宝宝从八九个月开始玩躲猫猫游戏，一直到八九岁，仍然会对这种游戏痴迷不已，只不过随着他们长大，玩法变得不一样了。八九个月，宝宝只是被动玩耍，发起游戏的主要是成人，宝宝一遍又一遍地从妈妈的纱巾下找到妈妈的脸，或者从爸爸的肩头发现躲在爸爸肩膀背后的妈妈，这能反复加强他们对于“客体永久性”（即从眼前不见了的物体并没有真的消失）的认知，还能加强宝宝与爸爸妈妈之间的依恋关系。2岁以后的宝宝，已经能够认识到“客体永久性”，捉迷藏就是验证“客体永久性”的一个过程，但是他们还不会真正躲藏。3岁以后的宝宝在玩捉迷藏的时候，有了更为高明的躲藏方式，他们会将自己藏在窗帘后面、纸箱子里等，尽可能让爸爸妈妈看不到。有的宝宝直到八九岁仍然会和同伴、父母玩捉迷藏的游戏，隐藏的方法也越来越多。

### （二）捉迷藏的时候，不要着急找到宝宝

玩捉迷藏能更好地加强宝宝的安全感，对于稍大一些的宝宝，还可以增强他们与同伴和父母之间的感情。家长要意识到他们玩捉迷藏游戏背后的心理需求，开心投入地和宝宝去玩捉迷藏游戏，这对于加强他们的安全感，提高他们认知、思考等方面的能力，有很好的作用。

由于2~3岁的宝宝仍然是以自我为中心的，他们在玩捉迷藏游戏的时候，往往以为自己看不到的，别人也看不到。因此，他们倾向于先将自己的头部和眼睛藏起来，有时候身体或者小屁股还暴露在外面。这个时候，父母不要着急找到宝宝，可以假装看不到，或者找了很久才找到。如果父母用成人的方法，一下子就找到了宝宝，宝宝就会失去继续玩这个游戏的兴趣。反之，父母躲起来的时候，可以多给宝宝留一些寻找的线索，要让宝宝容易找得到，这也会培养他们的观察能力，增强他们的自信心。

### （三）捉迷藏游戏需要在安全的环境中进行

接近3岁的宝宝在玩耍的时候，仍然需要成人的陪伴。成人在和宝宝玩捉迷藏游戏的时候，一定不要距离宝宝太远，也不要长时间躲起来让宝宝找不到，避免使宝宝产生恐惧感。

捉迷藏游戏不要在夜晚和僻静的地方进行，也要排除场地的不安全因素，避免宝宝独自在某个场所的时候发生危险。同样，捉迷藏游戏不能在商场、火车站、超市等人多、混乱的地方进行，这点要和宝宝明确说明。

## 二、适合35个月宝宝的亲子游戏

### （一）身体律动游戏

爸爸妈妈可以播放一些节奏明快、有简单歌词的儿歌，和宝宝一起随着音乐的节奏跳舞，这样可以锻炼宝宝的身体协调性、节奏感和反应能力。

如果儿歌中有动物，可以模仿不同动物的动作，如小兔子跳、大象走路等。如果儿歌中有节拍，可以带着宝宝一起拍手、跺脚等。

### （二）角色扮演游戏

爸爸妈妈平时带着宝宝外出的时候，多和宝宝讲一讲不同职业的人，以及他们所做的事情，比如地铁安检员是做什么的，超市收银员是做什么的等。可以在家中设置不同的场景，自己和宝宝扮演顾客或收银员，进行购物和结账的游戏；还可以玩进地铁站的游戏，让宝宝做安检员，自己扮演乘客，再进行角色互换。这能提升宝宝对不同职业的理解，并提升他们的语言表达、模仿、观察和理解能力。

### （三）分类配对游戏

爸爸妈妈准备不同颜色、大小和形状的积木与卡片，先按照类别引导他们识别，再打乱，然后引导宝宝按不同的原则进行分类。可以先按照大小分类，再按照颜色分类，最后按照形状分类。

还可以准备动物宝宝和动物妈妈的卡片，例如大狗和小狗、大兔子和小兔子等，在有一定知识储备的情况下，还可以准备蝌蚪和青蛙的卡片。将动物妈妈的卡片藏在屋子里，引导宝宝拿着动物宝宝的卡片去寻找动物妈妈的卡片。还可以玩给动物找食物的游戏，比如宝宝拿着兔子的卡片，需要找到胡萝卜的卡片；拿着小猫咪的卡片，需要找到小鱼等。这些都能提升宝宝分类配对的能力。

### （四）自然探索游戏

爸爸妈妈可以带宝宝到公园里，引导宝宝观察花草树木、虫鱼鸟兽等自然景物，尤其是观察花草树木的颜色，听小溪流过的声音，观察昆虫的颜色、形状和外貌等，让他们积累更多的感知经验。还可以在户外设置简单的寻宝任务，如寻找不同颜色的树叶或花朵，增强宝宝的观察力和探索兴趣。

# 第十一章（下） 物归原处

## （35个月）

我最近实在是太忙了。

这要从妈妈的鞋子说起。妈妈有很多双鞋子，有的放在鞋柜里，有的放在门口的换鞋区。那天，妈妈接到单位打来的电话，说是有急事让她赶紧过去，她小跑着去换鞋，匆匆出了家门。等她出门以后，我发现她的拖鞋一只在换鞋区，另外一只已经跑到了沙发旁边。

我看着那只跑到沙发旁边的拖鞋想，它一定很委屈，它不仅找不到它的小伙伴，而且鞋底朝上，肯定不能呼吸了。我赶紧过去将鞋正过来，又帮它找到了小伙伴，然后让它的脑袋靠着小伙伴的脑袋。这下好了，它们又站在了一起，好像久别重逢的朋友。能帮助它们，我好开心。这个时候，爸爸也出发去上班了。他换下的拖鞋虽然还待在一起，但是一只拖鞋的头对着另外一只拖鞋的尾，那只拖鞋还踩在另外一只拖鞋上。我想被踩的那只肯定很疼，我不禁摸摸自己的小脑袋，赶紧给它们摆正了。

这下我心里舒服多了。奶奶看到了，一直在夸我真棒。听着奶奶的夸奖，我又蹲下身去整理其他鞋子。这不，还有爷爷奶奶外出的鞋呢。这些鞋子虽然看起来很整齐，但是两双鞋距离很远，我想把它们都并在一起，让它们一起玩耍和聊天啊。

我摆完鞋子以后，看到奶奶已经收拾完碗筷，去厨房洗碗了。我走到厨房，发现厨房里的碗都大小不一地摞在一起，一个很大的碗放在一个很小的碗上面，那个小碗都被压得快喘不过气来了，我要去救它。于是我踮起脚跟，去抽那只小碗，没想到刚一碰，大碗就摔到了地上，到处都是碗的碎片。奶奶让我赶紧出去，然后拿扫帚扫了很久，还嘱咐我不准再进厨房捣乱了。

我才不是捣乱！我嘟着小嘴，气哼哼地玩玩具去了。我发现玩偶小熊竟然从毛绒玩具箱子里偷跑到了积木盒子旁边，而两只小蜡笔偷偷地藏在了一本书的后面；毛绒小兔子最调皮了，它头朝下，似乎在练习倒立，耳朵都被折叠了起来；还有小火车，它和一团毛线纠缠在了一起，轮子怎么也转不动了。我想起来，这是昨天壮壮来我家玩的时候干的，每次壮壮奶奶都会帮他一起收拾，只是昨天她着急回家做饭就没收拾。

我亲了亲小熊，开始帮它找家，我记得它就住在那个专门放玩偶的大箱子里。等到我找到箱子，一打开盖子，里边的小猴子就先冒出了头。它看到小熊，眼睛里闪着光，似乎等待了很久。我把小熊和小猴子放在一起说："你们终于又见面了，快一起玩吧。"

我又把藏在书后面的蜡笔拿了出来，但是蜡笔盒子已经找不到了，其余的蜡笔都夹在不同的书本里，书本里还有它们的痕迹，这是我和壮壮一起完成的杰作。我们昨天比赛看谁能画出最漂亮的道道，结果纸都用完了也没比出来。我们就开始在书上画，直到奶奶们发现并制止了我们，我们才罢手。但是没有了盒子，蜡笔也找不到家了。

没办法，我只好将蜡笔先放在旁边，去整理小火车。一团毛线将小火车的车轮缠得牢牢的，小火车根本没办法动弹。可是火车上还有很多乘客呢，回不了家，他们的妈妈该多着急啊。我拿着毛线和火车去找奶奶，奶奶拿剪刀帮我剪开了，我这才将火车上的乘客们解救出来。

还有很多东西都七零八落地躺在地上，但都很好收拾。我依照妈妈在收纳箱上贴的标签来收拾。虽然我还不认识字，但是这些标签是妈妈和我一起制作的，都很好辨认。当时，我们用不同的图案和颜色来代表不同的东西。玩具箱子的标签上面画着我最喜欢的玩具，彩笔箱子的标签上面则是我自己画的“蜡笔”。按照标签来收拾就不会放错了，整理起来又快又方便。

最后只剩下小兔子了，看着它练倒立，我也想试试。我撅起小屁股试图倒立，却从腿缝里看到了倒着的奶奶，周围的一切都是倒着的，真好玩！于是我拿出其他的毛绒玩具，让它们都倒立着。我想，这样它们都能看到倒着的神奇世界啦。

给爸爸妈妈的话

宝宝马上就3岁了，男宝宝一般体重为11.2～17.6千克，身高为88～101.5厘米；女宝宝一般体重为10.7～17.3千克，身高为86.7～100.6厘米。宝宝的身体整体协调能力进一步增强，他们喜欢自己上下楼梯，能跨越低矮的障碍物。他们对大自然中的景物也充满了好奇与喜爱。此时他们能用自己的语言将发生过的事情和爸爸妈妈交流；他们不仅能听懂简单的故事，还尝试用自己的语言讲述故事。他们能认识方形、圆形、三角形等常见的形状，还能在成人的引导下，概括出常见事物的形状或者特征。比如，可以认识三角形的奶酪、圆形的饼干等；知道奶酪是软的，比较轻；饼干比奶酪硬，也比奶酪重等。这表明宝宝在大量感知经验的基础上，抽象思维和概括能力有了初步的发展。

## 一、秩序敏感期的表现及家庭支持

### （一）宝宝天生有对秩序的追求

29～36个月的小朋友，对物品的位置、特定物品的归属，还有做事情的顺序，都更加关注，更加敏感。宝宝对秩序有一种强烈的热爱，他们在对物品的摆放、收拾中获得了秩序感的满足。意大利幼儿教育家蒙台梭利（Maria Montessori）说过："一个人能闭着眼睛到处走，伸伸手就能拿到自己想要的任何东西，这样的环境才能使他感到平静和快乐，心灵才能与环境相协调。"蒙台梭利认为，秩序感的存在是孩子生命的自然本质之一。

有序的环境会帮助他们认识事物，熟悉环境。如果家长能利用这个时期来培养他们的秩序感，他们将获得良好的生活秩序，秩序感会慢慢内化为他们的安全感、归属感，令他们受益终生。

### （二）家庭的支持让宝宝获得真正的秩序感

首先要认同宝宝的情感。如果他们因为自己摆放的物品被破坏而哭泣，可以抱抱他们，尝试与他们一同修复为原来的样子。对宝宝的认同能让他们意识到，自己难过的情绪被理解和尊重，他们可以获得再次尝试的力量。

其次是给宝宝更多动手的机会，尊重他们秩序敏感期的尝试。很多时候，他们收拾的物品可能并不整齐，也可能在他们收拾屋子里的东西后，反而会显得比原来更乱，但是都要肯定宝宝的尝试。在每一次整理过程中，他们都是在将内心的秩序感外显出来。

最后是满足宝宝对完美的追求。宝宝在这个阶段，会对完美、秩序有比较苛刻的追求，这并不是病态的。这个阶段的宝宝会看起来有些偏执和挑剔，为了使事物符合内心的标准和要求，他们几乎不遗余力。但是他们经常会失败，比如他们总想把鞋摆放在一条直线上，但总是没办法摆成功，这时候可能会出现负面情绪。如果遇到这种情况，大人先要对宝宝表示理解，在他们情绪平复后，再表扬他们做得已经比原来好多了即可。这些体验对宝宝来说很有意义，他们会逐渐理解秩序与规则也是相对的。

## 二、养成良好的生活习惯

### （一）用游戏化、生活化的形式渗透习惯培养

良好的生活习惯是在日常生活中逐步培养的，生活习惯包括作息习惯和饮食习惯等。习惯需要家人潜移默化的影响。例如，早睡早起，饭后漱口，睡前刷牙，少吃甜食，多吃水果蔬菜，每天保持 1～2 个小时的户外活动，外出回来要洗手等。这些需要父母共同努力，以身作则，让宝宝在潜移默化中形成良好的习惯。

除此之外，还要注意在对宝宝进行习惯培养的时候，父母要少说教，多用游戏、儿歌等教宝宝。这个年龄段的宝宝还处于直观行动思维阶段，还不能理解抽象的事物，因此也不能理解大人口中的道理，比如刷牙对牙齿好、早睡

对身体好等。总是说教容易引起宝宝的逆反心理。只有给宝宝创设能自己动手操作的空间，让他们不断探索、感知、体验，才能引起他们认知上的变化。例如，可以借助刷牙模型或者布满蚜虫的牙齿衣服，用抓蚜虫的游戏的形式，激发他们的刷牙兴趣，让他们觉得刷牙是一件特别好玩的事情。

### （二）加强生活中的“仪式感”

“仪式感”可以使一件枯燥无味的事情变得有意义，也能在心理上给予宝宝良好的暗示，表明这是一件重要的、值得做的、值得纪念的事情和时刻。在充满“仪式感”的氛围中，孩子的习惯能自然养成。睡觉的“仪式感”可以通过营造睡眠的氛围来实现，如播放舒缓优美的音乐、父母低声阅读好听的故事、设置温馨柔和的灯光等。吃饭的“仪式感”可以通过使用精美的餐具、营造一家人共同进餐的氛围、提供不单调和重复的食谱等来实现。

### （三）发挥“榜样”的力量

父母要了解关于宝宝生活规律的常识，以身作则，如让宝宝养成良好的睡眠习惯是必要的。一些科学研究表明，幼儿的重要睡眠时段在晚上 11:00 至凌晨 3:00，睡眠不足将会影响孩子的生长发育。饮食方面，对于不同体质的宝宝应选择适合其体质的食物。为此，家长就要早睡早起，家庭饮食要规律、营养全面。父母也不要过多看电子产品，可以多运动，多阅读，培养广泛的兴趣，给孩子营造良好的家庭教养氛围。

在基本生活规律和社会规范方面，成人仍然要以身作则。宝宝对于秩序很敏感，对成人的行为表现更加敏感，并会去模仿。爸爸妈妈作息规律，不挑食不偏食，不沉迷电子游戏或者网络，外出排队，待人接物有礼貌、有分寸，宝宝自然会在生活的点点滴滴中吸取爸爸妈妈的优点。此外，可以对宝宝适当地有所要求，对宝宝提出的某些要求，不要立刻给予满足，尤其在公共场所，要引导宝宝遵守公共场所的规则，让宝宝学会等待，即延迟满足。比如去超市买玩具，要学会排队和等待；在乘坐公共交通工具的时候，要学会保持安静，不要大喊大叫。

# 第十二章（上） 幼儿园

（36个月）

时间一转眼到了九月，家里的大人们说秋天已经来了。大人们的谈话中总是出现“幼儿园”这个词。当我问“幼儿园”是什么的时候，妈妈说那是一个可以交到很多朋友的地方。我最爱交朋友了！我每天都嚷嚷着要去幼儿园。

这一天终于来了，家人们为我准备了崭新的“装备”：漂亮的帽子、新衣服、新鞋、小书包和水杯。这些都让我感到新鲜和兴奋。

出发的时候，妈妈抱着我，奶奶帮忙拿着我在幼儿园有可能会用到的东西。这是我第一天去这个叫“幼儿园”的地方，那里都有一些什么样的朋友？他们会喜欢我吗？如果他们都听不懂我说话该怎么办呀？那里可没有一个我认识的人啊！想到这里，我突然有种说不出的感受：我感觉自己的脸变得越来越僵硬，我尝试着笑了一下，却没笑出来；我的身体也在不断地缩紧，变得比平时小了一点，而外面这些平时觉得已经熟悉得不能再熟悉的街道和楼房，忽然变得更大更陌生了。妈妈似乎察觉到了我的不安，她轻轻地抚摸着我的后背，抱着我坚定而从容地走着。我的小心脏随着她的步伐有节奏地加快了跳动，这种跳动让我越来越紧张，因为不知道将要发生什么。我紧紧地搂住了妈妈的脖子，本能地抬头看向妈妈，想在她的表情中、眼睛里寻找那种平时让我安心、舒服、踏实的感觉。妈妈感到我在她怀里动来动去，低头安慰我说："宝贝，妈妈知道你有点紧张，第一次去新地方都会有这样的感觉。幼儿园很好的，有好玩的玩具，还有很多有趣的伙伴，你会喜欢的。"尽管妈妈说这番话的时候语气很温和又很坚定，而且还给了我一个紧紧的拥抱，但我的紧张和犹疑依然无法消失，妈妈轻轻抚摸着我的背，我不知道为什么有点想哭。

走着走着，我似乎听见了很多很多小宝宝在一起的打闹声和欢笑声。是已经到了那个叫"幼儿园"的地方了吗？果然，幼儿园里热闹极了。大宝宝们看见了第一次出现在这里的我，似乎很激动，他们都快快乐乐地跑过来，还发出了欢呼声，这个情景让我很吃惊。妈妈抱着我在院子里走动，有几个小朋友跟在妈妈的身后好奇地看着我。其实，我对他们也感到好奇，可是想到要离开妈妈的怀抱，我又有些害怕。奶奶在跟一个年轻的阿姨交谈，我听见一个陌生但温柔的声音："不用担心，在这里让宝宝快乐地度过每一天吧。"

奶奶走过来对我说："不用害怕，这儿的老师和小朋友都很喜欢你。来，下来吧，奶奶带你进去。”不，我才不进去。我都不认识他们，怎么可能不害怕呢？这里的一切我都太陌生了，我要回家！想到这里，我更加紧紧地搂住了妈妈的脖子，把脸埋进了她的怀里。这时妈妈笑了，她用平静温和的语气轻轻地对我说：“宝贝，妈妈知道你其实很勇敢的！上幼儿园是你成长的一大步哦，妈妈相信你一定会做得很好！等你认识了新朋友，熟悉了新环境，一定会喜欢上这里。妈妈会准时来接你回家的！”妈妈的鼓励和支持给了我力量，我轻轻地点了点头，从妈妈的怀抱里出来，妈妈牵着我的手，走进了教室。

我进入教室的时候，刚才跟奶奶交谈的温柔阿姨正温暖地向我微笑，还热情地跟我打招呼。我有点不好意思，紧贴着妈妈温暖有力的身体，努力尝试着回应这位阿姨。妈妈蹲下身来，告诉我，这个阿姨就是我的幼儿园老师刘老师。看着妈妈和刘老师对我微笑，我开始不那么害怕和担心了。

“看呀，这里有好多照片啊！”那是什么？跟随妈妈的声音和目光，我居然看到了妈妈和我的照片。原来在教室里的一面墙上，贴满了小朋友们和爸爸妈妈的照片，这样小朋友们想爸爸妈妈的时候，就可以在这里看到他们。这又是什么？这不是家里的小沙发吗？这个小沙发和我家里的一模一样。还有我最喜欢的布娃娃！原来这里是“娃娃家”。在“娃娃家”里面，有很多布娃娃，还有能给布娃娃洗澡、梳头发、穿衣服的地方。

我又走到了植物角。这不是妈妈和我一起种的玩具熊向日葵吗？怎么会摆在这里呢？花盆下面的标签上贴的是我的名字，还有很多贴着小朋友名字的植物，原来这里的花有很多是小朋友们从家里带来的啊。植物角旁边是一个美工区，里面摆满了各种各样的颜料，还有我最喜欢的手指颜料。美工区旁边是一个音乐区，里面有我喜欢的沙锤、响铃和小鼓等。看到这么多我喜欢的玩具，我渐渐忘记了害怕。幼儿园现在对我来说一点都不陌生了，于是我开始和妈妈一样坚信，我将会在这里度过愉快的时光。

刘老师这时候拍了拍手，吸引了我的注意。她蹲下来，面露微笑，跟我友好地打招呼，并示意我到她的身边去。她是要带走我吗？想到这里，我就好想逃跑，而且一定要跑得很快很快。我抬头看了看妈妈，见她也和刘老师一样微笑地看着我。

妈妈蹲下来，从兜里掏出一张我最喜欢的贴纸，说："宝贝，妈妈给你一个小贴纸，你想妈妈的时候就拿出来看看，它会让你想起妈妈哦！现在，妈妈要去上班了，下班之后一定早点来接你，这段时间老师和小朋友会跟你一起玩。当妈妈下班来接你的时候，见到你我会很开心，你可以给妈妈讲讲你在幼儿园的故事，好吗？"当我听到"妈妈要去上班了"这句话时，全身瞬间被恐惧包围了，我几乎说不出话，只是紧紧地盯着妈妈的眼睛。那双大眼睛离我越来越近，最后，一个温热的亲吻落在我的脸颊上。紧接着，妈妈又给了我一个紧紧的、充满期待和信心的拥抱，然后对我说："宝贝，再见，妈妈下班就来接你。"说完她就慢慢地离开了。

妈妈就这么走了吗？我忽然好害怕，觉得自己像被遗弃了一样，我特别难过，特别想号啕大哭，可还没等我张开嘴、眼睛刚刚湿润了一点，就被一个温暖的怀抱裹住了。我抬起头，哦，是刘老师。她的怀抱那么温暖、柔软，味道那么好闻，让我感到一丝安慰。她轻轻地牵起我的手，把我带到了一个摆满了玩具的架子旁边，让我选几个感兴趣的玩具。虽然我还是紧张，可是我的注意力已经从妈妈离开这件事上稍微转移到这些可爱的玩具上了。在刘老师的鼓励之下，我挑了一个毛茸茸的可爱小狗。当我把这个小狗抱在怀里的时候，心里好踏实啊。

后来，我渐渐地平静下来了。我决定在小椅子上静静地坐着，把这间屋子里发生的一切都认认真真观察一遍，看看有没有危险。我确认周围比较安全后，想起来妈妈说的幼儿园里除了有好玩的玩具，还有很多有趣的小朋友，不知道他们愿不愿意和我玩呢？就在这个时候，老师们带着小朋友们做自我介绍。每个小朋友都要说一下自己的名字，还可以说说自己是从哪里来的。一个小脸圆乎乎的小男孩站起来说自己叫团团，是从妈妈的肚子里来的。另外一个小女孩说她叫妙妙，是从大海里来的。他们说的时候，老师们的脸上都浮现出灿烂的笑容。我想起来我是从小仙女那里来的，一时间忘记了害羞和害怕，站起来说："我是从一颗星星上面来的，那里有小仙女。"老师让大家给我鼓鼓掌，我一下子脸红了，但是也觉得好开心。接下来，我就听别的小朋友们继续介绍。他们有人说自己是从沙漠来的，还有人说自己是从动物王国来的。

时间不知不觉就过去了，我越来越喜欢这里了，尤其是这些从各个地方来的小朋友。那个从动物王国来的小朋友，能叫出很多动物的名称，而那个从大海来的小女孩，说自己会好几种泳姿，还见过鲸鱼。我都惊呆了，好想详细问问他们那个世界的事情。不知不觉，已经到了妈妈来接我的时间了。看到妈妈笑脸的那一刻，我忍不住兴奋起来，立马跑过去扑到妈妈的怀里。妈妈的怀抱让我很安心，我忍不住问妈妈："妈妈，我今天告诉小朋友们，我是从小仙女的星星上面来的，是不是这样？你也很开心我能成为你的宝贝，对不对？"妈妈用一个甜甜的亲吻回答了我。

给爸爸妈妈的话

宝宝36个月了，男宝宝一般体重为11.3～17.8千克，身高为88.5～102.3厘米；女宝宝一般体重为10.8～17.6千克，身高为87.3～101.4厘米。他们有自己喜欢的同伴了，愿意和同伴在一起游戏。他们能理解并遵守简单的规则，做事情愿意去遵守秩序。他们能尝试画出简单的圆形。他们能使用名词、动词、形容词、介词、连词、代词等多种词汇进行语言交流，并能在说简单句的基础上，开始说出用“并且”“还有”等连词连接的复杂句。他们的身体平衡能力更强，能骑小三轮车，自如地跨越障碍物、上下楼梯，喜欢玩滑梯、旋转木马和荡秋千等。

## 一、分离焦虑期间的支持

宝宝即将进入幼儿园，有一定的分离焦虑是正常的。面对有分离焦虑的孩子，大人的情绪以及处理方式会决定孩子将会变得更独立还是变得更有依赖性。孩子多大的时候会有分离焦虑？为什么会有分离焦虑？分离焦虑期的孩子有哪些表现？有哪些方法能帮助孩子克服分离焦虑？又有哪些禁忌？父母可以做哪些事情才能在分离焦虑期减少孩子的焦虑，增加他们的安全感？

### （一）根据宝宝的不同气质类型，进行适当支持

当宝宝去幼儿园和从幼儿园回来时，爸爸妈妈要特别留意宝宝的反应是什么。一般来说，会有三种不同类型的宝宝。

第一种类型的宝宝，在家长离开的时候会大哭，等家长回来之后，因为家人在身边，所以又恢复正常，比如依然爱笑，依然到处去玩，到处去探索，这说明宝宝与家长之间是有安全感的依附关系。在家长离开他的当下，他很焦虑地哭是正常的，等家长回来他就好了。

第二种类型的宝宝，在家长离开的时候会大哭，家长回来的时候，则会更加黏人，会有情绪。这种类型的宝宝没有足够的安全感，他们的心里充满了焦虑和矛盾。家长离开的时候他们很伤心，很焦虑，可是家长回来的时候，他们并没有完全地放心。他们与家长之间是不安全或矛盾型的依附关系。

第三种类型的宝宝，在家长离开的时候是很正常的，家长回来之后，宝宝也很正常，继续独立地玩耍、生活，他们的行为和情绪完全没有因为家长的离开或回来而有任何的变化。这种类型的宝宝是最值得关注的。有些家长觉得这样的孩子不爱哭，也不黏人，很独立，表现得很好，但其实是因为这类宝宝基本不关心、不在乎家长，属于逃避现实的类型。他们没有与家长建立起依附感，对什么都不在乎，与家长之间是逃避型的依附关系。

#### （二）给予及时的情感安慰

怎样缓解宝宝因为去幼儿园而产生的分离焦虑呢？第一个方法就是及时提供安慰。你现在知道宝宝为什么哭了，是因为他爱你、他怕你不见了、他很焦虑，因此这个时候宝宝需要你做的是以拍拍、抱抱等方式来安慰他，告诉他你很爱他，告诉他只是短暂分开，没事儿的。及时提供安慰，可以安定宝宝的心。

### 二、分离焦虑期之前的预备

#### （一）适当分离促进宝宝提前适应

可以提前适当地让宝宝主动离开你。第一个方法，你可以放一个玩具在隔壁房间或者转弯的地方，鼓励宝宝过去拿，或者是请其他家人在另一边等待，引导宝宝过去。这样让宝宝有机会可以练习一下跟你分离，且这个分离是宝宝主动发起、主动完成的。第二个方法是可以将宝宝暂时托付给其他养护者或者信任的熟悉的长辈照看，务必要选择宝宝状态好的时候进行，并提前告诉宝宝："妈妈要离开一小会儿，你和爷爷（或者奶奶、邻居家的奶奶等）待一会儿，妈妈很快就回来。"托付的人必须已经和宝宝建立起信任、安全的关系。

这样可以逐步帮助宝宝和妈妈分离。第三个方法是跟宝宝来几次实际演练，注意选宝宝精神好、心情好的时候来练习。比如，家长在去厕所之前跟宝宝说：“我想上厕所，你在这里等我一下哦。”这个等待的时间可以从30秒开始，往后逐渐递增，锻炼宝宝对“时间”的感知力。第四个方法是提供安抚物，可以给宝宝一个小毛巾或者是小玩具之类的东西，让宝宝有个东西可以拿着、抱着，给他提供安全感。注意，给宝宝安抚物的时机要选对——不是要在离开的时候才给他，而是平常就先给宝宝，先让宝宝对这个安抚物产生依恋。这样，家长离开的时候，宝宝至少还有一个他熟悉或喜欢的安抚物一直陪着他。

最后，当宝宝哭的时候，大人一定要有耐心，适当地做一些练习或者制造一些机会，让宝宝知道大人是会回来的。这样，等宝宝大一点，或者他有多次类似的经验之后，就会明白，大人虽然离开了但还是会回来的。这样宝宝的心就会比较安定，能减少他们的分离焦虑，缩短分离焦虑的时间。而宝宝通过这些练习，一定能够越来越勇敢、独立。

### （二）有一些事情最好不做

那么，有哪些事情是一定不要去做的呢？第一个不要做的事情就是用骗宝宝的方式偷偷跑掉。比如，趁着宝宝睡觉的时候偷偷跑掉，或者是跟宝宝说一个借口就走开，但并没有按时回来，这些行为都会严重损害孩子对你的信任。事实上，宁可直截了当地告诉孩子：“我现在要去上班，姥姥会照顾你，吃完午餐，睡个午觉再吃完点心的时候我就会回来了。”在孩子接收到讯息的那个时刻，他会非常伤心，可是他知道接下来会发生什么事情，几次以后他会接受这个事实。

第二个不要做的事情就是食言。当你告诉宝宝你多久会回来并且真的按时回来了几次之后，宝宝的大脑里面就会有这个记忆，他的经验告诉他：“虽然我的家人会离开我，但是他们还是会回来的。”因此，就算每次在分离的那个当下他还是会觉得难过，但是他会期待你的回来，这能让宝宝在等待的过程当中觉得比较安心。如果你有时候做到而有时候没有做到，那么宝宝的经验会告诉他："家人不见得每次都会回来找我，所以家人这次离开不知道会不会回来。"那宝宝就没有办法真正地放心，他会持续焦虑，面对分离的苦恼，会越来越严重。

第三个不要做的事情就是乱吼孩子、发脾气。有时候家长好言相劝了很久之后，宝宝还是继续哭，大人就会失去耐心而吼孩子，甚至把宝宝推开，也许你想要传递的信息是："你不要哭了，这样让我心里很厌烦。"但是宝宝接收到的信息是完全不同的，他会认为："家人讨厌我，他们不想要我了，我的天要塌了。"这时宝宝会哭得更加厉害。

第四个不要做的事情是告诉孩子自己要离开，家长却做不到，反复离开和回来。分离这件事情本来就很不容易，如果大人也表现得很伤心、很难过，来来回回地纠结，孩子也会跟着伤心和难过。所以大人要笑眯眯地、坚定地、冷静地和孩子说"再见"，外加一个拥抱和一个亲吻，然后就转头离开，缩短"再见时刻"，让接手者来照顾孩子。

## 第十二章（下）新伙伴

### （36个月）

我已经来幼儿园好几天了，起初紧张、焦虑的情绪已经慢慢消散了。我开始喜欢来幼儿园，不只是因为这里有琳琅满目的玩具、和蔼漂亮的老师，还因为这里有很多和我不一样的小伙伴。之前在我们小区里，我也见过不少小伙伴，但是从来没有和这么多小朋友在一起这么久。我们一起吃饭，一起睡觉，一起洗手，还一起上厕所。这些对我来说都是新鲜且有趣的事情。

前几天，当我不再因为来幼儿园哭泣后，我发现我周围的一些小朋友还在哭。尤其是一个安静又漂亮的小女孩，她每次都躲在角落里哭泣。有一次，我看到她哭得鼻涕都要流下来了，就从桌子上抽了一张纸巾给她，她接过了纸巾，但还是哭个不停。她的名字叫“豆丁”，老师们总喜欢把她抱在怀里。她看起来小小的，像我家里的布娃娃。她长得可真好看呀！长长的睫毛，大大的眼睛，每天都穿着漂亮的裙子，我总是忍不住看她。可能是不太习惯离开爸爸妈妈吧，豆丁刚来的这几天里总是哭，特别是早晨她的妈妈送她来幼儿园要离开去上班的时候，那是她一天中哭得最大声的时候。那时候她的哭声不但让她的妈妈边走边回头，还惹得我们班比较小的弟弟妹妹也跟着大哭起来。那个场面让我都有点伤感，开始想念我的妈妈了。

豆丁只让老师抱，从来不搭理我们这些小伙伴。有一次，我试着走近她，她立马就把脸扭过去了，怎么也不肯看我。我递给她的小汽车，她连看都不看一眼。我在她身边站了一会儿，觉得很无聊，最后也走开了。

还是我们的刘老师有办法，她每天都用一个大大的拥抱迎接豆丁，轻轻地安慰她，帮她擦眼泪、擦鼻涕，每次看见她都向她微笑。过了几天，豆丁也开始对着刘老师微笑啦，虽然笑容在她的小脸上只是一闪而过，但她的大眼睛里已经渐渐有了笑意和光亮，让我们觉得很安心。

那天吃水果的时候，我看见豆丁坐在我旁边的小桌子边，默默地看着身边跑来跑去的小伙伴。当她看向我的时候，我立马模仿刘老师给了她一个大大的微笑。让我惊喜的是，豆丁也朝我微笑啦！豆丁一笑起来，眉毛和眼睛都变得弯弯的，还会露出几颗洁白又整齐的小牙齿，像绘本里的小兔子一样，特别可爱。每次吃水果，我都坐在她旁边，我们谁都没有说话，只是低头吃盘里的水果，时不时地互相看来看去，那种互相信任、彼此亲近的感觉真美妙呀！豆丁是我在幼儿园交的第一个新朋友。

今天，豆丁没有来，刘老师说她生病了。我好孤单啊，突然特别想哭。刘老师发现了我的异常，拉着我的手和我说："你还可以和其他小朋友们一起玩。"该怎么跟其他小朋友打招呼才好呢？我朦朦胧胧记得，当我还是个更小的宝宝的时候，有几位叔叔阿姨常来家里做客。他们都是爸爸妈妈的好朋友。看见我的时候，他们的脸上经常挂着喜爱的表情，还会情不自禁地伸手摸摸我的小脸，捏捏我的小胳膊，身材高大魁梧的叔叔还会把我抱起来举高高呢。刚开始跟他们有身体接触的时候，我心里会有点紧张，还因为害怕咧着小嘴儿哭过几次，可爸爸妈妈告诉我，这是叔叔阿姨们喜欢我的一种表达方式。那么现在，在幼儿园遇到了我喜欢的小伙伴，我是不是也可以学着叔叔阿姨们的方式向他们表达我的喜爱呢？是不是可以去碰碰他们的脸颊，拉一拉他们的小胳膊，把他们抱起来举高高呢？嗯，我决定在遇见喜欢的小朋友时试一试这个方法，这可比说话简单多啦。

我观察了好几天才找到一个小朋友，她叫盼盼。盼盼和豆丁一点都不一样，她更加活泼好动。有好几次，我在旁边安静地坐着的时候，她就笑着看我。她的大眼睛盯着我的时候，我甚至有点害羞。慢慢地，我就想和她一起玩。有一次，老师让两个小朋友拉拉手，盼盼过来要拉我的手，我还没有和别人拉过手，有点害羞，就把手给缩回去了。没有想到，这个动作让

盼盼哭了起来。这个时候，老师走了过来，在我身旁蹲下，很温柔地说："宝贝，盼盼很喜欢你，才要和你拉拉手，你不和她拉手，她以为你不喜欢她。你喜欢和她做朋友吗？"我点点头，向盼盼伸出了小手，盼盼高兴地拉住了我的手。

晚上回家，我和妈妈说："我和盼盼是朋友，我想要更多好朋友！"妈妈说："那我们可以准备一些东西分享给大家，和他们做好朋友分享快乐，好不好？"妈妈的话让我想起了班级里的大林。刚来的时候，大林常常一个人躲在玩具角里或者跑到操场上去，平时也不太理我们。刘老师让我们分享玩具的时候，大林也不愿意把自己的玩具拿出来跟大家分享。如果有人想和他交换，他甚至会大哭起来。我们都不知道该怎么办才好。后来我们发现，大林更喜欢和比他小的小朋友一起玩，而且还特别懂得照顾他们，像个贴心的大哥哥。过了一段时间，我们发现大林有了明显的变化。每天来上学的时候，大林的妈妈都会交给他几张小贴画，大林很自豪地告诉我们，这个贴画在超市买不到，是他和妈妈自己画的。他很大方地把贴画挨个分给我们。我们每个分到贴画的小朋友都会对大林说一声："谢谢你！"大林也会开开心心地对我们说："不客气！"那段时间，每天早上我们都盼着大林快点来幼儿园，等着他分贴画给我们。每天的贴画都不一样，有的时候是字母，有的时候是卡通小动物，还有的时候小贴画上面有我们每个小朋友的名字。一天天过去了，大林成了我们每个人的好朋友，我们都很喜欢他。

我懂了，今天我就和妈妈一起制作一些特别的小礼物，明天跟大家分享。我想，只要是我自己用心做的，他们就会喜欢。想到这里，我开心地笑了起来。这是个秘密，不能让大家知道，所以我笑的时候，都是捂着嘴笑的，生怕我的笑声把秘密泄露出去。

## 给爸爸妈妈的话

宝宝已经3岁了，他们进入了人生发展的新台阶。即将进入幼儿园的他们，自理能力进一步提升，不仅能自己尝试穿衣服、脱鞋帽，还能清晰地和爸爸妈妈交流，勇敢说出自己的需求。他们能在成人的引导下说“谢谢”“不客气”“你好”等礼貌用语。他们已经养成了基本的卫生习惯，如外出后和吃饭前都要洗手，晚上入睡前要刷牙，不随地吐痰和大小便等。他们开始对数字感兴趣，还能说出自己的年龄。他们的手部动作进一步发展，能捏橡皮泥、拼拼图、搭积木、涂鸦画画。

## 一、在群体中发展同伴交往的技能

### （一）在真实的生活情境中多接触小伙伴

3岁的宝宝，进入幼儿园或者社区中，会遇到很多同伴，但他们在与同伴交往中还不能掌握熟练的技巧。这个阶段是幼儿自我意识发展的关键期，幼儿依然以自我为中心，还不能设身处地站在对方角度考虑问题。对于父母来说，要尽可能多地给幼儿创造和同伴在一起的机会。3岁的宝宝，还不会主动分享和合作，但是通过社区生活、幼儿园生活的真实情境，宝宝会在和小朋友们一起学习、玩耍、游戏等的过程中逐渐摸索社交的技巧。

### （二）用游戏的形式和宝宝共情

这个时候的宝宝正处于第一逆反期，他们的自我意识很强，认为自己长大了，行动能力也更强。他们的情绪更加丰富，但是认知能力有限，语言表达能力也有限。遇到事情的时候，他们会直接用身体语言表达。例如，看到喜欢的玩具，会直接去抢；看到喜欢的小朋友，因为缺乏交往的技能，会用手直接去摸对方。这些行为都经常被成人误解。

要想解决这些问题，就要和宝宝共情。宝宝还处于直观行动思维阶段，对抽象的道理无法理解，要避免对他们说教。如果宝宝抢了别人的玩具，不要直接呵斥，而是询问背后的原因："宝宝，你是很喜欢那个玩具，所以想拿过来玩吗？"宝宝在被大人共情的情况下，会觉得自己得到了理解。这时候，可以用情景剧的形式，给宝宝示范正确的做法。比如，父母在家庭里扮演一对小朋友，将抢玩具的情景模拟出来，被抢玩具的一方可以说："这是我先拿到的。"接下来再演正确的做法，一个人想去玩玩具，可以先问问对方："我能和你轮流玩吗？""我能和你交换玩吗？""等你玩够了，可以给我玩一会儿吗？"这样会给宝宝提供正确的引导和方法。

### （三）把握介入的时机

宝宝在遇到问题和挑战的时候，需要得到家长和老师耐心、及时、有效的帮助，如果父母或老师能用恰当的言行来引导宝宝，他们会更快、更好地学习到新的社交技巧。对于一个宝宝来说，遇到玩具被抢、被别人推、打小朋友这样的事情，也许并不完全是一件坏事情，这正好是他们学习规则和培养习惯的大好机会。

难点在于，什么时候是适当介入的时机呢？有些父母全程跟着宝宝，从宝宝和其他小朋友开始玩的时候，父母就按照自己的期望去引导他们，比如引导他们和小朋友打招呼、把自己的玩具分享给大家等。这些不是没有必要，但是一定要关注宝宝当时的状态，要在宝宝对小伙伴感兴趣的状态下逐步引导，而不要强加给宝宝。此外，在容易起冲突的关键环节，父母可以适当介入。例如小孩们同时要去玩一个玩具的时候，父母可以转移他们的注意力，或者提前给他们预备更多的玩具，大家交换玩耍。

## 二、关注宝宝生长发育

### （一）保证营养均衡

宝宝即将进入学龄前期，生长发育需要更多的营养作为基础。这需要饮食均衡、全面，但不需要刻意食用高营养素密度的食物，而是需要在日常饮食中保证各类营养素的均衡摄入。注意每天都需要摄入蛋白质，可以食用一个鸡蛋、适当的肉类（如鸡肉、牛肉、猪肉）和豆类。还需要通过摄入谷类食物（如大米、小麦、玉米）制作的主食来保证碳水化合物的供给。适量的脂肪有助于宝宝对脂溶性维生素的吸收，这需要从食用油（如橄榄油、花生油）、坚果（如核桃、杏仁）等食物中获取。还不可缺少钙（如奶类、蛋类、鱼类、豆类）、铁（如动物肝脏、蛋黄、瘦肉、绿叶菜）、碘（如各类海产品与食用碘盐）等营养元素的补充。此外还需要各类维生素，可以通过动物肝脏、新鲜的水果和蔬菜、蛋黄、鱼肝油等获取。

### （二）定期进行计划免疫、健康检查和生长发育监测

爸爸妈妈要按照国家基本公共卫生服务项目中关于0~6岁儿童健康管理的要求，定期去社区及儿童医院为宝宝进行计划免疫接种、健康检查和生长发育监测。如果发现宝宝有生长发育异常的状况，要及时去医院就医。这样能帮助家长及早发现超重、贫血、发育迟缓等宝宝可能遇到的健康问题，并及时就医。这也有利于对龋齿、听力障碍、眼病等问题及时排查和发现。除此之外，爸爸妈妈也要及时关注宝宝在语言、心理、情绪、社会性等方面发展的状况，及早发现异常，及早干预。